任丘古潜山碳酸盐岩油藏的开发与治理

刘仁达　等著

石油工业出版社

内 容 提 要

本书汇集了作者30多年来对任丘碳酸盐岩油田开发与治理方面的文章17篇，内容包括任丘雾迷山组油藏分块治理、油田中后期治理、"三低油井"治理、裂缝性块状底水油藏的开发与治理以及碳酸盐岩油藏石灰乳封堵大孔道技术等，在实践中总结出了多套综合治理模式，可为我国碳酸盐岩油藏的开发与治理提供借鉴。

本书可供从事油田开发的工程技术人员及管理人员使用，也可供高等院校相关专业师生参考。

图书在版编目（CIP）数据

任丘古潜山碳酸盐岩油藏的开发与治理／刘仁达等著．
北京：石油工业出版社，2013.9
ISBN 978-7-5021-9666-0

Ⅰ．任…

Ⅱ．刘…

Ⅲ．①碳酸盐岩油气藏－油田开发－任丘市
②碳酸盐岩油气藏－治理－任丘市

Ⅳ．TE344

中国版本图书馆 CIP 数据核字（2013）第 150747 号

出版发行：石油工业出版社
　　　　　（北京安定门外安华里2区1号　100011）
　　　　　网　址：www.petropub.com.cn
　　　　　编辑部：（010）64523535　发行部：（010）64523620
经　　销：全国新华书店
印　　刷：北京中石油彩色印刷有限责任公司

2013年9月第1版　2013年9月第1次印刷
787×1092毫米　开本：1/16　印张：18.25
字数：462千字　印数：1—1000册

定价：82.00元

序

在我仔细地阅读了全国五一劳动奖章获得者、对任丘油田开发做出过重大贡献的刘仁达同志遗作《任丘古潜山碳酸盐岩油藏的开发与治理》的主要篇章后，心情很不平静，字里行间，我似乎看到了一个在复杂油气藏开发征程中，数十年孜孜不倦持续探索路径的一位勇士的足迹。

我和刘仁达相识在大庆石油会战初期，那时油田召开技术座谈会，经常会听到他的声音。他虽然刚出学校不久，但对油田开发中的问题感受敏锐，态度积极，一遇机会便率直地表述意见，敢于和不同观点正面交锋。然而，在私下交谈中，他又显得非常谦逊腼腆，甚至脸红，这都给我留下过很深的印象。他曾给油田总地质师闵豫做过一段时间秘书，对他的成长帮助很大。

中国最大的任丘裂缝性碳酸盐岩油田发现后，他于1977年带着大庆、吉林、江汉等地会战的经验积累，投身任丘会战，开始了他33年献身于裂缝性碳酸盐岩油藏开发困难而又荣誉的生命历程。刘仁达同志长期在采油厂工作，那里是中国油田开发的一线管理部门，浩瀚的采油生产作业信息，天天涌现在眼前；所有的对油田、油水井的开发方案和治理措施，都从这里启动，确实是一个可供仁达同志施展才华的广阔天地。他在大量繁琐的事务性工作中能够进行"冷"思考，在夜以继日的紧张工作和生活中，挤出时间学习油田开发的新知识新理论，以极强的事业心钻研油田生产问题。《任丘古潜山碳酸盐岩油藏的开发与治理》列出文章，大体反映了他的成果。这17篇文章，基本是业务总结和工作汇报，所提出的方案和措施意见大都被采纳实施，它的功效已经反映在任丘油田科学高效开发的历史记载中。

《任丘古潜山碳酸盐岩油藏的开发与治理》这本书，和许多技术著作相似，大量的数据图表，读起来很枯燥，难以引起你的兴趣。但我还是愿意郑重地把它推荐给油田开发系统、特别是在采油厂工作的同志们一阅，希望大家能透过这些枯燥的数据图表，更多地关注作者的思维逻辑和工作方法。我认为，仁达同志的遗作，至少在三个方面会给我们以有益的启迪：

（1）善于抓住油田开发中的核心问题。刘仁达同志在20世纪80年代初，就较早地认识到任丘油田在平面和纵向上的差异性。认识到差异，就能看到潜力，就能找到工作的方向。随着时间的推移，差异的表现形式也在发生变化，要坚持不懈地跟踪这一主题，与时俱进，方能较长时期地掌握油田开发的主动权。

（2）有一套科学的工作模式。从刘仁达同志的"工作总结"和"汇报材料"可以看出，他已比较熟练地掌握了一套科学的工作模式：大量占有第一手的资料—资料的对比和应用—细致的、辩证的油田动态分析—审慎的对策意见的提出—效果观察与评估。

（3）苦练油田开发动态分析基本功。遗作的最后两篇是专讲动态分析的，那是刘仁达同志集数十年经验的精华之作，也是他工作不断取得成效的"基石"。希望现在的年轻同志，要学会看单井生产曲线，会看岩心，会看测井资料，会运用多种资料，综合地分析油藏的变化。

刘仁达同志的遗作，能够顺利出版，要特别感谢他的妻子韩连彰女士。仁达同志去世后，她在仅有一只眼睛能正常工作的情况下，与油田同志配合，花了一年多时间，把仁达同志大量的零散手稿，整理成册。石油工业出版社何莉等又花比较大的精力，进行规范化的专业编辑，终于完成了此项既实现仁达同志生前意愿又能对后人有所裨益的出版工程。

就刘仁达同志遗作的出版，又使我联想起一个问题：

在我接触的同仁中，有相当多的同志如刘仁达那样，常年奔波在油田生产和管理工作的第一线，见闻过大量的油田事件，处理过无数棘手的油田问题，积累了丰富的实践经验，有的还存有许许多多宝贵的手稿资料，可惜他们都没有什么专著出版。有几位已经过世，如李虞庚、颜捷先、孙希敬等，留下的是不易挽回的遗憾；健在的还有许许多多一线工作的同志们，是我们急需要发掘并纳入出版工程的一笔巨大财富资源。我希望出版界能尽快（已经开始在做）开辟这样一个"工作园地"，针对大批一线工作人员的特点，选择有存史及现实借鉴作用的材料，采用《文集》、《回忆录》、《工作报告汇编》、《访谈》等方式，与当事人合作，通过共同的耕耘浇灌，使这个园地绽开出鲜艳美丽的花朵来！

2013 年 8 月于温哥华

汇 编 说 明

刘仁达（1940—2010），男，中共党员。四川资中人。1960年毕业于重庆石油学校地质专业（四年制）。毕业后一直从事油田地质和油田开发工作。参加过4个石油大会战（大庆、江汉、吉林红岗、华北任丘），前3个均为砂岩油田。1978年12月提升为地质师，担任华北石油会战油田指挥部地质室副主任，1983年开始担任华北石油管理局第一采油厂副主任地质师、主任地质师、高级地质师。1986年获全国优秀工作者称号和全国五一劳动奖章，1987年，获国家科技进步二等奖，并相继获河北省科技进步二等奖，中国石油天然气总公司科技进步一等奖，河北省省长特别奖等奖项。1987年后，相继获得河北省劳动模范、能源工业劳动模范、省优秀知识分子，并纳入省"科技群英"，是华北石油管理局1984—1989年连续6年的劳模标兵。1992年，获中国石油天然气总公司授予的"石油工业有突出贡献科技专家"称号和高级工程师任职资格；同年，国务院批准享受政府特殊津贴。1994年，被河北省科委聘为"国家级科技成果鉴定评审专家"。退休前任华北石油管理局第一采油厂总地质师。

华北任丘油田是古潜山碳酸盐岩油藏和低渗透小断块砂岩油田，1975年7月发现，1976年4月投入开发，当年开始人工边沿底部注水保持压力开采，底水是油藏的天然能量。完井方法主要是先期裸眼完井。开发初期，井少产量高，不含水自喷式生产。刘仁达1977年8月调入华北石油会战油田指挥部地质室工作，当他看到"任四"高产油井后，惊喜若狂，立志在任丘古潜山油藏大干一场，向石油工业交份有用的答卷。

随着油藏开发，井网逐步完善，油田进入高产稳产阶段，但在油藏持续开发下，油井开始见水，含水上升迅速，产量快速递减。1980—1982年，平均年递减在 $100 \times 10^4 t$ 以上，这种递减速度哪个油田能补得上？什么原因？如何治理？当时国内外还没有可借鉴的先例，国外同类油田的经验只是控制采油速度，怎么办？

刘仁达工作17年，积累的是砂岩油田的开发治理经验，对古潜山碳酸盐岩的开发治理也是从零开始。但17年的工作磨炼，使他的知识面较广，有了扎实过硬的油田动态分析基本功和一套逻辑推理分析研究方法。刘仁达一贯的工作作风是：遇到难题坚持深入现场，不断总结、分析、研究、改进、再实践，将油田的开发治理向深度和广度拓展。敢于实践、敢于突破、敢于创新。开发油田不能竭泽而渔。刘仁达的工作方法是："油田动态分析"采用地质静态和开发动态相结合；带着问题学习理论知识，理论与生产实际相结合，做到理论为生产实践服务；开采技术要和地质特征相结合不能空想；地质、工程、科研技术人员相互配合。他本着这一原则展开了任丘古潜山碳酸盐岩油藏的开发与治理研究。油田动态分析是钥匙，贯穿于任丘油田开发治理的始、中、后、晚各个开采阶段，起到举足轻重的作用。

1978年刘仁达从事过华北雁翎油田高速开发及含水上升规律研究；1979年总结编写了

《对雁翎高速开发的初步认识》，收录在 1979 年全国油田开发技术座谈会报告集中。1982 年对华北岔河集油田岔 12 断块孔隙连通单元及其油水分布进行了研究。

油田开发初期，古潜山碳酸盐岩油藏的原油产量占全局的 80% 以上，任丘雾迷山组油藏的产量占碳酸盐岩油藏的 70% 以上，任丘雾迷山组油藏能否稳产极其关键。刘仁达为攻破这一难关，1982 年底，辞去地质室副主任之职，回到雾迷山组管区。

1980 年刘仁达在编写《任丘油田动态分析研究》时发现任丘雾迷山组油藏有明显的分块差异性，而且非均质性非常严重。1982 年底又到云南、贵州、广西进行现代岩溶实地考察，发现岩溶发育区在地貌上有明显的规律，而这种地貌规律又与断裂构造和岩石性质相关。又进一步深入学习《中国岩溶研究》和《工程地质与水文地质》这两本书，经反复研究论证后，得出分块治理的大胆设想。这一设想打破了石灰岩开发的"均质论"。在 1983 年 7 月全局技术座谈会上他第一次提出了"任丘油田雾迷山组油藏的分块治理"设想，并首次提出了裂缝性块状底水潜山油藏统一体内部按断块性质、岩溶层组及开采动态区划分开采单元及单元类型的新概念，并研究出各开采单元的地质特征，提出了与之相适应的治理措施。在局、厂两级领导的支持下，展开现场试验，1983 年当年措施增油 $38 \times 10^4 t$。

在总结、实践、认识、再实践、再认识的过程中，结合地质情况、地质特点，1984 年起展开全面分块治理、分块综合治理、分块单井综合治理确定了治理原则和 9 种治理模式。1983 年到 1989 年底累积措施增油 $363 \times 10^4 t$ 以上，1984—1989 年每年措施增油都在 $50 \times 10^4 t$ 以上。减缓了产量的递减速度，提高了采收率，对油田的稳产、高产起到重大作用。1990 年 7 月在中国石油天然气总公司油田开发工作会议上，"任丘油田雾迷山组油藏"因开发指标先进，开发效果显著被评为"全国高效开发油田"。

1986 年 6 月，在开发治理中总结出一套"任丘油田中后期开发治理及实施技术"，创出了古潜山碳酸盐岩油田开发治理的新路。"任丘古潜山油田（雾迷山组）开采技术"1986 年获国家科技进步二等奖。

1986 年 3 月，在国际第二次石油工程会上刘仁达发表《任丘油田中后期开发治理》论文，得到国内外专家学者的好评，该论文收录入 SPE，并成为任丘油田中后期开发治理的重要措施。1988 年 11 月，他总结出任丘雾迷山组油藏目前开发特点并提出今后治理的意见。1988 年 12 月，他和罗承建等地质人员对任丘雾迷山组油藏"三低油井"的治理研究，找到了在目前油水界面以下的高产油流。通过动态分析和细心观察找到了二台阶的原油富集区。1988 年，他也开始了对水驱采油机理的研究，为后期的开发治理打基础。1990 年，在只能用措施控制单井含水上升的情况下，通过油田动态分析找到了"控注降压、停注降压开采"的重大技术措施，1991 年获中国石油天然气总公司开发生产局批准实施后取得很好的效益，打破了油田必须注水保持压力开采的常规。1993 年 11 月，刘仁达总结提出了潜山油藏后期开发潜力分布及挖潜方法。1994 年开始水驱采油现场试验，"华北油田（碳酸盐岩油藏）改善注水驱油效果现场试验研究"1996 年获河北省科技进步二等奖，"华北油田改善注水驱油机理与现场试验及 1995 年部署研究"1996 年获中国石油天然气总公司科技进步一等奖。1989 年，与工程技术人员协作研制出"碳酸盐岩油藏水泥石灰乳复合堵剂封堵大孔道技术"。（1990 年获河北省科技进步二等奖），该堵剂对中后期油田的开发治理起到了重要作用，并已推广到其他油田应用。在刘仁达 1995 年的笔记中，总结出石灰岩油藏后期开发治理的三大技术问题（控、停注降压开采周期性注水，提液开采，封堵水淹大孔道），并提出相应的必须解决的技术问题（污水处理问题，大泵、电泵、地质选井问题，对堵剂性能的要求问题——既能堵，而且耐酸，成本低）。即使在他的晚年，对任丘古潜山碳酸盐岩油藏的开发与治理研究也没有停止。通过油田动态分析，2008年他编写了《任丘雾迷山组油藏开发晚期生产潜力研究》，即剩余油评价研究；2009年编写了《任丘雾迷山组油藏开发晚期剩余油分布地质模式及挖潜措施研究》，并和任丘地方化工人员研制成功"F08-1超微细高强度耐酸无机堵剂"，为任丘油田晚期的开发治理提供了新的开发治理方向和开采技术手段。

自任丘油田展开开发与治理以来，刘仁达从1983年开始至1995年是任丘古潜山油田中后期开发治理方案的提出者，是综合治理实施方案的主要设计者及方案实施的组织者之一。刘仁达自1977年投入任丘油田开发到2010年，经历了对任丘古潜山油田各个开采阶段的开发与治理研究及重大开采技术措施的实施。刘仁达最大的心愿是将任丘古潜山油田的开发与治理，分阶段逐步完成，将其经验整理成册，给我国碳酸盐岩油藏的开发治理留下一份可供借鉴的文献，填补我国碳酸盐岩开发治理的空白。因此，本书是以刘仁达的思路为主导整理而成。

刘仁达为人简单、正直、诚信、实事求是。工作上乐于助人。在他生命的最后时间里，2010年初他应邀讲课，为能给后人留下一点成功的工作方法，他倾其一身所能，将一生积累的工作经验和思维逻辑总结出来，2010年6月写成《油田动态分析纲要》，于2010年7月10日给华北油田年轻的技术人员上完他此生的最后一课。

我是他的爱人韩连彰，也近70岁的人，是一个老统计人员，采油厂统计兼管原油交接计量工作。几十年的相依相伴和地面地下（实产和地产）工作上的密切配合，使我深知措施拿油的艰辛。亲眼目睹了他为油田开发治理日夜操劳、学习、分析研究的场景。那颗敬业执着的赤子之心，特别是对任丘古潜山碳酸盐岩油藏的开发治理是呕心沥血，一切情景都历历在目。即使退休后他也从来没有放弃过，他的笔记中还在记述碳酸盐岩开发治理的开采措施，堵剂使用及要求问题。当他与地方化工人员研制出晚期治理必用的耐酸无机堵剂及完成任丘油田晚期开发治理的两个专题后，走前还是留下遗憾！为完成他的遗愿，我着手收集整理他在不同阶段留下的报告和文献及笔记，本着实事求是的原则进行整理。由于身体状况和精力有限，收集的资料只能到此为止。我是外行，只能用汇编的形式完成，希望能起到刘仁达同志预期的目的，有错误的地方请批评指教。同时也感谢帮助我完成这项工作的刘素娟、柯全明、罗承建等同志。我代表刘仁达再次向你们致谢！

韩连彰整理于2011年11月

目　录

任丘油田雾迷山组油藏的分块治理

刘仁达　　罗承建

（1983 年 11 月）

任丘油田雾迷山组油藏自 1976 年投入开发以来至今已 7 年多了。几年来的开发实践表明，油藏内部的非均质性是十分严重的，各山头之间及山头内部由于断裂构造及地层岩性的差异导致了岩溶发育程度及规律的不同。因而在开发过程中其开采特征和开发效果也差别较大，这是当前任丘油田雾迷山组油藏地下动态的突出特点之一，也是需要认真研究的重要问题。

本文试图从断裂构造、岩溶层组及开发动态入手，对油藏各山头进行区块划分并研究其开发类型和开采特点，从中总结出不同区块类型的治理办法。

一、区块的划分

（一）区块划分的地质基础

任丘油田雾迷山组油藏属碳酸盐岩古潜山油藏，储集岩经过长期的成岩后生及表生作用，因此古岩溶十分发育，其岩溶发育程度及规律是影响油藏开发效果的重要地质因素，它主要是受断裂构造及岩溶层组所控制。

1. 断裂构造

断裂是岩体在构造应力作用下形成的破裂构造形迹，它对岩溶发育起着控制作用。据现代岩溶研究：断层性质及断盘位置直接影响着岩溶的发育。一般来说，在岩性相同的条件下，张性及张扭性断层其上盘岩溶较下盘发育，造成这种岩溶发育规律的原因是由于张性断层的上盘在相对下降过程中受牵引力强产生较多的张裂隙所致。

任丘油田雾迷山组油藏大量的地震及钻探资料表明，油藏的断裂均属张性及张扭性正断层，主要发育东西向、北东向及北西向 3 组断层，潜山的形成受断裂控制。油藏内部分割山头的边界断层（二级断层）断距大，古地貌上有明显的断崖，山头的内幕断层也十分发育。整个油藏由于受二级断层及内幕大断层的切割，油藏被分割成数个断盘位置不同的区块。

钻井液的漏失是古岩溶现象的重要标志之一。雾迷山组油藏钻井液漏失量统计表明，在岩性相近的条件下，位于山头边界断层上升盘或山头内幕大断层上升盘所在的区块，钻井液漏失率及漏失强度相对较低，而下降盘所在的区块则相对较高。例如，任九山头东块位于任九与任六山头边界断层的上升盘，层位为雾三至雾五组地层，岩性为块状白云岩，据 12 口井统计，漏失率 58.3%，漏失强度 0.43m³/m。而位于任六与任七山头边界断层及任

49井内幕断层下降盘的任七山头南块，其层位岩性均与任九山头东块相同，据17口井统计，漏失率88.2%，漏失强度3.29m³/m。又如任七山头中块，位于任六山头与任七山头边界断层的下降盘，层位为雾六组至雾十组，岩性为白云岩与泥质白云岩互层，据15口井统计，漏失率73.3%，漏失强度1.65m³/m。而位于任九山头与任六山头边界断层上升盘的任九山头西块，其层位与岩性同上。据8口井统计，漏失率62.5%，漏失强度0.43m³/m。在任七山头内部，任49井内幕大断层（断距613.6m）两盘雾六组以上地层的漏失率及漏失强度也有较大差别。

上述资料证明，雾迷山组油藏内部分割山头边界的二级断层及断距大的内幕断层均对断层两盘的岩溶发育起到明显的控制作用。详见表1至表3。

表1　雾六组以上地层不同断盘位置区块漏失情况表

区块名称	断盘位置	统计井数口	漏失率%	漏失强度 m³/m	岩溶层组	
					层位	岩性
任十一山头北块	山头边界断层上升盘	21	61.9	0.75	雾一、雾二	白云岩
任九山头东块	山头边界断层上升盘	12	58.3	0.43	雾三—雾五	白云岩
任六山头北块	山头边界断层及内幕断层上升盘	4	75.0	0.82	雾四—雾六	白云岩 泥质白云岩
任六山头南块	山头边界断层及内幕断层下降盘	14	85.7	1.61	雾二—雾五	白云岩
任七山头南块	山头边界断层及内幕断层下降盘	17	88.2	3.29	雾三—雾五	白云岩

表2　雾六组以下地层不同断盘位置区块漏失情况表

区块名称	断盘位置	统计井数口	漏失率%	漏失强度 m³/m	岩溶层组	
					层位	岩性
任七山头中块	山头边界断层下降盘	15	73.3	1.65	雾六—雾十	白云岩与泥质白云岩互层
任九山头西块	山头边界断层上升盘	8	62.5	0.43	雾六—雾十	白云岩与泥质白云岩互层

表3　任七山头任49井内幕断层两盘雾六组以上地层漏失情况表

区块名称	断盘位置	统计井数口	漏失率%	漏失强度 m³/m	岩溶层组	
					层位	岩性
任七山头南块	内幕断层下降盘	17	88.2	3.29	雾三—雾五	白云岩
任七山头北块	内幕断层上升盘	25	80.0	1.93	雾三—雾五	白云岩

2. 岩溶层组

所谓岩溶层组即指被溶蚀岩体的岩性及其组合。现代岩溶研究表明，碳酸盐的结构成因类型及岩石成分是控制岩石溶蚀程度的重要因素之一。据湖北西部碳酸盐岩溶蚀试验资料，岩石结构成因类型为微亮晶粒屑碳酸盐岩，岩石成分为石灰岩时其比溶蚀度为1.20，白云岩为0.42，泥质白云岩为0.20。辽宁省金县石棉矿第二含水层地下溶洞调查表明：硅质白云岩溶洞率9.78%，厚层白云岩溶洞率6.8%，泥质白云岩溶洞率0.31%。据任丘油田45块岩样相对溶解度试验资料，雾迷山组粗结构白云岩的相对溶解度达0.5～0.6，而细结构白云岩则小于0.5。雾迷山组地层取心资料证实，泥质白云岩缝、洞、孔均不发育，渗透率低，含油性差。孔隙度小于2%，渗透率小于1mD，主要孔隙结构类型为弯曲细长喉道，喉道直径绝大部分小于0.15μm，属非储层。而凝块石、锥状叠层石等藻云岩，孔隙度大于3%，次生溶蚀孔隙发育，以宽短喉道为主，平均喉道直径大于1.3μm，含油比较饱满。几种主要岩石类型缝洞孔发育及含油状况见表4。

表4　几种主要岩石类型缝洞孔发育及含油状况

岩性	孔隙度 %	面孔率，%			见油岩心占本岩类 %	含油级别岩心厚度百分比，%		
		缝	孔洞	总		含油	油斑油迹	不含油
泥质白云岩	1.12	0.53	0	0.53	0	0	0.5	99.5
泥粉晶云岩	1.95	1.04	0.08	1.12	9.63	0.8	66.3	32.9
凝块石云岩	3.56	1.12	0.82	1.94	60.22	10.7	84.4	4.9
锥状叠层石云岩	3.33	0.85	1.88	2.73	90.75	—	—	—

注：据华北油田研究院资料。

现代岩溶研究又表明，岩溶层组的类型是控制岩溶发育规律的重要因素。均匀状白云岩其溶蚀作用集中发生在裂隙中并逐步扩大裂隙通道而形成溶蚀缝洞。间互状纯碳酸盐岩因受到隔水层的阻止，岩溶常沿裂隙顺层发育。这两类岩溶层组的溶蚀模式如图1所示。

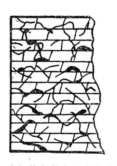 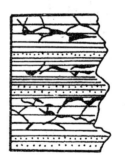

（a）均匀状白云岩类型　　　　　（b）间互状纯碳酸盐岩类型

图1　岩溶层组的溶蚀模式

据任丘油田沉积相带的研究，雾迷山组地层为一套大的海进沉积，从雾十组到雾六组顶部属海进初期，以潮间到潮上带为主，含泥质云岩和其他云岩组成互层，含陆源物质较多，储集性能较差；雾五组到雾三组为海进中期，以潮间下到潮下浅水沉积的中、细晶藻云岩为主，储集性能较好；雾二及雾一组为海进末期，以潮间低能带为主，泥粉晶云岩、硅质云岩发育，岩性致密，储集性能也较差。由于地壳的振荡运动及海水的潮汐变迁，使得雾迷山组地层出现了多旋回性的沉积，这就奠定了岩溶层组划分的成因基础。

雾迷山组储层性质的差异。根据雾迷山组储层类型划分结果，雾一组至雾五组地层，相对比较均匀，各类储层的厚度比例大致接近，一类好储层的厚度占11.5%～18.5%；二类差储层的厚度占50.3%～63.6%；三类非储层的厚度占24.6%～33.3%。但是，雾六组至雾十组地层各类储层的厚度比例变化却很大，一类储层的厚度占 0.4%～25.2%；二类储层占 10.9%～54.3%；三类储层占 20.5%～88.7%。各油组储层类型见表 5。

表 5　各油组储层类型

油组	雾一	雾二	雾三	雾四	雾五	雾六	雾七	雾八	雾九	雾十
一类储层厚度百分比 %	11.5	11.9	11.8	18.5	14.7	0.4	13.6	10.7	8.5	25.2
二类储层厚度百分比 %	58.3	57.6	63.6	50.3	52.0	10.9	49.2	35.8	40.0	54.3
非储层厚度百分比 %	30.2	30.5	24.6	31.2	33.3	88.7	37.2	53.5	51.5	20.5

雾迷山组地层纵向上漏失强度的分布。以任七山头中块、北块为例加以说明。任七山头北块和中块雾二组至雾十组钻井液漏失强度资料表明，雾二组至雾五组地层，岩性为块状白云岩，除 2^5 层段外其余 11 个岩性段均有漏失现象，漏失强度相对比较均匀，一般为 0.88～2.97m³/m。雾六组至雾十组地层漏失强度差异较大，其中泥质白云岩集中分布段漏失强度低：雾六组为 0.08m³/m，雾八组为 0.16m³/m，雾九组下部为 0.84m³/m。而块状白云岩分布段的漏失强度却比较高：雾七组为 0.87m³/m，雾九组上部为 5.45m³/m，雾十组为 2.83m³/m。这两套地层溶蚀程度的差异可以从漏失强度分布图上清楚地看出，如图 2 所示。

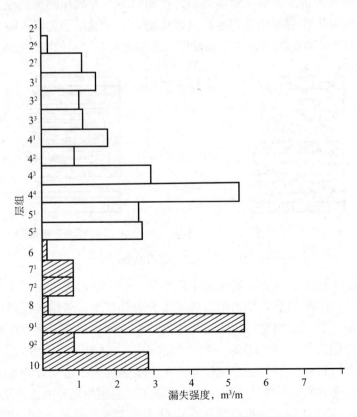

图 2　任七山头中块、北块不同油层组漏失强度分布直方图

综上所述，依据雾迷山组地层剖面的岩性特征，不同岩石性质的溶蚀程度，各油组储

层性质及钻井液漏失强度的分布等资料并参照现代岩溶模式，雾迷山组地层可以划分为两类岩溶层组。

第一类为块状白云岩，层位雾一组至雾五组，岩性以白云岩为主夹硅质岩及泥质白云岩，溶蚀程度相对比较均匀。第二类为泥质白云岩与白云岩互层，层位雾六组至雾十组，岩性为泥质白云岩集中分布段（厚64～70m）与白云岩呈间互状，其溶蚀程度差异较大，泥质白云岩段为弱岩溶地层，它对其上下地层的溶蚀起到阻隔作用，而泥质白云岩段之间的白云岩溶蚀程度相对较高，常出现顺层溶蚀现象。

就整个油藏来说，由于断盘位置不同其岩溶发育程度不同；岩溶层组不同其岩溶发育规律也不同。这就构成了开发区块划分的地质基础。

（二）区块划分的结果

在划分区块时主要考虑了：区块位于山头边界断层或内幕大断层的断盘位置；区块内分布地层所属的岩溶层组；开发动态反映出的特点。根据以上原则将全油藏划分为8个开发区块，详见表6。

表6 油藏区块划分

区块编号	区块名称	断盘位置	地层层位	岩溶层组
I	任九山头东块	山头边界断层上升盘	雾三—雾五	均匀状白云岩
II	任九山头西块	山头边界断层上升盘	雾六—雾十	白云岩与泥质白云岩互层
III	任六山头南块	山头边界断层下降盘	雾二—雾五	均匀状白云岩
IV	任六山头北块	山头边界断层及内幕断层的上升盘	雾四—雾六	均匀状白云岩与泥质白云岩
V	任七山头南块	山头边界断层及内幕断层下降盘	雾三—雾五	均匀状白云岩
VI	任七山头中块	山头边界断层下降盘内幕断层上升盘	雾六—雾十	白云岩与泥质白云岩互层
VII	任七山头北块	内幕断层上升盘	雾三—雾五	均匀状白云岩
VIII	任十一山头	山头边界断层上升盘	雾一、雾二	均匀状白云岩

各区块平面位置分布如图3所示。

二、区块的类型及特点

根据本文所划分的8个区块的地质开发特征初步归纳为4种区块类型。

（一）高角度裂缝比较发育的纯白云岩型

这类区块包括：任十一山头、任九山头东块、任六山头北块。

1. 主要地质特征

（1）区块位于二级断裂的上升块，在古地貌上是隆起较高的山峦。地层层位雾一组至雾五组，岩性主要为一套块状白云岩。

（2）岩溶发育程度相对较差，据钻井液漏失资料统计，漏失率58.3%～75.0%，漏

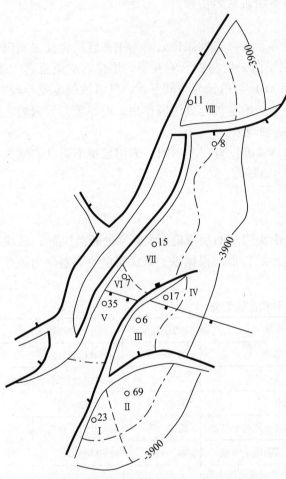

失强度 0.43 ~ 0.82m³/m。据测井资料统计，缝洞段厚度占揭开厚度的 22.9% ~ 28.9%，中子孔隙度 6.75% ~ 6.09%。

（3）高角度裂缝发育并有少量缝宽大的裂缝。据任 28 井取心资料统计，裂缝倾角在 70° 以上的缝数频率达 87.7%，80% 的裂缝其宽度为 0.1 ~ 0.3mm，缝宽 1.2 ~ 7.0mm 的缝数占 4%，缝宽大于 11mm 的裂缝 16 条，占 0.7%。

（4）小型溶蚀孔洞比较发育。任 28 井取心资料统计，溶蚀孔洞发育和比较发育的岩心厚度占 34.7%，绝大部分孔洞直径小于 2mm。

2. 主要开发特点

（1）水锥高度大。根据有无水期的见水井统计，油井见水时的水锥高度达 153 ~ 267m，是各类区块中水锥高度最大的区块。如图 4 所示。

（2）无水期短，含水期长。这类区块的无水期只有 23 ~ 36 个月，无水期采出程度 26.14% ~ 39.5%（占可采储量），大部分可采储量将要在含水

图 3　任丘雾迷山组油藏区块划分平面图

期采出，其水驱规律与雁翎油田类似。根据雁翎油田水驱曲线计算，37.2% 的可采储量要在高含水期（含水率大于 75%）和特高含水期（含水率大于 90%）采出。因此带水采油期长是这类区块的突出特点。分块情况见表 7。

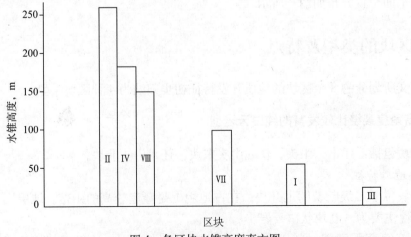

图 4　各区块水锥高度直方图

表7 各区块无水期与含水期采出程度对比

区块名称	无水期 月	无水期采油量 10^4t	可采储量 10^4t	无水期采出程度 %	含水期采出程度 %
任十一山头	36	938.3	2373	39.5	60.5
任九山头东块	28	123.9	474	26.14	73.86
任六山头北块	23	102.6	285	36.0	64.0

（3）稳产期短，产量递减快。

石灰岩油田注水保持压力开发，无水期就是稳产期。由于这类区块的水锥高度大，油井见水快，所以无水期很短，稳产期也很短。进入含水期后产量即开始递减，其递减规律为指数递减，年递减 13% ～ 18%。如图 5 所示。

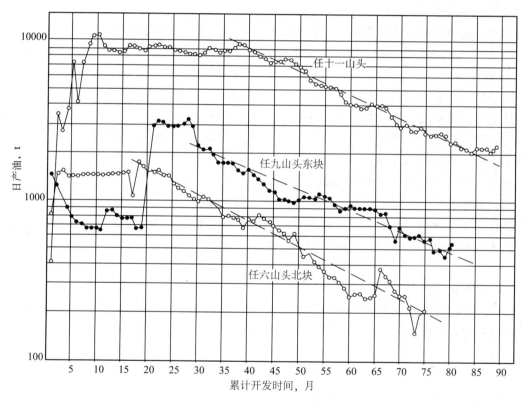

图 5 任丘雾迷山组油藏区块产量变化曲线

3. 目前开发状况

（1）这类区块的日产油量 2813t，占全油藏产量的 12.5%。

（2）水淹严重，目前含水井数已占油井总数的 91% ～ 100%。

（3）采出程度较高，区块的总累计采油量已占可采储量的 63.7% ～ 69.4%。

（4）区块产量继续下降，月递减 1.47% ～ 1.64%。

（二）缝洞发育比较均匀的纯白云岩型

这类区块包括任六山头南块及任七山头南块。

1. 主要地质特征

(1) 区块位于二级断裂及任49井内幕大断层的下降块，在古地貌上为相对较低的山峦。地层层位为雾三至雾五组，岩性为块状白云岩。

(2) 岩溶比较发育。据钻井液漏失资料统计，漏失率85.7% ~ 88.2%，漏失强度1.61 ~ 3.29m³/m。

(3) 缝洞发育。据任239井岩心观察，沿节理面或裂隙溶蚀扩大而形成的缝和洞比较发育，常呈不规则网络状分布，连通状况好。据测井资料统计，缝洞段厚度比例较大，占40% ~ 45%，中子孔隙度较高，达8.4% ~ 9.2%。缝洞段在纵向上的分布比较均匀，据任七山头南块雾六组以上地层统计，深度从3050m至3250m，每50m区间的缝洞段厚度百分比变化为31% ~ 49%。

2. 主要开发特点

(1) 水锥高度小。

任六山头南块4口见水井统计，油井见水时的水锥高度最大59m（任249井），其他均在10m左右，据井底位置相对低的未见水井统计：任351井其井底深度只高于观3井油水界面13.0m，采用油单 ϕ 8mm油嘴日产油223t不含水；任254井井底位置只高于油水界面6.37m，油单 ϕ 8mm油嘴日产油230t，生产压差2.7atm❶，不含水。

任七山头南块的任244井，油水界面高于井底2.8m才见水。生产层段为雾六组以上的任5、任236井其井底深度只高于观5井目前界面12.0 ~ 33.5m，采用套单 ϕ 10mm油嘴日产油406 ~ 427t还未见水。

这类区块是各类区块中水锥高度最小的区块，如图4所示。

(2) 油水界面上升比较均匀。

据任六山头南块资料，目前含水的任253、任256和任36井，它们的井底深度比较接近，最大相差30m，而平面位置相距较远，但其见水时间却比较接近，只相差3天至3个多月。

(3) 区块的稳产期比较长。

任七山头南块于1976年6月投入开发，油井总数2口，以后每年增加新井，至1980年底油井总数达9口。年平均日产量从1977年的4161t逐渐增至8776t，年产量从151.9×10⁴t增至321.2×10⁴t，是该区块产量最高的一年。从1980年9月至1981年11月曾先后在6口油井缩小油嘴10井次，区块的日产量逐步控制到6000t左右，并一直保持稳定。该区块至1983年9月已稳产7年4个月。

任六山头南块1975年投入开发，油井总数2口，以后每年增加新井和部分油井放大油嘴生产，区块产量逐年上升，到1980年12月油井总数达11口。最高日产达7219t。自1981年1月至1982年先后在6口油井缩油嘴12井次，区块的产量逐步控制到5000t左右。1982年7月以后由于3口油井见水，产量开始递减。该区块共稳产6年11个月。区块产量变化如图6所示。

(4) 油井见水后含水上升快，含水期采油量低。

根据任六山头3口见水井统计，平均月上升速度5.7% ~ 8.6%，每采1×10⁴t原油含水

---

❶ 1atm=101.325kPa。

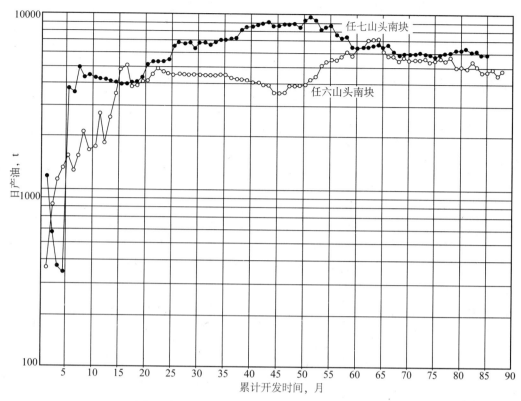

图6　任丘雾迷山组油藏区块产量变化曲线（一）

上升6.97%～29.9%。如任253井，该井1982年7月见水至1983年8月只生产13个月，含水率上升到98%，含水期采出油量51864t，占本井总累计采油量的12.2%，每采1×10⁴t原油含水上升18.9%。任七山头南块1983年5月见水的任244井至同年8月含水率上升到47.5%，平均月上升14.4%。这类区块见水井含水上升速度要比其他区块类型快，主要原因是区块的油水界面上升比较均匀，水锥高度小，因此，油水前缘的含水饱和度较高。

3. 目前开发状况

（1）产量高。总日产量9606t，占全油藏产量的42.8%，是当前生产的主力区块。

（2）见水井比较少。目前含水井数4口，占油井总数的12.9%。区块综合含水3.8%～8.3%。

（3）产量保持稳定或开始出现递减。任七山头南块1983年5月井底位置相对低的任244井开始见水，目前该区块产量暂时还无明显下降，继续保持稳产。任六山头南块从1982年7月以后已有3口油井含水生产，区块产量开始下降，在消除新井和缩小油嘴的产量后，月递减为1.46%。

（三）过渡性纯白云岩型

任七山头北块属此类型。

1. 主要地质特征

（1）区块位于二级断裂下降块任49井内幕断层的上升盘，地层层位雾二至雾五组，岩性为块状白云岩。

（2）岩溶发育程度比任七山头南块差，但比任九山头东块要好。据 25 口井统计，漏失率 80%，漏失强度 1.93m³/m。

（3）溶蚀缝洞的发育特点介于任十一山头和任七山头南块之间，雾二、雾三组地层高角度裂缝比较发育，雾四、雾五组地层溶蚀缝洞比较发育。

2. 主要开发特点

（1）水锥高度较大。

根据 10 口有无水期的见水井统计，水锥高度最大 232m（任 44 井），最小 29m（任 224 井），一般 70～130m，平均 100.2m。与其他区块类型对比属中等水锥高度，如图 4 所示。

（2）区块油水运动的规律是从下向上依次水淹。

据有资料的 15 口见水井统计。油井无水期的长短与油井投产时剩余厚度（即井底深度距当时油水界面的距离）的大小有明显的趋势性变化，即油井剩余厚度越大，无水期就越长。如任 318、任 314 井 1982 年 8—9 月投产时剩余厚度只有 19.13～25.65m，投产即见水；任 216、任 224 井 1981 年 1 月及 11 月投产时剩余厚度 76.76～98.6m，无水期 396～445 天；任 33 井 1977 年 2 月投产时剩余厚度 228m，无水期 1070 天，任 15 井 1976 年投产时剩余厚度 318.98m，无水期 1582 天。

（3）有一定的稳产期，但进入递减期后产量下降较快。

任七山头北块 1976 年投入试采，1977 年全面开发，油井总数 5 口，年产油 219.3×10⁴t，年平均日产 6008t。从 1978 年至 1980 年的 3 年内每年投产新井 2 口，区块的总井数达到 11 口，年产油量增至 255.3×10⁴t，年平均日产达到 6977t，共稳产 4 年多。1981 年至 1982 年两年时间投产新井 10 口，一方面由于新井的效果较差，另一方面由于油井见水和控制含水共缩小油嘴 7 口井 9 井次，再加上已见水井含水不断上升。因此，区块的产量逐年下降。见表 8。

表 8 1976—1982 年任七山头北块产量变化情况

| 时间 | 油井总数 口 | 年产油 10⁴t | 年平均日产 t | 新井 | | 新井产量 | |
				井数 口	井号	年产油 10⁴t	占年产量 %
1976	2	65.9	1800	2	任 15、任 16	65.9	100
1977	5	219.3	6008	3	任 33、任 46、任 53	76.0	34.6
1978	7	215.8	5912	2	任 44、任 56	10.2	4.7
1979	9	244.8	6707	2	任 220、任 226	8.1	3.3
1980	11	255.3	6977	2	任 213、任 228	5.1	2.0
1981	18	217.5	5959	7	任 217、任 218、任 219、任 214、任 216、任 221、任 224	31.1	14.3
1982	21	199.5	5465	3	任 314、任 318、任 332	2.2	1.1

任七山头北块的开发效果总体来说，它比任六、任七山头南块要差，但比任九山头东块及任十一山头要好。如图 7 所示。

3. 目前开发状况

（1）区块产量 4747t，占全油藏产量的 21.1%。

（2）见水井 17 口，占油井总数的 68%，综合含水 28.8%。多数见水井正处在中含水期，含水上升速度较快。

（3）区块产量已进入递减阶段，月递减 2.0%。

（四）缝洞发育不均的间互状白云岩型

任九山头西块及任七山头中块属此类型。

1. 主要地质特征

（1）区块位于二级断裂上升块或内幕大断层的上升盘，地层层位雾六组至雾十组，岩性为泥质白云岩集中段与块状白云岩互层。

（2）岩溶发育程度各油组差异较大。泥质白云岩集中段（雾六、雾八及雾九组下部）基本无漏失，漏失强度 0 ~ 0.06m³/m，而块状白云岩的漏失强度雾十组最高达 7m³/m，雾七组却只有 0.12 ~ 0.87m³/m。

（3）泥质白云岩集中段顶或底的白云岩顺层岩溶比较发育。以任九山头西块雾九组下部至雾十组顶部为例加以说明。由于受到雾九组下部泥质白云岩段的阻隔，钻遇雾十组顶部的 2 口油井均出现钻进放空和大量钻井液漏失，任 9 井放空两处。长度 1.76m，漏失钻井液 365m³；任 25 井放空两处，长度 0.76m，漏失钻井液 306m³。

（4）泥质白云岩集中段间所夹的白云岩仍发育一定的缝洞。生产测试资料证明，任 263 井的主产层位于雾八组泥质白云岩段。封隔器卡水资料证实，任 25 井雾九组下部泥质白云岩段所夹的白云岩产油 265t。

（5）取心资料和生产测试资料证实，泥质白云岩层的孔隙度、渗透率均很低，含油性很差，缝洞不发育，基本无生产能力，属非储层。

2. 主要开发特点

（1）调整井接替产量实现区块稳产的效果明显。

任九山头西块于 1976 年投入开发，当时油井总数 2 口（任 9、任 25），投产初期套单 ϕ40mm 放喷生产，日产油量最高达 5540t。由于任 9 井剩余厚度小（51.68m），产量过高，投产 21 天即见到底水。见水后不断采用压锥的办法，含水得到控制但产量却大幅度下降，到 1977 年 2 月日产油量降至 2923t。同年 2 月至 1978 年 4 月在油井工作制度不变的情况下，区块产量出现有规律下降，月递减 1.95%。1978 年 7 月任 9 井转观察井停产。8 月区块产量最低降至 1604t，年产量从 1977 年的 98.7×10⁴t 降至 1978 年的 75.2×10⁴t。

从 1978 年开始在区块内钻调整井，至 1980 年每年补钻调整井 1 口，结果使得区块的产量由下降转为回升，并基本保持了开发初期 1977 年的生产水平，年产量保持在 90×10⁴t 以上，稳产到 1980 年。

从 1981 年至 1982 年区块内又补钻调整井 3 口，同时对 3 口油井（任 25、任 51、任 263）多次缩小油嘴生产，区块的产量控制到 1800t/d 左右，年产量 66.3×10⁴ ~ 67.9×10⁴t，继续稳产到 1982 年底。

1983 年 1 月至 7 月，由于见水井数增多，含水上升加快，产量开始下降。8 月又投产新井 2 口（任 363、任 364），区块产量又上升到 1755t。历年产量变化见表 9。

表9　1976—1982年任九山头西块产量变化情况

时间	油井总数口	年产量 10⁴t	年平均日产 t	新井		新井产量	
				井数 口	井号	年产量 10⁴t	占总年产量 %
1976	2	83.0	2269	2	任9、任25	83.0	100
1977	2	98.7	2705	—	—	—	—
1978	3	75.2	2059	1	任51	3.56	4.74
1979	3	95.2	2607	1	任263	11.39	11.97
1980	4	91.3	2496	1	任260	7.09	7.77
1981	5	66.3	1815	1	任265	2.51	3.79
1982	7	67.9	1862	2	任262、任356	6.58	9.67

注：1979年总井数中已扣除任9井。

任九山头西块与东块对比情况就截然不同了。东块从1980年至1982年共钻调整井4口，但由于调整井见水快，含水上升快，油井相互干扰明显，因此区块的产量仍然逐年下降。见表10。

表10　1979—1982年任九山头东块产量变化情况

时间	油井总数口	年产量 10⁴t	年平均日产 t	新井		新井产量	
				井数	井号	年产量 10⁴t	占总年产量 %
1979	5	78.6	2154	1	任259	2.20	2.8
1980	8	44.9	1227	3	任258、任257、任264	1.96	4.4
1981	8	36.4	997	—	—	—	—
1982	9	27.0	741	1	新60	0.0417	0.15

注：油井总数包括任18井。

任九山头西块调整井效果好的主要原因是：调整井的生产段部署在油层的内幕高即两泥质白云岩集中段之间的块状白云岩的高部位或较高部位，在层位的分布上也比较均匀，因此油井的无水期比较长。见表11。

表11　任九山头西块调整井无水期产油量情况

井号	无水期 d	无水油量 10⁴t	原始剩余厚度 m	油层部位
任265	663	21.46	301.79	雾七组内幕高
任51	761	63.21	257.0	雾七组较高部位
任263	1197	85.49	308.0	雾八组高部位
任260	994	23.15	260.0	雾七组较高部位
任25	1074	182.32	175.34	雾十组内幕高
任356	1982年7月16日投产，至今未见水			雾七组内幕高

任九山头西块日产量变化如图 7 所示。

任七山头中块投产新井，控制老井，使区块产量一直保持在一定的水平，也实现了较长期的稳产。

任七山头中块于 1976 年 3 月投入开发，油井总数 1 口，年产油 78.6×10^4 t，年平均日产 2149t。从 1977 年至 1981 年的 5 年间共增加新井 7 口，总井数达到 8 口。在投产新井的同时又将 5 口油井缩小油嘴 11 井次，区块的年产量仍然保持在 69.2×10^4 ~ 83.8×10^4 t。年平均日产 1896 ~ 2297t。1982 年以来在增加新井不调整老井的前提下区块产量由稳定转为上升。1982 年投产新井 4 口，年产量达到 106.1×10^4 t。年平均日产 2907t。1983 年 1—8 月投产新井 2 口，平均日产进一步上升到 3533t。逐年产量变化见表 12。

表 12　任七山头中块历年产量变化情况

时间	油井总数 口	年产量 10⁴t	年平均日产 t	新井		当年新井产量	
				井数 口	井　号	年产量 10⁴t	占总产量 %
1976	1	78.6	2149	1	任 7	78.6	100
1977	2	79.9	2190	1	任 32	2.08	2.6
1978	3	83.8	2297	1	任 27	15.1	18.0
1979	4	69.2	1896	1	任 233	1.3	1.9
1980	5	71.8	1961	1	任检 1	0.5	0.7
1981	8	75.8	2077	3	任 231、任 230、任 223	18.5	24.4
1982	12	106.1	2907	4	任 227、任 225、任 333、任 346	24.2	22.8

该区块的产量之所以能够保持在一定水平较长期稳产，其主要原因是，大多数油井部署在油层的内幕高。因此油井的无水期比较长。主要新井情况见表 13。

表 13　任七山头中块主要新井情况

井号	井底深度 m	原始剩余厚度 m	投产日期	见水日期	油层部位
任 32	3200.0	310.0	1977.11.28	1980.6.22	
任 27	3186.66	295.0	1978.5.28	未见水	雾九组内幕高
任 233	3200.0	310.0	1979.10.2	未见水	雾七2内幕高
任 231	3260.0	250.0	1981.4.8	1983.7.6	雾七1较高部位
任 223	3144.45	365.55	1981.9.11	未见水	雾五组内幕高
任 227	3234.44	275.36	1982.4.23	未见水	雾七1内幕高
任 225	3257.13	252.87	1982.3.3	未见水	雾七1较高部位
任 333	3140.0	370.0	1982.7.28	未见水	雾七组内幕高
任 330	3085.0	425.0	1983.6.19	未见水	雾七1内幕高
任 331	3127.0	384.0	1983.4.16	未见水	雾七2内幕高

任七山头中块日产量变化如图 7 所示。

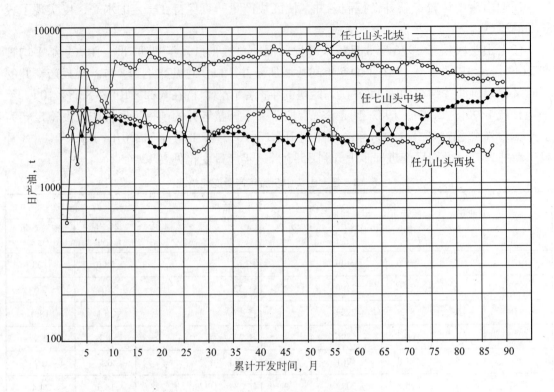

图 7 任丘雾迷山组油藏区块产量变化曲线（二）

（2）油水界面比较复杂。

在纯白云岩区块内，个别观察井实测的油水界面资料，大体上反映了整个区块的油水分布关系。但是在间互状白云岩区块内个别观察井的界面资料却代表不了整个区块各油组的油水分布关系。例如，任九山头西块任 25 井封隔器卡水资料表明，层位雾十组，深度 3285.75 ~ 3334.66m，厚度 48.91m，油单 ϕ10mm 测试，日产油 2t，日产水 124m³，含水高达 98.3%。而雾九组下部，深度 3224.48 ~ 3285.75m，厚度 61.27m，采油井段的深度已低于任 9 井，1983 年 9 月的油水界面 24.97 ~ 86.24m，套单 ϕ10mm 生产，日产油 265t，已无水生产一年多。这说明任 9 井实测的油水界面代表不了雾九组下部地层的油水分布。

任七山头中块观察井油水界面与其邻区对比，观 8 井 1983 年 8 月的油水界面为 3266.31m，与任七山头北块的观 2 井界面对比低 53m。从分层射孔井试油及试采资料分析，任检 1 井射孔井段 3269.4 ~ 3271.8m 已于 1982 年 9 月水淹关井，而相距约 500m 的任 230 井 1983 年分层射孔试油资料显示，油底 3336m，水顶 3378m，与检 1 井相差较大。造成任七山头中块油水界面较低的主要原因是该区块的总产量从开发以来一直控制较低。至于这类区块内部界面差异较大的原因与泥质白云岩段的阻隔有关。

任九山头、任六山头、任七山头及任十一山头油井深度及油水界面上升示意图如图 8 至图 12 所示。

3. 目前开发状况

（1）这类区块总日产油量 5288t，占全油藏产量的 21.7%。

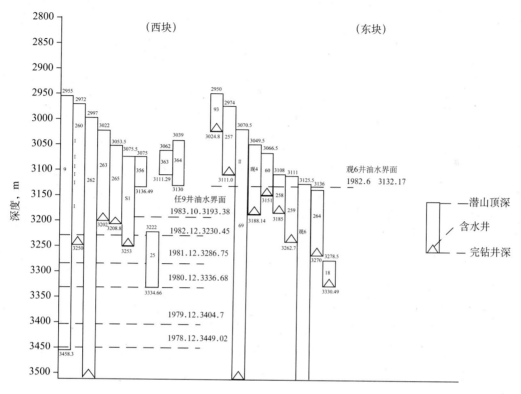

图 8　任九山头油井深度及油水界面上升示意图

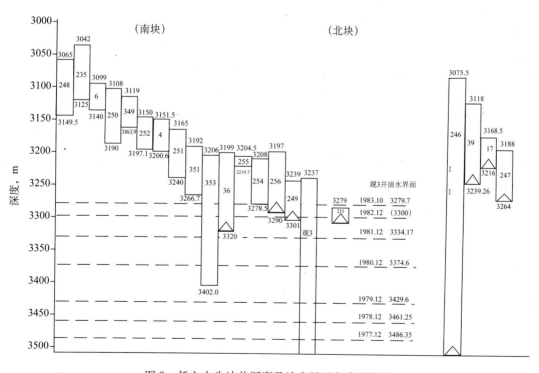

图 9　任六山头油井深度及油水界面上升示意图

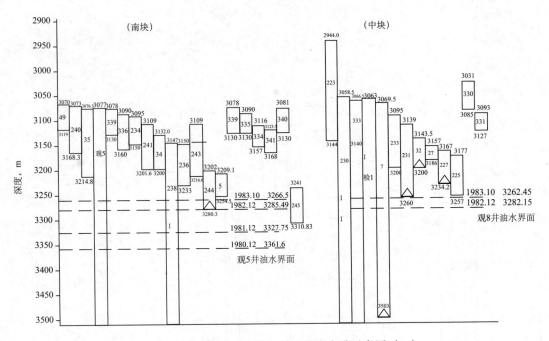

图 10　任七山头油井深度及油水界面上升示意图（一）

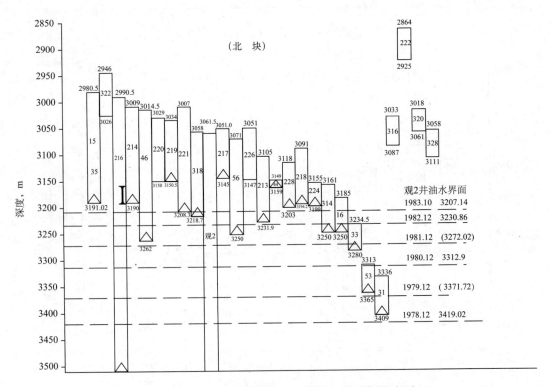

图 11　任七山头油井深度及油水界面上升示意图（二）

（2）任九山头西块见水井数已占油井总数的 71.4%，而区块的综合含水还较低，只有
20.0%。任七山头中块见水井 3 口，占油井总数的 14.3%，区块综合含水 6%。

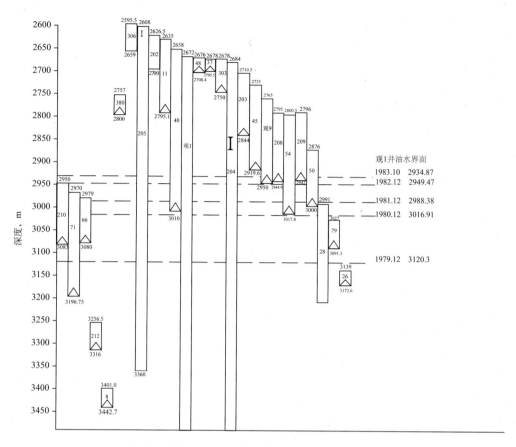

图 12　任十一山头油井深度及油水界面上升示意图

（3）任九山头西块目前产量基本稳定，任七山头中块产量有所上升。

三、区块的治理

　　任丘雾迷山组油藏的开发实践证明，影响油藏稳产的主要因素是油井见水及含水上升。因此，在保持一定开发速度的前提下，推迟油井见水时间，延长无水期，控制含水上升速度对减缓油藏产量递减起着重要作用。本文主要针对各类区块的特点并结合已进行过的各种工艺措施正反两方面的经验，着重对目前油水界面以上的稳产措施提出初步设想，至于油水界面以下的挖潜问题还有待深入研究。

（一）区块的治理原则

　　（1）对油水界面上升比较均匀，水锥高度较小的区块，采用小高度（油水界面以上30m）卡封见水井的出水段以恢复油井无水生产。

　　（2）对水锥高度大，主要裂缝系统水淹比较严重的区块分别采取以下措施：①以封堵主要出水裂缝为主的化学堵水；②裸眼井段长的见水井采用较大高度（油水界面以上约100m）卡封出水段；③渗透性低、井口压力低的及化学堵水无效的高含水井下电泵加大排液量生产。

（3）对油水界面复杂的区块，充分利用泥质白云岩集中段的分隔作用，寻找油水界面相对较低或含水较低的部位和层段。

（二）区块的治理措施

1. 缝洞发育比较均匀的纯白云岩型

这是油藏当前生产的主力区块，能否继续维持油井的无水生产对整个油藏的稳产有着重要意义。针对这类区块油水界面上升比较均匀、水锥高度小、潜山地貌比较平缓、油井揭开厚度较小，以及目前油水界面已开始进入井底位置相对较低的油井等特点，主要应采用油水界面以上小高度卡水以提高见水油井的井底深度，躲开水锥恢复油井无水生产。当前需要卡封水的井号是：任353、任244、任249、任256井。分井情况见表14。

表14　缝洞发育较均匀的纯白云岩主力区块分井情况

| 井号 | 井底深度 m | 裸眼厚度 m | 油水界面 | | 目前生产状况 | | | 预计卡点深度 m |
			日期	深度 m	油嘴 mm	日产油 t	含水 %	
任353	3402.0	193.44	1983.9	3283.75	套管8	57	62.6	3250.0
任249	3301.0	60.05	1983.9	3283.75	油管8	7	94.0	3270.0
任256	3290.0	91.11	1983.9	3283.75	套管10	149	50.8	3250.0
任244	3280.38	73.38	1983.9	3269.96	套管10	184	51.7	3240.0

注：任256井由于套管鞋处井壁坍塌，目前已关井需先修井。

预计1984年需要卡水的还有任36、任254、任5、任236等井。其他油井待见水后根据各井的具体条件确定卡点深度。这类区块曾进行化学堵水2口井（任253、任249井）3井次，其效果均较差。因此尚需进一步研究新堵剂并可在个别井继续试验，摸索规律总结经验。

此外，任七山头南块揭开雾六组的任245井其井底深度为3310.83m，已低于观5井油水界面40.87m。该井自1983年1月投产以来初期生产压差达25.5atm，已进行两次酸化，目前日产326t，累计产油 6.3×10^4 t 仍未见水。因此对该区雾六组以下地层的油水界面位置需加强研究。建议：

（1）对任239井雾六组以下地层自下而上分段射孔试油；

（2）在雾六组以下地层的内幕高补钻个别调整井以了解油水关系。

2. 高角度裂缝比较发育的纯白云岩型及过渡性纯白云岩型

这两类区块指的是任九山头东块、任六山头北块、任七山头北块及任十一山头。其主要特点是水锥高度大或较大，主要裂缝系统水淹状况比较严重，针对这些特点曾进行过以下工艺措施：

（1）化学堵水。

1982年以来在这类区块共进行化学堵水12口井13井次，其中已在9口井10井次获得明显的增产效果，有效期最长达8～9个月。见表15。

表 15　采取化学堵水措施的区块增产情况

区块	井号	化学堵水日期	堵前					堵后（初期）					有效期月
			工作制度	产油量 t/d	含水 %	生产压差 atm	采油指数 m³/(d·atm)	工作制度	产油量 t/d	含水 %	生产压差 atm	采油指数 m³/(d·atm)	
任六山头北块	任 39	1982.5	套管 10mm	59	71.8	3.0	19.7	套管 10mm	98	44.7	13.6	7.2	8
	任 17	1983.5	套管 15mm	75	81.9	8.0	9.4	油管 10mm	105	48.0	14.3	7.3	4 未完
	任 247	1982.7	2.1m/9 次	7	90.0	—	—	2.1m/9 次	26	51.8	—	—	8
		1983.5	2.4m/9 次	14	80.5	—	—	2.4m/9 次	25	58.0	—	—	3 未完
任七山头北块	任 218	1983.3	套管 10mm	129	56.3	0.6	215	套管 10mm	209	36.7	6.3	3.3	5 未完
	任 318	1983.3	套管 9mm	130	58.8	0.9	144	套管 9mm	192	43.2	4.5	42.7	6 未完
	任 221	1982.4	套管 10mm	59	71.4	2.6	22.7	套管 10mm	135	38.7	15.2	8.9	8
任十一山头	任 66	1982.9	套管 10mm	157	48.2	1.9	82.6	套管 10mm	267	24.2	9.4	28.4	9
	任 303	1983.7	油管 8mm	89	39.3	6.5	13.7	油管 8mm	122	20.0	14.1	8.6	2
	任 11	1983.7	套管 12mm	90	68.1	—	—	套管 12mm	292	30.9	—	—	2

从化学堵水有效井看出，化学堵水后油井生产压差增大，含水率降低，产油量增加，采油指数降低。这些现象都说明主要产水裂缝已部分被堵，含油的小裂缝得到利用。

（2）卡封见水井的出水段。

在这类区块共进行封隔器卡水 4 口井，打水泥塞封堵 3 口井。见表 16。

表 16　卡封见水井情况

井号	采油井段 m	裸眼厚度 m	封隔器深度 m	封后井底提高高度 m	封后井底距油水界面 m	对比阶段	油嘴 mm	日产油 t	含水 %
任 209	2798.04～2942.2	144.16	灰面 2850.71	91.49	+90.93	封前（1983.1）	套管 8	88	50.3
						封后（1983.3）	套管 8	193	痕
						目前（1983.9）	套管 8	189	0
任 264	3139.89～3270.0	130.11	灰面 3160.32	109.68		封前（1983.5）	油管 8	48	74.3
						封后（1983.6）	套管 8	129	32.6
						目前（1983.9）	套管 8	56	66.1
任 50	2877.0～2999.14	122.14	灰面 2936.76	62.38	-1.86	封前（1983.8）	油管 10	18	88.0
						封后（9）	油管 10	36	74.1

井号	采油井段 m	裸眼厚度 m	封隔器 深度 m	封后井底 提高高度 m	封后井底距 油水界面 m	对比阶段	油嘴 mm	日产油 t	含水 %
任93	2950.7～3024.89	74.19	3003.37	21.52		卡前（1983.1）	套管11	272	32.9
						卡后（1983.7）	套管11	213	0
						卡后（1983.8）	套管11/ 油管9	451	3.39
任56	3072.18～3250.0	177.83	3138.17	111.83	+84.31	卡前（1983.4）	套管10	232	40.9
						卡后（5）	套管10	246	28.9
						卡后（6）	套管10	206	39.6
任15	2981.6～3191.02	209.42	3146.06	44.96	+76.42	卡前（1983.3）	套管10	175	50.1
						卡后（4）	套管10	245	34.8
						卡后（6）	套管10	172	48.6
任11	2636.0～2795.11	159.11	2730.09	65.02	+148.33	卡前（1983.2）	套管8	59	61.7
						卡后	套管不能自喷		

从卡封水成果分析得出，比较均匀的块状白云岩要想获得较好的卡封效果，卡点位置必须比当时观察井的油水界面高一定距离，这个距离要大于该井见水时的水锥高度。

（3）含水井放大油嘴生产。

为了解雾迷山组油藏自喷含水井放大油嘴生产的增产效果。于1983年4—7月在任十一山头的任208井开展了放嘴试验。成果见表17。

表17　任十一山头任208井放嘴试验结果

时间	油嘴 mm	日产量，t			含水 %	流压 atm	静压 atm	生产 压差 atm	采液指数 m³/（d·atm）	采油指数 m³/（d·atm）	采水指数 m³/（d·atm）	水油 比
		液	油	水								
1983.4.16～ 1983.5.9	套管 8	195	127	68	34.8	287.6	288.9	1.3	150.0	97.7	52.3	0.5
1983.5.11～ 1983.6.13	套管 12	410	176	234	57.0	285.2	288.9	3.7	110.8	47.6	63.2	1.3
1983.6.15～ 1983.7.9	套管 15	544	158	386	71.0	284.1	288.9	4.8	113.3	32.9	80.4	2.4
1983.7.11～ 1983.7.31	套管 17	655	148	507	77.4	283.5	288.9	5.4	121.3	27.4	93.6	3.4

从试验结果分析得出：

①从套管 ϕ8mm 放至 ϕ17mm 生产，生产压差从 1.3atm 增至 5.4atm，日产液量增加 460t，日产水量增加 439m³，而日产油量却只增加 21t。含水率从 34.8% 升至 77.4%，上升 42.6%。

②放大油嘴生产后采油指数从 97.7t/（d·atm）降至 27.4t/（d·atm）。而产水指数却从

52.3m³/（d·atm）增至 93.9m³/（d·atm）。据无因次采油指数与含水率关系曲线分析，在中低含水期随着含水的上升其采油指数下降很快。

③根据该井放嘴前含水率与累计产油量关系曲线推算，当含水率升到 77.4% 时总累计产油量约为 74.2×10^4t。放产后实际总累计产油量为 62.3×10^4t，与不放产对比少产油 11.9×10^4t。

上述试验资料表明，缝洞比较发育的自喷油井在中低含水期切忌放产。

（4）电动潜油泵提高排液量生产。

这类区块共在 7 口见水井（任 258、任 259、任 46、任 69、任 53、任 8、任 212 井）下电潜泵提高排液量生产。其中生产井段在油水界面以上，渗透性较差的 3 口井（任 46、任 258、任 259 井）均有明显的增产效果。如任 259 井下电泵前油单 φ15mm，日产液 18t，日产油 13t，含水 30.2%。下泵初期（1982 年 12 月），井口装 φ7mm 油嘴电抽生产，日产液 256t，日产油 115t，含水 55.1%。至 1983 年 6 月含水升至 74.4%，日产液 290t，日产油 74t，仍高于下泵前的日产油量。1983 年 8 月停泵自喷生产，日产液量降至 24t，日产油降至 12t，含水 50%。分井情况见表 18。

表 18　电潜泵提高排液量生产情况

井号	第一次下泵日期	泵挂深度 m	对比阶段	工作制度	日产量，t			含水率 %	生产压差 atm	动液面 m
					液	油	水			
任 46	1982.12	1259.4	下泵前（1982.10）	抽 5m/6 次	64	14	50	67.2		
			下泵后（1982.12）	电抽 7mm	170	65	105	61.6	19.6	644.4
			目前（1983.9）	电抽 7mm	214	52	162	75.5		
任 259	1982.12	1269.0	下泵前（1982.9）	油管 15mm	18	13	5	30.2	（0.7）	
			下泵后（1982.12）	电抽 7mm	256	115	141	55.1	56.6	959.0
			下泵后（1983.6）	电抽 7mm	290	74	216	74.4		
任 258	1981.4	994.0	下泵前（1980.10）	油管 15mm	90	73	17	19.2	1.8	
			下泵后（1981.4）	电抽 8mm	298	169	129	43.3		
			下泵后（1983.6）	电抽 8mm	251	91	160	63.7	19.0	326.23

油层渗透性相对较好的任 212 井中含水期下电潜泵加大排液量生产后由于含水率迅速上升，产油量继续下降未能获得增产效果。生产井段位于观察井油水界面以下或附近的 3 口井（任 8、任 53、任 69 井）下电泵生产也效果不大。

根据这类区块的地质开发特点及已进行过的各种工艺措施正反两方面的经验，对这类区块的治理措施是：

（1）中高含水井应以化学堵水为主，封堵主要产水裂缝，降低井底压力，增大生产压差，发挥含油的小裂缝的生产能力，以控制含水上升速度，减缓产量递减。在近期内需要进行化学堵水（包括重复化学堵水）的井20口，其井号是：任66、任208、任308、任48、任11、任56、任16、任213、任214、任217、任218、任219、任318、任17、任39、任247、任210、任303、任346、任221井。这些井中有一部分井井口压力低，需要考虑堵抽结合才能增产。

（2）裸眼厚度比较大，出油段较多，产油量低，含水率高的油井用较高的卡点位置封隔出水段，生产无水或低含水层段。需卡封6口井，井号是：任15、任45、任54、任257、任221、任214井。

（3）渗透性较低，井口压力低产液量低的含水井，下电泵增大生产压差，用提高产液量来增加产油量。在近期内有7口自喷井可考虑下电泵生产，各井现状见表19。

表19　下电潜泵生产井情况

井号	油嘴 mm	日产量，t			井口压力 atm	生产压差 atm	含水率 %
		液	油	水			
任17	油管10	205	99	106	11.0	10.4	51.8
任39	套管10	144	40	104	8.3	11.1	72.3
任217	油管10	85	42	43	7.7	13.5	51.1
任314	油管8	91	23	68	11.2	—	75.0
任40	油管9	102	62	40	10.0	11.8	39.3
任50	油管10	139	36	103	8.3	—	74.1
任308	油管9	140	97	43	10.7	17.9	30.7

3. 缝洞发育不均的间互状白云岩型

这类区块由于泥质白云岩集中段对底水运动的分隔作用使得区块内的油水界面出现不连续的高低起伏。针对这一特点曾进行过的主要工艺措施如下：

（1）在任九山头西块利用泥质白云岩段的分隔作用寻找油水界面较低的层段已在2口井获得明显的增产效果。如任25井封隔器卡点深度3285.75m，层位雾九组底部。卡封后雾十组油单 ϕ10mm求产，日产油33t，含水85.8%；雾九组套单 ϕ10mm求产，日产油246t，不含水，至1983年9月已无水生产16个月，采油12.1×10⁴t，油井生产稳定。目前套管生产段的顶深已低于任9井，油水界面22.49m，底深低于86.24m。分井情况见表20。

表20　任九山头西块措施增产情况

井号	井段 m	裸眼厚度 m	卡点位置		卡前			卡后			有效期 月
			层位	深度 m	油嘴 mm	日产油 t	含水 %	油嘴 mm	日产油 t	含水 %	
任25	3222.0～3334.66	110.18	雾九底	3285.75	套管10	138	52.0	套管10	246	0	16（未完）
								油管10	33	85.8	
任51	3075.84～3253.0	177.16	雾六	3131.05	套管10	147	49.6	套管10	168	0	3（未完）
								油管9	26	84.0	

（2）在任七山头中块任 7 井卡封效果明显。

该井生产井段 3072 ～ 3503m，揭开厚度 431m，层位从雾六组至雾十组顶。两次卡封均获得明显的增产效果，见表 21。

表 21 任七山头中块措施增产情况

卡封次数（年·月）	卡点位置		卡前			卡后（初期）			有效期月
	层位	深度 m	油嘴 mm	日产油 t	含水 %	油嘴 mm	日产油 t	含水 %	
第一次（1980.5）	雾 7^2 下	3295.54	套管 15	590	16.1	套管 15	789	0	17（后缩小油嘴）
						油管 15	247	26.6	停采
第二次（1983.2）	雾 7^1 中	3174.86	套管 12	263	41.9	套管 12	263	0	
						油管 12	117	59.2	
						套管 12/油管 12	386	31.5	7（未完）

任七山头中块目前含水井少，矛盾尚未充分暴露有待进一步观察。对这类区块的措施是：

任九山头西块需做以下工作：

（1）雾九组的内幕高需要钻一口调整井，开采雾九组，以了解油水分布情况。

（2）任 266 井应打水泥塞封堵雾十组上返雾九组下部泥质白云岩层中所夹的纯白云岩（相当任 25 井目前套管层段）。

（3）任 262 井下封隔器自下而上找卡水。

（4）任 263 井目前含水 45.9%，产油 337t，高含水后下封隔器找卡水。

（5）任 260 井目前含水 17%，产油 180t，待高含水后上返雾五组。

（6）任 265 井目前含水 32.5%，产油 210t，待含水升至 50% 以后考虑进行一次化学堵水。

任七山头中块需做以下工作：

（1）在雾八及雾九组的内幕高可钻 1 ～ 2 口调整井，以加强这两个油组的开采。

（2）开采雾七组的油井较多（任 331、任 233、任 333、任 330、检 1、检 225、检 227、检 7、检 32）需要对这些井的产量作适当控制。

（3）任 231 井目前含水 2.2%，产油 242t，待高含水后用封隔器找卡水。

（4）任 32 井目前含水 48.9%，产油 86t，可进行化学堵水试验。

除以上各类区块所述的工艺措施外，这几年来，油、水井酸化已成为油藏降低油井生产压差，提高井口压力，增加产量（或注水量）的重要增产手段，今后酸化的主要对象是：

（1）生产压差大的新投产井。

（2）少数老井的重复酸化。

（3）卡封水后生产能力低的层段。

（4）吸水能力下降，不能满足配注要求的注水井。

属以上情况的井，将根据各类区块的具体情况在每月的措施会上讨论确定。

任丘油田雾迷山组油藏开发特征及分块治理

刘仁达　万治国

（1984 年 7 月）

一、油田概况

任丘油田位于冀中拗陷饶阳凹陷的北部，含油面积 56.3km²，容积法计算的地质储量 5.29×10^8t。

油藏类型属碳酸盐岩古潜山裂缝—孔洞型块状底水油藏，埋藏深度 2596 ～ 3510m。

油藏断裂发育。西侧被断距 1000 ～ 2600m 的任西大断层纵切。油藏内部又被 4 条次一级断裂横切为呈雁行排列的 4 个山头，山头内部北东、北西及东西向分布的 3 组断层十分发育。断层性质均属张性正断层，断距一般 100 ～ 300m，共钻遇断点 225 个，组合断层 85 条。油藏内幕构造为北东向倾没的单斜。

潜山主要由中元古界蓟县系雾迷山组地层组成，大部分地区古近系地层直接超覆其上，按照地层剖面的沉积旋回，自上而下划分为 10 个油组，地层叠加厚度 2341m。

雾迷山组地层其岩性为一套隐藻白云岩夹硅质、泥质白云岩，岩石致密性脆。储层的主要储集空间多半是在原生孔隙的基础上经过次生改造而形成的大小悬殊类型复杂的孔洞缝，具双重孔隙介质为其主要特征。

储层的孔隙度：据大直径岩心分析 Ⅰ＋Ⅱ 类储层平均孔隙度 2.57%，空气渗透率 1 ～ 13214mD，平均为 133mD；斯伦贝谢测井解释孔隙度 3.02%；中子测井解释孔隙度 6.63%；压力恢复曲线精确解拟合结果孔隙度 5%；类比法估算孔隙度 5.85%；储量计算选用孔隙度 6%。

地层原油密度 0.8243g/cm³，黏度 8.21cP，原始饱和压力 13.8atm，原始气油比 4.4m³/t。原油伴生气的化学组分以甲烷为主。油田水属重碳酸钠型。

油藏具有统一的压力系统，原始油水界面 3510m。地层压力较高，压力系数 1.02 ～ 1.05。油藏的天然能量主要是底水，但不能满足高速开发的需要。

油田于 1975 年 7 月发现，1976 年 4 月投入开发，同年底开始人工注水。根据开发方案部署，采用了三角形井网，顶部密边部稀的布井原则及边缘底部注水保持压力方式开采，完井方法主要是先期裸眼完成，为了认识油层少数井下套管射孔完成。油井的钻开程度一般在 15% ～ 25%。开发 9 年来已经历了高产稳产阶段，目前已处于产量递减阶段。

截至 1984 年 6 月底全油田共有油井 131 口，注水井 15 口，观察井 13 口，单井日产 183t，平均日产 20881t，累计采油 8635.1 × 10⁴t，采油速度 1.44%，采出程度 16.31%。见水井 89 口，日产水 7700m³，综合含水 26.9%。日注水 33853m³，累计注水 9874.6 × 10⁴m³。

总压降 8.6atm，油藏水淹体积已占原始含油体积的 73%。

二、油田开采的基本特点及认识

任丘碳酸盐岩裂缝性油田开发 9 年来，经过反复实践，对油田的地质结构、油水运动等都有了进一步的了解。现将其开采的基本特点及认识总结如下：

（一）注水保持压力开采，油井生产能力旺盛，有利于油藏高产稳产

（1）油井产量高。

产量高是裂缝性石灰岩油田的主要生产特点之一。根据任丘油田投产最早的 6 口井试油资料，产量最高的任 9 井套管双翼及油管单翼 ϕ40mm 油嘴同时放喷，井口压力 6 个大气压，日产油量 5435t。产量最低的任 5 井套管单翼 ϕ40mm 油嘴放喷日产油量 1036t。

由于单井产量高，因而油田建设速度快。1976 年 4 月油田投入开发时只有 5 口油井，日产油量达到 9250t，同年年底油井增至 19 口，日产油量上升到 34309t，仅 9 个月时间就达到了油田产量的高峰（图 1）。

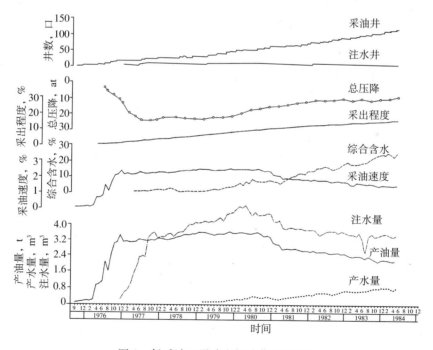

图 1　任丘油田雾迷山组油藏开采曲线

（2）靠天然能量开采油田的压力、产量下降快。

油田人工注水前曾经历过短期的弹性水压驱动开采阶段，地层压力降至总压降 13.8atm，每采出 1% 地质储量压力下降 11atm，产量月递减 3.7%，油井的自喷能力减弱，生产不稳定。

（3）人工注水后不断调整注采比才能确保地层压力继续回升。

1976 年底实行边缘底部注水以后，由于注水井少，注水量还满足不了采油量迅速增长的需要。因此地层压力继续下降。至 1977 年 6 月，已降至总压降 25.1atm。此后由于增加了注水井，提高了注水量，月注采比达到 0.6 时油井全面见到注水效果。1977 年 6 月到 1979 年 1 月，由于人工注水和天然边底水的进侵，在月注采比不超过 1.0 的前提下逐步提高注采比，使得地层压力回升到总压降 21.1atm，平均月回升 0.14atm。1979 年 11 月以后因为天然边底水进侵量逐渐消失，所以将月注采比提高到 1.02 ～ 1.06，地层压力以月上升 0.24atm 的速度继续回升至总压降 8.6atm（图 2）。由于压力回升速度缓慢，因此在复压过程中未发现注入水水窜的现象。

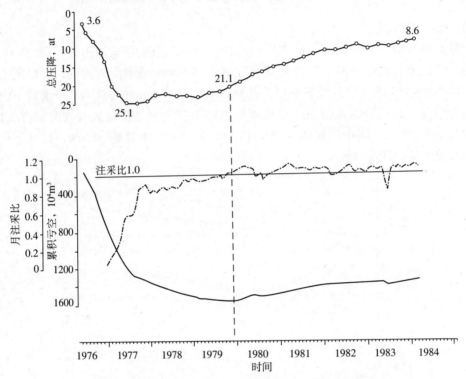

图 2　任丘雾迷山组油藏注采平衡及地层压力变化曲线

（4）注水效率较高，压力水平较高，油井生产能力旺盛。

在复压过程中，随着压力的上升，不含水油井的产量保持稳定并有所上升（图 3）。在目前总压降 8.6atm 下，$\phi 8 \sim 10$mm 油嘴生产，不含水油井的井口压力高达 30 ～ 40atm，多数油井在含水 90% 以上仍能正常自喷生产。油藏已注水开发 7 年多，但其累计产水量却只占累计注水量的 7.4%，在目前水淹状况比较严重的情况下，日产水量也只占日注水量的 22.7%。

总之，边缘底部注水开发，彻底改变了油藏压力、产量下降的被动局面，发挥了注水的效益，确保了油藏的高产稳产。

（二）油井含水期产油量递减快，中低含水期放大压差生产不利于油井稳产

（1）油井含水期产油量递减快。

裂缝性石灰岩油田油井含水期生产的基本特点是产油量递减快。任丘油田开发实践表明，在保持压力前提下油井的无水期生产稳定，一旦见水产量迅速下降。据 1980 年至

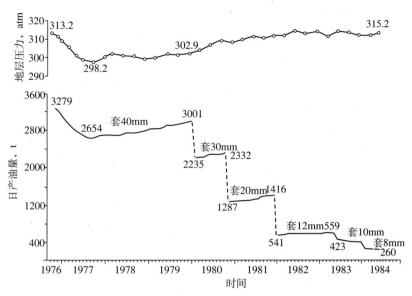

图 3　任 35 井产量、地层压力变化曲线

1983 年资料统计，见水井产油量月递减高达 4% ～ 5%，每年由于见水及含水上升平均年减产 108.7×10^4t。

油井见水后产油量递减快的原因是生产压差减小造成产液量下降及含水上升快所致。

例如任 219 井，1983 年 2 月见水后至 1984 年 2 月只生产一年时间，油管 ϕ 10mm 油嘴，日产液量从 316t 降至 260t，月递减 1.6%。日产油量降至 133t，月递减 7%，含水率升至 49%，平均月上升 4.1%，生产压差从 2.3atm 降至 0.7atm（图 4）。又如任 253 井，1982 年

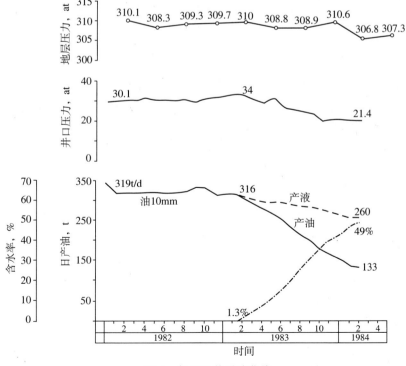

图 4　任 219 井采油曲线

7 月见水至 1983 年 8 月历时 13 个月，套管 φ9mm 油嘴生产，日产液量从 311t 降至 90t，月递减 9%，产油量降至 2t，月递减 32.1%，含水升至 98%，平均月上升 7.5%（图 5）。

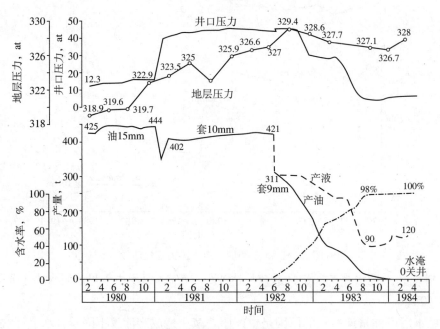

图 5　任 253 井开采曲线

（2）见水井中低含水期放大压差提高产液量稳产效果差。

任丘油田任 208、任 66 井放产试验表明，中含水期油井放大压差提高产液量会导致含水率大幅度上升，产水量明显增加，而产油量却增加很少。例如任 208 井，从套管 φ8mm 逐级放至 φ17mm 油嘴生产，生产压差从 1.3atm 增至 5.4atm，日产液量从 195t 增至 655t，增加 460t，日产水量从 68m³ 增至 507m³，增加 439m³。日产油量从 127t 增至 148t，增加 21t。含水率从 34.8% 升至 77.4%，采油指数从 97.7t/（d·atm）降至 27.4t/（d·atm），产水指数从 52.3m³/（d·atm）升至 93.9m³/（d·atm）。据该井放喷前含水率与累计产油量关系曲线推算，在达到相同含水时因放产少采油 11.9×10^4t。裂缝性石灰岩油田中低含水期放产效果差是由于储层双重孔隙介质结构特征所决定，这与孔隙性砂岩油田有根本区别。任 208、任 66 井放产试验数据见表 1 和表 2。

表 1　任 208 井放产试验成果表（1983 年）

| 日期（月·日） | 油嘴 mm | 日产量，t/d | | | 含水率 % | 流压 atm | 静压 atm | 生产压差 atm | 采液指数 t/（d·atm） | 采油指数 t/（d·atm） | 产水指数 m³/（d·atm） |
		产液	产油	产水							
4.16—5.9	套管 8	195	127	68	34.8	287.6	288.9	1.3	150.0	97.7	52.3
5.11—6.13	套管 12	410	176	234	57.0	285.2	288.9	3.7	110.8	47.6	63.2
6.15—7.9	套管 15	544	158	386	71.0	284.1	288.9	4.8	113.3	32.9	80.4
7.11—7.31	套管 17	655	143	507	77.4	283.5	288.9	5.4	121.3	27.4	93.9

表2　任66井放产试验成果表（1983年）

日期 （月.日）	油嘴 mm	日产量，t/d			含水率 %	流压 atm	静压 atm	生产压差 atm	采液指数 t/（d·atm）	采油指数 t/（d·atm）	产水指数 m³/（d·atm）
		产液	产油	产水							
10.16—10.23	套管10	350	153	197	56.3	—	—	3.3	106.1	46.4	59.7
10.24—11.8	套管12	400	152	248	62.1	300.1	304.7	4.6	87.0	33.0	53.9
11.8—11.23	套管15	514	191	323	62.8	297.0	302.8	5.8	88.0	32.9	55.7
11.23—12.7	套管17	610	177	433	71.0	296.0	304.7	8.7	70.1	20.3	49.8

（三）无水期及低含水期是油田高产稳产的主要阶段

（1）油藏的无水期短。

以油藏综合含水连续升至2%作为划分无水期的标准。油藏于1979年8月综合含水升至1.98%结束无水期，历时3年5个月，累计产油3828.47×10⁴t，占地质储量7.23%，占可采储量28.9%。结束时油井总数42口，见水井数15口，占35.7%，日产油量高达34921t，采油速度2.41%，油藏正处于高产稳产阶段和中后期。

（2）含水10%以前的低含水期是油田的高产稳产阶段。

任丘油田结束无水期后至含水10%以前，由于在油藏的高部位增加了调整井，因而控制了油田的含水上升速度并接替了含水井递减的产量，使得油田的产量继续稳产到1980年8月。此后，曾进行过3次压产，至1981年4月日产油量控制到27000t左右，又稳产到同年8月。以后油田产量进入了有规律的递减。

油田的高产稳产阶段共历时5年5个月，累计产油6217.8×10⁴t，占地质储量11.74%，占可采储量47.0%，年采油速度保持在2%以上，最高达2.46%，最高日产油量达36137t，结束时综合含水10.5%。

（四）底水锥进和油水界面上升是潜山油藏底水运动的基本形式，它对生产压差及采油速度反映敏感

（1）控制生产压差和采油强度可以降低水锥高度。

油井投产后在生产压差的作用下，距井底一定距离并在井轴方向的油水界面上会出现局部形似锥状的底水活动。据理论分析和生产实践证明，水锥高度越大，油井见水越早；储层性质不同其水锥高度亦不同；在储层性质一定的条件下，水锥高度的大小主要取决于生产压差和采油强度。油井见水初期，缩小油嘴将产量控制到极限产量以内，能够见到压锥效果，延长油井无水期，增加无水油量。例如任9井见水后曾进行4次压锥，日产量从3071t逐步控制到1236t，共延长无水期340天，增加无水油量52.3×10⁴t。

在储层性质接近的断块内，增加生产井数，降低单井产油量，其水锥高度能够得到明显控制。例如任七山头北块，从1978年至1984年，区块的日产液量稳定在5912～5823t，而单井日产液量从84.5t逐步控制到265t，每年新见水井的水锥高度从200m逐步减至41m。

开发实践证明，在保持一定开发速度的前提下，多井少采是降低单井水锥高度的有效措施，有利于改善油田的开发效果。

(2) 采油速度与油水界面上升速度和驱油效率关系密切。

裂缝性碳酸盐岩其驱油机理存在两个过程，即裂缝系统的渗流过程和岩块系统的自吸驱油过程。油水分布出现两个界面三个带。

裂缝系统的驱油效率较高。据室内模拟试验结果，不均匀裂缝模型的水驱油效率高达96.4%。任丘油田 11 口下套管井射孔试油资料统计显示，岩块油水界面以下（水淹带）试油 26 个层段均以产纯水为主，有时带少量油花；岩块界面与裂缝界面之间（油水过渡带）试油 26 个层段，为油水同出，含水率 20.0% ~ 99.9%；裂缝系统油水界面以上（纯油带）试油 18 个层段均产纯油。任 28 井裂缝油水界面以下取心观察，主要裂缝系统的水洗程度较高。

各山头观察井测得的油水界面反映了裂缝系统的油水界面（图 6），其界面上升主要受采油速度控制。根据任丘油田代表各山头的 4 口观察井统计，1980 年至 1983 年，采油速度从 2.41% 降至 1.52%，油水界面上升速度从每年 70.76m 减至 24.64m。随着采油速度和界面上升速度的降低，油藏的驱油效率不断提高，阶段驱油效率从 17.2% 逐步提高到 43.39%，总驱油效率从 15.44% 提高到 20.22%。油水界面及驱油效率逐年变化见表 3。

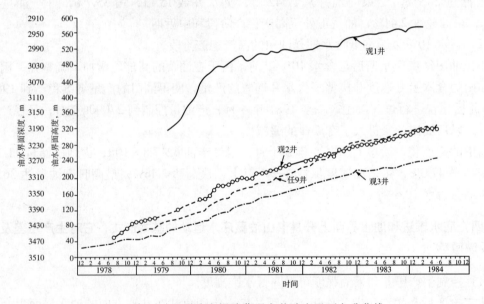

图 6   任丘油田雾迷山组油藏观察井油水界面上升曲线

表 3   油水界面及驱油效率逐年变化情况

年份 项目	1979	1980	1981	1982	1983	1984（上半年）
采油速度，%	2.43	2.41	1.89	1.72	1.52	1.48
界面上升速度，m/a	—	70.76	42.01	43.85	24.64	12.58
阶段驱油效率，%	—	17.2	30.0	23.41	38.22	43.39
总驱油效率，%	15.44	15.85	16.81	18.71	19.72	20.22

（五）油田高部位补钻调整井是油田开发前期稳产的重要措施。从边部向顶部油井依次见水是潜山底水油田

开发的客观规律。根据任丘油田开发资料统计，每年平均新增见水井 11.3 口，每年由于见水及含水上升减产约 $100 \times 10^4 t$，而每年工艺措施只增产 $23.3 \times 10^4 t$。因此补钻调整井来弥补产量递减在油田开发前期起着重要作用（图 7）。

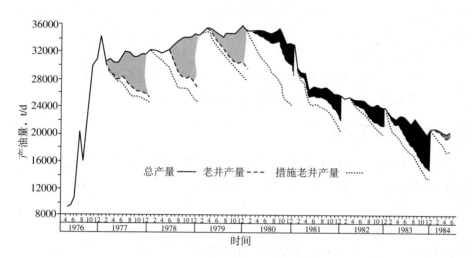

图 7　任丘油田雾迷山组油藏产量构成曲线

任丘油田开发实践表明，从 1977 年至 1983 年的 7 年间，平均每年新增调整井 16.4 口，平均每年新井产油量 $90.8 \times 10^4 t$，当年新井产量占年总产油量的 8.3%。

整个油藏由于不断增加调整井不仅减缓了产量递减速度而且逐步降低了单井采油强度，改善了油藏的开发效果。

历年调整井情况见表 4。

表 4　历年调整井情况

年份 项目	1977	1978	1979	1980	1981	1982	1983
新井数，口	10	10	18	16	14	18	29
新井年产油量，$10^4 t$	140.33	122.05	95.51	60.3	55.7	53.0	109.0
占油藏年产量，%	12.4	10.0	7.4	4.7	5.5	5.8	13.5
潜山顶部井网密度，口 /km²	0.89	1.16	1.85	2.43	2.93	3.36	4.51

三、油田的分块治理

（一）问题的提出

任丘油田开发 9 年来，在稳产问题上主要是靠逐年增加调整井的办法来接替老井由于含水上升造成的产量递减。至 1983 年底潜山面等深线 3200m 以内的井网密度已达每平方千米 4.5 口井，潜山顶部井距 300m。因此，再大量补钻调整井的可能性已经不大了。

随着油水界面的不断上升，油田的水淹状况已经比较严重，见水井已占油井总数的 67%，油田的水淹体积达 73%。除了早已进入产量递减阶段的任九、任十一山头外，主力山头（任六、任七）的产量也开始递减，这对全油田的稳产威胁很大。

随着井网的加密和水淹程度的增加，油田内部各断块开发动态的差异日趋明显，它们之间的稳产状况，油水运动均出现较大的差别。

鉴于上述情况，油田今后如何实现少减产的问题尖锐地摆在我们面前，能否根据油田地下的客观实际，大搞工艺措施，以控制含水上升速度，减缓产量下降，这是当前油田开发需要认真研究的重要问题。

本文从断裂构造，岩溶层组及开发动态入手对油田内部进行区块划分，研究其开发类型和开采特点，并从中总结出不同类型区块的治理办法。

（二）区块划分的地质基础

任丘油田雾迷山组油藏属碳酸盐岩古潜山油藏，储集岩经过长期的成岩后生及表生作用，因此古岩溶十分发育，其岩溶发育程度及规律是影响油藏内部开发效果差异的重要地质因素。

1. 断裂对岩溶发育起着控制作用

现代岩溶研究大量资料证明，断裂对岩溶发育起着控制作用，断层性质不同，其上下盘的岩溶发育程度亦不同。一般来说，在岩性相同的条件下，张性及张扭性断层其上盘岩溶较下盘发育。造成这种岩溶发育规律的原因是由于张性断层的上盘在相对下降过程中受牵引力强因而产生较多的张裂隙所致。

任丘雾迷山组油藏大量的地震及钻探资料表明，油藏的断裂均属张性及张扭性正断层，潜山的形成受断裂控制，油藏内部分割山头的边界断层（二级断层），断距大，一般 300 ~ 600m，是在前期断裂的基础上发展而成，活动剧烈，在古地貌上有明显的断崖。山头的内幕断层也十分发育，整个油藏由于受二级断裂及内幕大断层的切割油藏被分割成数个断盘位置不同的断块（图 8 ~ 图 11）。

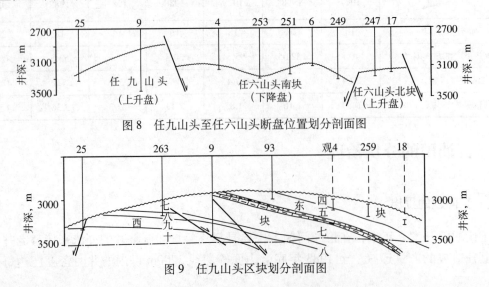

图 8　任九山头至任六山头断盘位置划分剖面图

图 9　任九山头区块划分剖面图

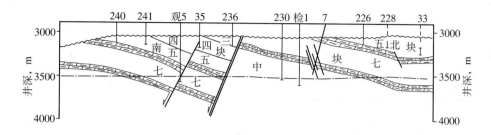

图 10　任七山头区块划分剖面图

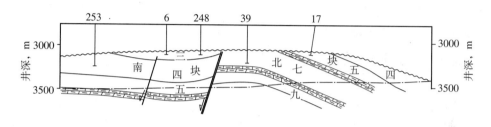

图 11　任六山头区块划分剖面图

据钻井液漏失量统计，在层位相同的条件下，山头边界断层上升盘或山头内幕大断层上升盘所在的区块，钻井液漏失率及漏失强度相对较低，而下降盘所在的区块则相对较高。例如，任九山头东块，位于任九与任六山头边界断层的上升盘，层位为雾三至雾五组地层，岩性为块状白云岩。据 12 口井统计，漏失率 58.3%，漏失强度 0.43m³/m。而位于该断层下降盘的任六山头南块，其层位岩性与任九山头相同。据 14 口井统计，漏失率 85.7%，漏失强度 1.61m³/m。又如任七山头中块，位于任六与任七山头边界断层的下降盘，层位为雾六组至雾十组，岩性为白云岩与泥质白云岩互层，据 15 口井统计，漏失率 73.3%，漏失强度 1.65m³/m。而位于任九山头与任六山头边界断层上升盘的任九山头西块，其层位与岩性同上。据 8 口井统计，漏失率 62.5%，漏失强度 0.43m³/m。在任七山头内部，任 49 井内幕大断层（断距 613.6m）两盘雾六组以上地层的漏失率及漏失强度也有较大差别。各类断块漏失情况见表 5 ～表 7。

表 5　雾六组以上地层不同断盘位置区块漏失情况表

区块名称	断盘位置	统计井数口	漏失率 %	漏失强度 m³/m	岩溶层组	
					层位	岩性
任十一山头北块	山头边界断层上升盘	21	61.9	0.75	雾一、雾二	白云岩
任九山头东块	山头边界断层上升盘	12	58.3	0.43	雾三—雾五	白云岩
任六山头北块	山头边界断层及内幕断层上升盘	4	75.0	0.82	雾四—雾七	白云岩 泥质白云岩
任六山头南块	山头边界断层及内幕断层下降盘	14	85.7	1.61	雾二—雾五	白云岩
任七山头南块	山头边界断层及内幕断层下降盘	17	88.2	3.29	雾三—雾五	白云岩

表 6　雾六组以下地层不同断盘位置区块漏失情况表

区块名称	断盘位置	统计井数口	漏失率 %	漏失强度 m³/m	岩溶层组	
					层位	岩性
任七山头中块	山头边界断层下降盘	15	73.3	1.65	雾六—雾十	白云岩与泥质白云岩互层
任九山头西块	山头边界断层上升盘	8	62.5	0.43	雾六—雾十	白云岩与泥质白云岩互层

表 7　任七山头任 49 井内幕断层两盘雾六组以上地层漏失情况表

区块名称	断盘位置	统计井数口	漏失率 %	漏失强度 m³/m	岩溶层组	
					层位	岩性
任七山头南块	内幕断层下降盘	17	88.2	3.29	雾三—雾五	白云岩
任七山头北块	内幕断层上升盘	25	80.0	1.93	雾三—雾五	白云岩

上述资料证明，雾迷山组油藏内部分割山头边界的二级断层及断距大的内幕断层均对断层两盘的岩溶发育起到明显的控制作用，而且与现代岩溶规律相符合。断裂是造成各区块岩溶发育程度不同的主要外因。

2. 岩石成分是影响岩石溶蚀程度的重要因素

现代岩溶研究表明，碳酸盐岩的结构成因类型及岩石成分是影响岩石溶蚀程度的重要因素之一。

据湖北西部碳酸盐岩溶蚀试验资料，岩石结构成因类型为微亮晶粒屑碳酸盐岩。岩石成分为石灰岩时，其比溶蚀度为 1.20；为白云岩时为 0.42；为泥质白云岩时为 0.2。

辽宁省金县石棉矿第二含水层地下溶洞调查表明：硅质白云岩溶洞率 9.78%，厚层白云岩溶洞率 6.8%，泥质白云岩溶洞率 0.31%。

据任丘油田 45 块岩样相对溶解度试验资料，雾迷山组地层粗结构白云岩的相对溶解度达 0.5～0.6，而细结构云岩则小于 0.5。

雾迷山组地层取心资料证实，泥质白云岩缝、洞、孔均不发育，渗透率低，含油性差。孔隙度小于 2%，渗透率小于 1mD，主要孔隙结构类型为弯曲细长喉道，喉道直径绝大部分小于 0.15μm 属非储层。而凝块石、锥状叠层石等藻云岩，孔隙度大于 3%，次生溶蚀孔隙发育，以宽短喉道为主，平均喉道直径大于 1.3μm，含油比较饱满。几种主要岩石类型缝洞孔发育及含油状况见表 8。

表 8　几种主要岩石类型缝洞孔发育及含油状况

岩　性	孔隙度 %	面孔率, %			见油岩心占本岩类 %	含油级别岩心厚度百分比, %		
		缝	孔洞	总计		含油	油斑油迹	不含油
泥质白云岩	1.12	0.53	0	0.53	0	0	0.5	99.5
泥粉晶云岩	1.95	1.04	0.08	1.12	9.63	0.8	66.3	32.9
凝块石云岩	3.56	1.12	0.82	1.94	60.22	10.7	84.4	4.9
锥状叠层石云岩	3.33	0.85	1.88	2.73	90.75	—	—	—

雾迷山组地层由于岩性复杂，因而各类岩石的溶蚀程度相差较大。雾六组、雾八组及雾九组下部等的泥质白云岩缝洞均不发育；雾三—雾五组地层藻云岩发育，易被溶蚀因而缝洞都较发育；雾一、雾二组地层硅质岩发育故裂缝比较发育。这就是各断块岩溶发育程度不同的内在地质因素。

3. 岩溶层组的类型是控制岩溶发育规律的重要因素

现代岩溶研究又表明，岩溶层组的类型是控制岩溶发育规律的重要因素。均匀状白云岩其溶蚀作用集中发生在裂隙中并逐步扩大裂隙通道而形成溶蚀缝洞。间互状碳酸盐岩因受到隔水层的阻止，岩溶常沿裂隙顺层发育。这两类岩溶层组的溶蚀模式见图12。

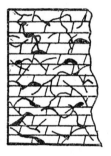 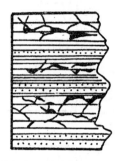

(a) 均匀状白云岩类型　　　　　　　　　(b) 间互状碳酸盐岩类型

图 12　碳酸盐岩现代岩溶模式图

据任丘油田沉积相带的研究，雾迷山组地层为一套大的海进沉积，从雾十组到雾六组顶部属海进初期，以潮间到潮上带为主，含泥质白云岩和其他白云岩组成互层，含陆源物质较多，储集性能较差；雾五组到雾三组为海进中期，以潮间下到潮下浅水沉积的中、细晶藻云岩为主，储集性能较好；雾二及雾一组为海进末期，以潮间低能带为主，泥粉晶云岩、硅质云岩发育，岩性致密，储集性能也较差。由于地壳的振荡运动及海水的潮汐变迁，使得雾迷山组地层出现了多旋回性的沉积，这就奠定了岩溶层组划分的成因基础。

雾迷山组储层性质的差异。根据雾迷山组储层类型划分结果，雾一组至雾五组地层，相对比较均匀，各类储层的厚度比例大致接近，一类储层的厚度占11.5%～18.5%；二类储层的厚度占50.3%～63.6%；三类非储层的厚度占24.6%～33.3%。但是，雾六组至雾十组地层各类储层的厚度比例变化却很大，一类储层的厚度占0.4%～25.2%；二类储层占10.9%～54.3%；三类储层占20.5%～88.7%。各油组储层类型见表9。

表 9　各油组储层类型

油组	雾一	雾二	雾三	雾四	雾五	雾六	雾七	雾八	雾九	雾十
一类储层厚度百分比%	11.5	11.9	11.8	18.5	14.7	0.4	13.6	10.7	8.5	25.2
二类储层厚度百分比%	58.3	57.6	63.6	50.3	52.0	10.9	49.2	35.8	40.0	54.3
非储层厚度百分比%	30.2	30.5	24.6	31.2	33.3	88.7	37.2	53.5	51.5	20.5

雾迷山组地层纵向上漏失强度的分布。以任七山头中块、北块为例加以说明。任七山

头北块和中块雾二组至雾十组钻井液漏失强度资料表明，雾二组至雾五组地层，岩性为块状白云岩，除 2⁵ 层段外其余 11 个岩性段均有漏失现象，漏失强度相对比较均匀，一般在 0.88 ～ 2.97m³/m。雾六组至雾十组地层漏失强度差异较大，其中泥质白云岩集中分布段漏失强度低；雾六组为 0.08m³/m，雾八组为 0.16m³/m，雾九组下部为 0.84m³/m。而块状白云岩分布段的漏失强度却比较高，雾七组为 0.87m³/m，雾九组上部为 5.45m³/m，雾十组为 2.83m³/m。这两套地层溶蚀程度的差异可以从漏失强度分布图上清楚地看出，见图 13。

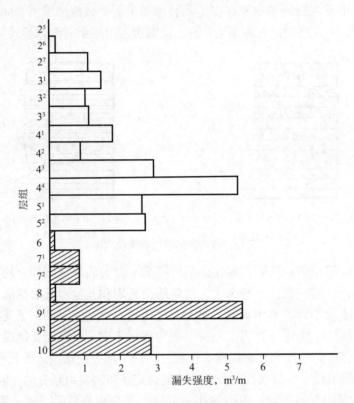

图 13　任七井山头中块、北块不同油层组漏失强度分布直方图

依据雾迷山组地层剖面的岩性特征，沉积相带，各油组储层性质及钻井液漏失强度的分布等资料并参照现代岩溶模式，雾迷山组地层可以划分两类岩溶层组。

第一类为块状白云岩，层位雾一组至雾五组，岩性以白云岩为主夹硅质岩及泥质白云岩，溶蚀程度相对比较均匀。第二类为泥质云岩与白云岩互层，层位雾六组至雾十组，岩性为泥质云岩集中分布段（厚 64 ～ 70m）与白云岩呈间互状，其溶蚀程度差异较大，泥质云岩段为弱岩溶地层，它对其上下地层的溶蚀起到阻隔作用，而泥质白云岩段之间的白云岩溶蚀程度相对较高，常出现顺层溶蚀现象。

综上所述，就整个油藏而言，由于被二级断层切割成断盘位置不同的断块，而岩性不同的各类岩溶层组又分布其中，使得各断块的岩溶发育程度和规律差异较大。这就是油藏内部区块划分的地质基础，也就是各区块开发动态差异的根本原因。

（三）区块的类型及特点

为了研究区块的类型，首先对油田进行区块划分。在划分时主要考虑了：区块位于山头边界断层或内幕大断层的断盘位置；区块内分布地层所属的岩溶层组；开发动态反映出的特点。根据以上原则将全油田划分为 8 个开发区块。详见表 10 及图 14。

表 10　油田开发区块划分

区块编号	区块名称	断盘位置	地层层位	岩溶层组
I	任九山头西块	山头边界断层上升盘	雾六—雾十	白云岩与泥质白云岩互层
II	任九山头东块	山头边界断层上升盘	雾三—雾五	均匀状白云岩
III	任六山头南块	山头边界断层下降盘	雾二—雾五	均匀状白云岩
IV	任六山头北块	山头边界断层及内幕断层的上升盘	雾四—雾六	均匀状白云岩 泥质白云岩
V	任七山头南块	山头边界断层及内幕断层下降盘	雾三—雾五	均匀状白云岩
VI	任七山头中块	山头边界断层下降盘内幕断层上升盘	雾六—雾十	白云岩与泥质白云岩互层
VII	任七山头北块	内幕断层上升盘	雾三—雾五	均匀状白云岩
VIII	任十一山头	山头边界断层上升盘	雾一、雾二	均匀状白云岩

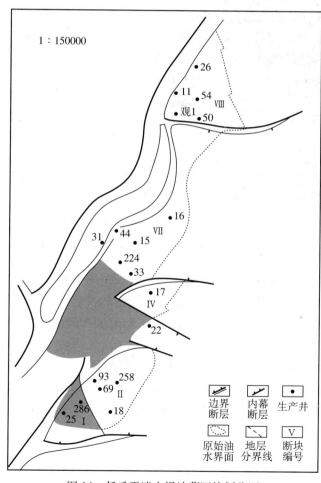

图 14　任丘雾迷山组油藏区块划分图

根据以上 8 个区块的地质开发特点初步归纳为 3 种区块类型。

1. 第一种类型：高角度裂缝比较发育的纯白云岩型

这类区块包括任十一山头；任七山头北块；任六山头北块；任九山头东块。

1）主要地质特征

（1）区块位于二级断裂的上升盘，在古地貌上是隆起较高的山峦。地层层位雾一组至雾五组岩性主要为一套块状白云岩。

（2）岩溶发育程度相对较差，据钻井液漏失资料统计，漏失率 58.3% ~ 75.0%，漏失强度 0.43 ~ 0.82m³/m。据测井资料统计，缝洞段厚度占揭开厚度的 22.9% ~ 28.9%，中子孔隙度 6.75% ~ 6.09%。

（3）高角度裂缝发育并有少量缝宽大的裂缝。据任 28 井取心资料统计，裂缝倾角在 70° 以上的缝数频率达 87.7%，80% 的裂缝其宽度为 0.1 ~ 0.3mm，缝宽 1.2 ~ 7.0mm 的缝数占 4%，缝宽大于 11mm 的裂缝占 0.7%。

（4）小型溶蚀孔洞比较发育。任 28 井取心资料统计，溶蚀孔洞发育和比较发育的岩心厚度占 34.7%，绝大部分孔洞直径小于 2mm。

2）主要开发特点

（1）水锥高度大。根据有无水期的见水井统计，油井见水时的水锥高度达 153 ~ 267m，是各类区块中水锥高度最大的区块。

（2）无水期短，含水期长。这类区块的无水期只有 23 ~ 52 个月，无水期采出程度 26.2% ~ 39.5%（占可采储量），大部分可采储量将要在含水期采出，其水驱规律与雁翎油田类似。因此带水采油期长是这类区块的突出特点。分块情况见表 11。

表 11　第一种类型区块分块情况

区块名称	无水期 月	无水期采油量 10⁴t	可采储量 10⁴t	无水期采出程度 %	含水期采出程度 %
任十一山头	36	938.3	2373	39.5	60.5
任九山头东块	28	123.9	474	26.2	73.86
任六山头北块	23	102.6	285	36.0	64.0
任七山头北块	52	893.7	2590	34.5	65.5

（3）稳产期短，产量递减快。石灰岩油田注水保持压力开发，无水期是稳产期。由于这类区块的水锥高度大，油井见水快，所以无水期很短，稳产期也很短。进入含水期后产量即开始递减，其递减规律为指数递减，年递减 27.7% ~ 36.5%，如图 15 所示。

3）目前开发状况

（1）这类区块的日产油量 5978t，占全油藏产量的 28.9%。

（2）水淹严重，目前含水井数已占油井总数的 84% ~ 100%。

（3）采出程度较高，区块的总累计采油量已占可采储量的 63.1% ~ 72.0%。

（4）区块产量继续下降，1984 年 1—6 月递减 1.12% ~ 4.56%。

2. 第二种类型：缝洞发育比较均匀的纯白云岩型

这类区块包括任六山头南块及任七山头南块。

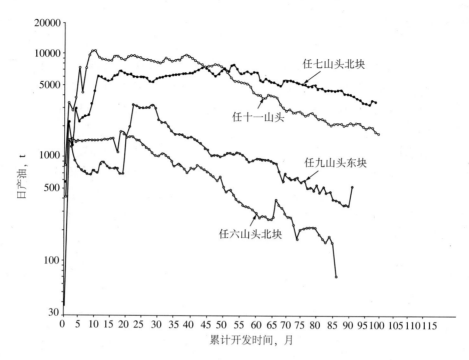

图 15　任丘雾迷山组油藏区块产量变化曲线

1）主要地质特征

（1）区块位于二级断裂及任 49 井内幕大断层的下降块，在古地貌上为相对较低的山峦。地层层位为雾三组至雾五组，岩性为块状白云岩。

（2）岩溶比较发育。据钻井液漏失资料统计，漏失率 85.7% ～ 88.2%，漏失强度 1.61 ～ 3.29m³/m。

（3）缝洞发育比较均匀。据任 239 井岩心观察，沿节理面或裂隙溶蚀扩大而形成的缝和洞比较发育，常呈不规则网络状分布，连通状况好。据测井资料统计，缝洞段厚度比例较大，占 40% ～ 45%，中子孔隙度较高，达 8.4% ～ 9.2%。缝洞段在纵向上的分布比较均匀，据任七山头南块雾六组以上地层统计，深度从 3050m 至 3250m，每 50m 区间的缝洞段厚度百分比变化在 31% ～ 49%。

2）主要开发特点

（1）水锥高度小。

任六山头南块 6 口见水井统计，油井见水时平均水锥高度 20m。任 254 井井底深度已低于油水界面 12.2m，油单 ϕ 8mm 油嘴生产，日产油 233t，生产压差 2.6 大气压仍不含水。

任七山头南块 3 口见水井统计，平均水锥高度 11.1m。任 5、任 236 井井底深度只高于油水界面 0.46 ～ 21.96m，套单 ϕ 8mm 油嘴生产，日产油 243 ～ 253t，生产压差 0.2 大气压，不含水。

这类区块是各类区块中水锥高度最小的区块。

（2）油水界面上升比较均匀。

据任六山头南块资料，已见水的任 253、任 256、任 36 井它们的井底深度比较接近，最大相差 30m，而平面位置相距较远，但其见水时间却比较接近，只相差 3 天至 3 个多月。

（3）区块的稳产期比较长。

任七山头南块于1976年6月投入开发，油井总数2口，以后每年增加新井，至1980年底油井总数达9口。年平均日产从1977年的4161t逐渐增至8776t，年产量从151.9×10⁴t增至321.2×10⁴t，是该区块产量最高的一年。从1980年9月至1981年11月曾先后在6口油井缩小油嘴10井次，区块的日产量逐步控制到5000～6000t，并一直保持稳定。该区块至1984年6月已稳产8年1个月。

任六山头南块1975年投入开发，油井总数2口，以后每年增加新井和部分油井放大油嘴生产，区块产量逐年上升，到1980年12月油井总数达11口，最高日产达7219t。自1981年1月至1982年，先后在6口油井缩小油嘴12井次，区块的产量逐步控制到5000t左右。1982年7月以后由于3口油井见水，产量开始递减。该区块共稳产6年11个月。区块产量变化见图16。

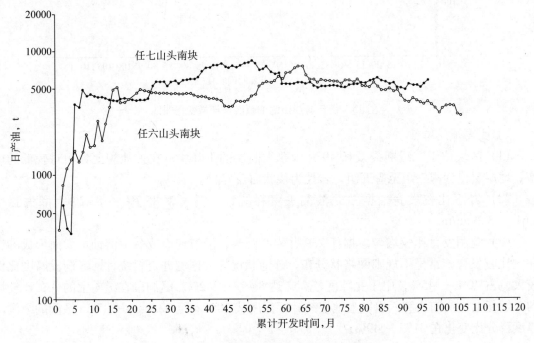

图16　任七山头南块与任六山头南块产量变化曲线

（4）油井见水后含水上升快，含水期采油量低。

根据任六山头3口见水井统计，平均含水月上升速度5.7%～8.6%，每采1×10⁴t原油含水上升6.97%～29.9%。如任253井，该井1982年7月见水至1983年8月只生产13个月，含水率上升到98%，含水期采出油量51864t，占本井总累计采油量的12.2%，每采1×10⁴t原油含水升18.9%。任七山头南块1983年5月见水的任244井至1984年2月含水率上升到89.4%，平均月上升9.5%。这类区块见水井含水上升速度比其他区块快，主要原因是区块的油水界面上升比较均匀，水锥高度小，因此油水前缘的含水饱和度较高。

3）目前开发状况

（1）产量高。总日产量8490t，占全油藏产量的41%，是当前生产的主力区块。

（2）见水井比较少。目前含水井9口，占油井总数的23%，区块综合含水1.68%～

13.3%。

（3）产量保持稳定或开始出现递减。任七山头南块仍继续稳产。任六山头南块 1982 年 7 月以后区块产量开始下降，目前老井月自然递减 1.41%，老井月综合递减 1.03%。

3. 第三种类型：缝洞发育极不均匀的间互状白云岩型

任九山头西块及任七山头中块属此类型。

1）主要地质特征

（1）区块位于二级断裂上升盘或内幕大断层的上升盘，地层层位雾六组至雾十组，岩性为泥质白云岩集中段与块状白云岩互层。

（2）岩溶发育程度各油组差异较大。泥质白云岩集中段（雾六、雾八及雾九组下部）基本无漏失，漏失强度 0～0.06m³/m，而块状白云岩的漏失强度雾十组最高达 7m³/m，雾七组却只有 0.12～0.87m³/m。

（3）泥质白云岩集中段顶或底的白云岩顺层岩溶比较发育。以任九山头西块雾九组下部至雾十组顶部为例加以说明。由于受到雾九组下部泥质白云岩段的阻隔，钻遇雾十组顶部的 2 口油井均出现钻进放空和大量钻井液漏失，任 9 井放空两处，长度 1.76m，漏失钻井液 365m³；任 25 井放空两处，长度 0.76m，漏失钻井液 306m³。

（4）泥质白云岩集中段间所夹的白云岩仍发育一定的缝洞。生产测试资料证明，任 263 井的主产层位于雾八组泥质白云岩段。封隔器卡水资料证实，任 25 井雾九组下部泥质白云岩段所夹的白云岩产油 265t。

（5）取心资料和生产测试资料证实，泥质白云岩层的孔隙度、渗透率均很低，含油性很差，缝洞不发育，基本无生产能力，属非储层。

2）主要开发特点

（1）调整井接替产量实现区块稳产的效果明显。

任九山头西块于 1976 年投入开发，当时油井总数 2 口，投产初期套单 ϕ40mm 放喷生产，日产油量最高达 5540t。由于任 9 井剩余厚度小（51.68m），产量过高，投产 21 天即见到底水，见水后不断采用压锥的办法，含水得到控制，但产量却降至 2923t，1977 年 2 月至 1978 年 4 月在油井工作制度不变的情况下，区块产量出现有规律下降，月递减 1.95%。

从 1978 年开始在区块内钻调整井，至 1980 年每年补钻调整井 1 口，结果使得区块的产量由下降转为回升，并基本保持了开发初期 1977 年的生产水平，年产量保持在 $90×10^4$t 以上稳产到 1980 年。

从 1981 年至 1982 年区块内又补钻调整井 3 口，同时对 3 口油井（任 25、任 51、任 263）多次缩小油嘴生产，区块的产量控制到 1800t/d 左右，年产量 $66.3×10^4$～$67.9×10^4$t 继续稳产到 1982 年底。

1983 年由于见水井增多，含水上升加快，产量开始下降。历年产量变化见表 12。

表 12　任九山头西块历年产量变化情况

时间	油井总数 口	年产量 10⁴t	年平均日产 t	新井		新井产量	
				井数 口	井　号	年产量 10⁴t	占总年产量 %
1976	2	83.0	2269	2	任 9、任 25	83.0	100
1977	2	98.7	2705	—	—	—	—

时间	油井总数 口	年产量 10^4t	年平均日产 t	新井 井数 口	新井 井号	新井产量 年产量 10^4t	新井产量 占总年产量 %
1978	3	75.2	2059	1	任51	3.56	4.74
1979	3	95.2	2607	1	任263	11.39	11.97
1980	4	91.3	2496	1	任260	7.09	7.77
1981	5	66.3	1815	1	任265	2.51	3.79
1982	7	67.9	1862	2	任262、任356	6.58	9.67
1983	10	61.2	1675	3	任266、任363、任364	3.26	5.32

任九山头西块调整井效果好的主要原因是，调整井的生产段部署在油层的内幕高即两泥质白云岩集中段之间的块状白云岩的高部位或较高部位，在层位的分布上也比较均匀，因此油井的无水期比较长。见表13。

表13 任九山头油井无水期产油情况

井号	无水期 d	无水油量 10^4t	原始剩余厚度 m	油层部位
任265	663	21.46	301.79	雾七组内幕高
任51	761	63.21	257.0	雾七组较高部位
任263	1197	85.49	308.0	雾八组高部位
任260	994	23.15	260.0	雾七组较高部位
任25	1074	182.32	175.34	雾十组内幕高
任356	620	13.69	375.36	雾七组内幕高

任七山头中块投产新井，控制老井，使区块产量一直保持在一定的水平，也实现了较长期的稳产。

任七山头中块于1976年3月投入开发，油井总数1口，年产油78.6×10^4t，年平均日产2149t。从1977年至1981年的5年间共增加新井7口，总井数达到8口。在投产新井的同时又将5口油井缩小油嘴11井次，区块的年产量仍然保持在69.2×10^4~83.8×10^4t，年平均日产1896~2297t。1982年以来在增加新井不调整老井的前提下区块产量由稳定转为上升，1982年投产新井4口，年产量达到106.1×10^4t，年平均日产2907t。1983年投产新井7口，平均日产进一步上升到3673t。逐年产量变化见表14。

表14 任七山头中块历年产量变化情况

时间	油井总数 口	年产量 10^4t	年平均日产 t	新井 井数 口	新井 井号	当年新井产量 年产量 10^4t	当年新井产量 占总产量 %
1976	1	78.6	2149	1	任7	78.6	100

时间	油井总数 口	年产量 10⁴t	年平均日产 t	新 井		当年新井产量	
				井数 口	井 号	年产量 10⁴t	占总产量 %
1977	2	79.9	2190	1	任 32	2.08	2.6
1978	3	83.8	2297	1	任 27	15.1	18.0
1979	4	69.2	1896	1	任 233	1.3	1.9
1980	5	71.8	1961	1	任检 1	0.5	0.7
1981	8	75.5	2077	3	任 231、任 230、任 223	18.5	24.4
1982	12	106.6	2907	4	任 227、任 255、任 333、任 346	24.2	22.8
1983	20	134.1	3673	7	任 331、任 330、任 325、任 327、任 329、任 348、检 7	15.0	11.2

该区块的产量之所以能够保持在一定水平较长期稳产，主要原因是多数调整井部署在油组的内幕高，油井的无水期比较长。

该类区块的产量变化见图 17。

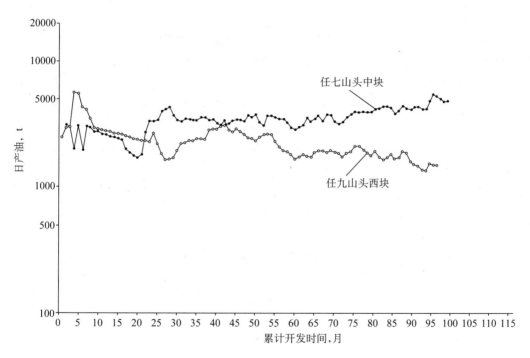

图 17　任七山头中块与任九山头西块产量变化曲线

（2）油水界面比较复杂。

在纯白云岩区块内，个别观察井实测的油水界面资料，大体上反映了整个区块的油水分布关系。但是在间互状白云岩区块内个别观察井的界面资料却代表不了整个区块各油组的油水分布关系。例如，任九山头西块任 25 井封隔器卡水资料显示，层位雾十组，深度

3285.75～3334.66m，厚度48.91m，油单 ϕ 10mm测试，日产油2t，日产水124m³。含水高达98.3%。而雾九组下部，深度3224.48～3285.75m，厚度61.27m，采油井段的深度已低于任9井1983年9月的油水界面24.97～86.24m，套单 ϕ 10mm生产，日产油265t，已无水生产一年多。这说明任9井实测的油水界面代表不了雾九组下部地层的油水分布。

任七山头中块观察井油水界面与其邻区对比，观8井1983年8月的油水界面为3266.31m，与任七山头北块的观2井界面对比低53m。从分层射孔井试油及试采资料分析，任检1井射孔井段3269.4～3271.8m，已于1982年9月水淹关井，而相距约500m的任230井1983年分层射孔试油资料，油底3336m，水顶3378m，与检1井相差较大。造成任七山头中块油水界面较低的主要原因是该区块的总产量从开发以来一直控制较低。至于这类区块内部界面差异较大的原因与泥质白云岩段的阻隔有关。

3）目前开发状况

（1）这类区块总日产量6217t，占全油藏产量的30%。

（2）任九山头西块见水井7口，占油井总数的70%，区块综合含水39.5%。任七山头中块见水井9口，占油井总数的42.8%，区块综合含水119%。

（3）这类区块在综合治理的条件下目前产量暂时稳定。

（四）分块治理原则及实施

1. 分块治理的原则

（1）在继续注水保持地层压力的前提下，立足于油井自喷生产。

（2）稳产挖潜的主要对象是油水过渡带和纯油区，至于水淹带还有待深入研究。

（3）各类区块的具体治理办法是：

①缝洞发育比较均匀的纯白云岩型区块，是油藏当前生产的主力区块，能否继续维持油井的无水生产对整个油藏的稳产有着重要意义。针对这类区块油水界面上升比较均匀，水锥高度小，潜山地貌比较平缓，油井揭开厚度较小，以及目前油水界面已开始进入井底位置相对较低的油井等特点，主要应采用油水界面以上小高度卡水以提高见水油井的井底深度，躲开水锥恢复油井无水生产。

②高角度裂缝比较发育的纯白云岩型区块，是当前挖潜的主要对象。针对油井水锥高度大，主要裂缝系统水淹状况比较严重等特点，采取中高含水井以化学堵水为主，封堵主要产水裂缝，降低井底压力，增大生产压差，发挥含油的小裂缝的生产能力，改善出油剖面以控制含水上升速度；对裸眼厚度比较大、出油层段较多、产油量低、含水率高的油井使用封隔器卡封主要出水段，油管排水套管采油的生产方式以控制油井水锥高度，减缓产油量递减；渗透性较低、井口压力低、产液量低的含水井待油井停喷后下大泵生产用提高排液量来稳定或增加产油量。

③缝洞发育极不均匀的间互状白云岩型区块，针对油水界面比较复杂，泥质白云岩集中段对底水运动有一定的分隔作用，寻找油水界面相对较低或含水较低的部位和层段以及其他提高井底的卡封水措施。

（4）继续大搞油水井酸化改造。这几年来油水井酸化已成为减小油井生产压差，提高井口压力，增加产量（或注水量）的重要稳产手段，今后酸化的主要对象是：

①生产压差大的新投产井；

②少数老井的重复酸化；

③卡封水后生产能力低的层段；

④吸水能力下降，不能满足配注要求的注水井。

根据以上原则制订了分块具体实施内容及井号（略）。

2. 分块治理方案实施效果分析

根据分块治理方案提出的具体措施开展了井下作业施工会战，大搞油井封隔器卡水、注灰封水、化学堵水、酸化改造、上返补孔及下泵转抽等综合措施。1984年上半年共完成各类施工井59井次。

通过分块治理方案的实施，有以下初步认识：

（1）分块治理方案基本上符合油田地下的实际情况。其主要依据是：

①缝洞发育比较均匀的纯白云岩型区块采用小高度卡封水获得成功。

去年四季度至今年上半年在任六、任七山头南块小高度卡水共施工3口井，其中封隔器卡水2口井（任353、任351井），打水泥塞封水1口井（任244井）。封隔器卡点及灰面深度位于当时油水界面以上19.86～49.51m，卡封后增产效果都很明显。例如任六山头南块的任353井，该井1983年8月投产，由于井底深度低于观3井油水界面117m，投产即高含水。本井于1983年11月采用目前油水界面以上小高度卡水措施，封隔器深度3247.84m，只高于油水界面28.86m。卡封前套管 ϕ 8mm油嘴生产，日产液153t，日产油57t，日产水96m³，含水62.8%。卡封后套管同油嘴生产，日产油246t，含水降零。至1984年6月，日产油还高达241t，含水4.02%，已累计增产原油42232t（图18）。又如任七山头南块的任244井，该井于1983年5月见水，见水后含水率平均月上升9.5%，产油量月递减21%，至1984年3月套管 ϕ 10mm油嘴生产，日产液256t，日产油37t，产水219m³，含水85.4%。采用小高度注灰封水，灰面深度3235.64m，只高于当时观5井油水界面19.86m，措施后同油嘴生产，日产油236t，含水降零，至1984年6月底已增产原油16555t。

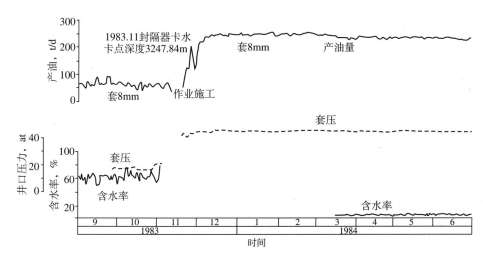

图18 任353井卡水前后产油量、含水率变化曲线

②高角度裂缝比较发育的纯白云岩型区块采用化学堵水效果明显，下封隔器油套分采见到一定效果。

任十一山头1984年上半年裸眼井堵水8口，对比7口（任303井堵后转抽未开井），有效井 5 口，成功率 71.4%，其中 4 口井（任 66、任 11、任 37、任 45 井）除本井产量不再递减外还增产原油 15171t，有 1 口井（任 48）堵水后产量递减速度得到减缓。无效井 2 口（任 208、任 308 井）。例如任 66 井，该井第一次堵水前套管 ϕ10mm 油嘴生产，产油量以月递减 4.3% 的速度呈指数递减规律下降，至 1981 年 9 月产油量降到 169t，含水升至 45.6%。经 1981 年 9 月、1982 年 9 月及 1984 年 2 月 3 次堵水，使得产油量一直保持在 160t 以上，含水率一直控制在 50% 以内，已稳产 2 年 8 个月（图 19）。

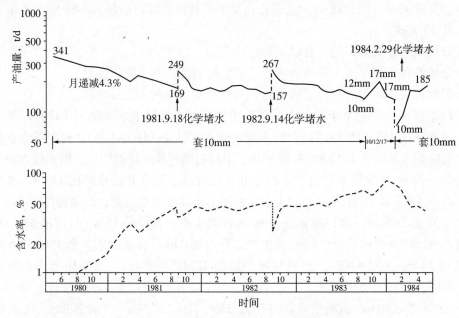

图 19　任 66 井日产油量、含水率变化曲线

　　任七山头北块今年上半年堵水 9 口井，除任 217 井堵后转抽外，对比 8 口井，有效井 6 口（任 214、任 318、任 219、任 224、任 56、任 228），成功率 75%。无效井 2 口（任 218、任 221）。例如任 214 井，该井于 1984 年 3 月第一次化学堵水，堵前套管 ϕ8mm 油嘴生产，日产油 157t，井口压力 29.5 大气压，含水率 38.6%，产油量月递减 1.24%。堵后初期同油嘴日产油 333t，井口压力 41.5 大气压，含水率降至 4.2%。至 1984 年 6 月份日产油还高达 232t，含水 24.1%。该井化学堵水后除不递减外还增产原油 12739t。

　　任六山头北块，今年堵水转抽 2 口井（任 39、任 17），但由于工艺问题暂时未能获效。根据 1982 年至 1983 年这两口井在自喷条件下化学堵水的效果仍然是较好的，有效期长达 8 个月左右。

　　今年来在任十一山头的任 208 井及任七山头北块的任 56 井下封隔器实行油套分采获一定增产效果。任 208 井 1984 年 4 月下封隔器于井深 2883.01m，高于观 1 井油水界面 42.56m。下封隔器前采用套管 ϕ12mm 油嘴全井合采，日产液 319t，日产油 81t，含水率 74.7%，卡封后采用油管、套管 ϕ12mm 分采，日产液 461t，日产油 106t，含水 77.0%。任 56 井利用 1983 年 4 月下井的封隔器，在对封隔器以下的油管层段（该层段 1983 年 8 月单开生产，日产油 7t，含水 95.4%）进行化学堵水后，采用油管、套管 ϕ10mm 油嘴分采，分采前套管 ϕ10mm 生产，日产液 294t，日产油 85t，含水 71%。分采后日产液 467t，日产油 108t，含水 76.8%。

③缝洞发育极不均匀的间互状白云岩型区块采用封堵器找卡水寻找低界面区获得成功。

今年施工井尚在进行，但根据前两年所做的工作，已在2口井（任25、任51）获得明显的效果。

例如任九山头西块的任25井，封隔器卡点深度3285.75m，层位雾九组底部。卡封后雾十油组油单 ϕ10mm 求产，日产油33t，含水85.8%；雾九组套单 ϕ10mm 求产，日产油246t 不含水，至1984年6月已无水生产20个月，采无水油 15.86×10^4t，油井生产稳定（图20）。目前套管生产段的顶深已低于任9井油水界面47.32m，底深低于108.59m（图21）。

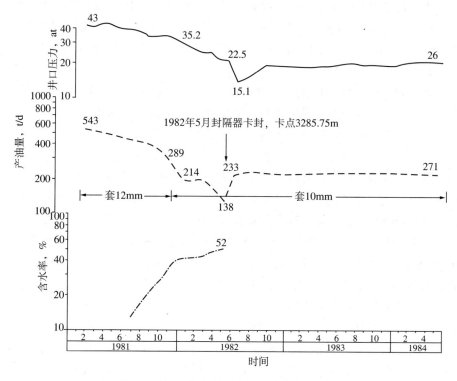

图20　任25井卡封后产量、含水变化曲线

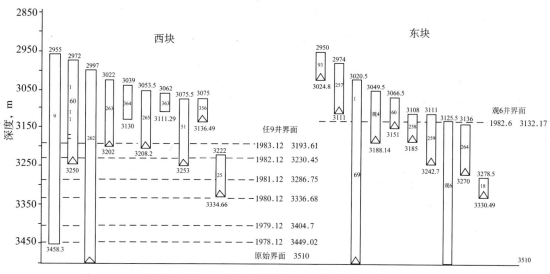

图21　任九山头油井深度及油水界面上升示意图

上述大量生产实践资料表明，分块治理方案在目前工艺条件下基本上是成功的。

（2）在目前条件下分块治理措施对减缓油田产量递减起到重要的作用。今年上半年油田地下形势发生了较大的变化，这些变化是：

①新见水井达 15 口，与历年同期对比是见水井最多的半年。

②油藏北部任十一山头高部位产量最高的 3 口无水井（见水，而且含水上升很快）。

③投产新井少（共 6 口），新井产量低。

在这种情况下全油藏老井月自然递减由 1983 年的 1.82% 增至 2.40%。但由于上半年大搞了综合措施，月平均日增原最高达 2059t，累计增产 21.2×10⁴t，使得全油田老井的月综合递减由 1983 年的 1.39% 降至 0.41%。据 8 个区块产量对比，有两个区块老井产量由 1983 年月递减 0.46% ~ 4.13% 变为递增；有 3 个区块递减速度由 1983 年的 1.36% ~ 2.59% 降至 0.63% ~ 1.12%。

以上事实说明，在当前潜山顶部井网密度较大，调整井少，油水界面陆续进入油井井底的条件下，只有大搞各种工艺措施才有可能减缓油田产量递减速度。

（3）分块治理方案在一定程度上改善了油田的开发效果。

①见水井下封隔器油套分采有利于控制水锥高度，保护纯油区，加强过渡带开采。

至 1984 年 6 月已在 5 口见水井下封隔器进行油套分采，初步看来效果较好。例如任 231 井于 1984 年 3 月下封隔器卡水，卡点深度高于观 8 井油水界面 17.95m。卡封前全井生产，套管 ϕ8mm 油嘴日产油 115t，含水率 45.8%。卡封后套管层段同油嘴生产，日产油 220t，含水率降至 0.49%。至 1984 年 5 月 8 日含水率逐渐升至 7.07%，含水月上升速度达 7.14%，产油量降至 195t。此后开油管实行油套 ϕ8mm 油嘴分采，日产液量提高到 290t，日产油量上升到 218t，1984 年 6 月 7 日及 18 日分别对套管层段取样化验，含水率稳定在 8% ~ 6%。说明该开油管排水对控制水锥有明显效果。

②卡封水提高了低界面层段的动用程度。

由于泥质白云岩集中段对底水运动的分隔作用，使得雾六组以下部分地区目前油水界面以下还存在有动用程度较差的层段，利用封隔器卡水可以改善其动用状况。例如任九山头西块的任 25 井。该井在全井套管 ϕ10mm 合采的条件下，生产压差只有 0.6 ~ 1.0 大气压，测试的流量剖面表明，主要产油层段在雾十油组，与钻井时的放空、漏失层段相对应，而雾九油组泥质白云岩与白云岩互层段无流量。封隔器卡封后采用套管 ϕ10mm 生产雾九油组获得日产 270t 的无水油量，已稳产 1 年 8 个月，而该层段已低于任 9 井油水界面 47.32 ~ 108.59m。

③卡堵水可以发挥差裂缝的生产能力。

根据见水井化学堵水及注灰封水有效井资料分析，封堵主产层后在动态上反映出的特点是，含水率下降，产油量增加，生产压差加大，采液指数下降。这些现象说明封堵主要产水层后差裂缝的生产能力得到发挥。

例如任 15 井注灰封堵主产层后对上段差油层（全井生产时此段不出油）进行酸化改造，油管 ϕ10mm 油嘴生产，日产油从 24t 增至 286t，含水率从 87% 降至零，生产压差从 1.4atm 增至 20.9atm，产液指数从 132t/（d·atm）降至 9.5t/（d·atm）。

又如任 66 井 1982 年 9 月化堵后套管 ϕ10mm 油嘴生产，日产油量从 157t 增至 267t，含水率从 48.2% 降至 24.2%，生产压差 1.9atm 增至 9.4atm，产液指数从 160t/（d·atm）降

至 37.4t/（d·atm）。

3. 对分块治理方案今后实施的几点建议

分块治理方案通过半年的实施虽然取得了较好的效果，但也存在不少的问题，需要在今后实施中逐步得到解决。为了进一步提高措施效果特提出以下建议：

（1）碳酸盐岩裂缝性油藏在下封隔器实行油套分采的前提下，提高产液量来稳定产油量的方法值得重视，并需继续试验观察。

（2）化学堵水在选好井的条件下，改进工艺水平，提高施工质量是提高化堵成功率和延长有效期的重要环节，需要从施工组织上进一步落实。

（3）对重复化学堵水井要取慎重态度，要研究油井重复化学堵水的条件、施工参数及延长有效期的方法，并开展高压聚乙烯塑料球堵水现场试验。

（4）对油藏顶部揭开厚度小，生产压差大的调整井应采用低泵压、小排量、重复酸化的办法来减小生产压差，提高生产能力。要严禁高泵压大排量挤酸，以防止沟通油藏下部的含水裂缝造成过早见水。

（5）低压、低产、高含水油井，要及早作好上抽准备，待油井停喷后立即下泵转抽。但上抽后机械设备的能力要能较大幅度的增加排液量才有可能稳定或提高产油量。

（6）治理措施除对油井外还需要在注水井采取措施，以改善注水效果，提高注入水的波及系数。从雾迷山组油藏油井产出水氯离子淡化资料分析看出：

①淡化区集中分布在油藏的东部（图22）与注水井和主要注水量集中分布在东部相对应；

②淡化区油井的层位与注水井的注水层位相对应；

③淡化区与注水量高的注水井相对应。

介于以上资料，初步建议：

第一，要适当控制累积注水量大，对邻区油井淡化程度影响大的注水井的注水量，适当提高累积注水量低的注水井的注水量。

第二，要采取措施调整注水井的吸水剖面，使其在纵向上相对比较均匀。

第三，要研究注水层位的调整问题。

四、油田动态预测

（一）油田可采储量的预测

根据任丘油田动态资料，共采用8种方法计算油田的最终可采油量，其变化范围在 $11159 \times 10^4 \sim 12880 \times 10^4 t$，最终采收率21.1% ～ 24.3%。初步确定油田最终采收率选用25%，可采储量 $13238.7 \times 10^4 t$。各种方法预测结果见表15。

表15　任丘油田最终采收率预测结果

预测方法	原始可采储量 $10^4 t$	最终采收率 %
水驱曲线法	12777	24.13
衰减曲线2法	12269	23.17

预测方法	原始可采储量 10⁴t	最终采收率 %
衰减曲线 3 法	12250	23.13
压力恢复曲线法	11292	21.32
三维数值模拟	11159	21.10
电测解释法	12880	24.32
水驱油效率法	11692	22.59
油水界面与累计产量关系	12440	23.49

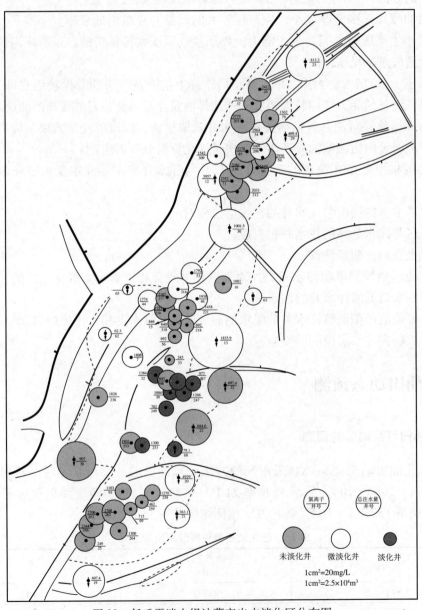

图 22　任丘雾迷山组油藏产出水淡化区分布图

表16 任丘油田主要开发指标预测表

测算方法		1984 年产油 10⁴t	1984 年产水 10⁴m³	1984 含水 %	1985 年产油 10⁴t	1985 年产水 10⁴m³	1985 含水 %	1986 年产油 10⁴t	1986 年产水 10⁴m³	1986 含水 %	1987 年产油 10⁴t	1987 年产水 10⁴m³	1987 含水 %	1988 年产油 10⁴t	1988 年产水 10⁴m³	1988 含水 %	1989 年产油 10⁴t	1989 年产水 10⁴m³	1989 含水 %	1990 年产油 10⁴t	1990 年产水 10⁴m³	1990 含水 %	备注
1	指数递减	730.7	352.33	36.0	636.3	433.21	44.9	531.9	508.7	52.67	444.7	565.17	59.07	371.7	598.18	64.2	310.8	611.16	68.26	259.8	603.38	71.5	年递减率 0.836
2	指数递减	730.7	352.33	36.0	644.2	439.67	45.03	551.9	533.54	53.08	472.8	616.04	59.86	406.2	683.8	65.4	347.0	727.59	69.85	297.3	752.26	73.38	年递减率 0.8567
3	指数递减	725.0	349.14	35.9	622	420.2	44.6	534.0	505.1	52.4	459	579.78	59.02	394	638.17	64.5	338	677.73	68.85	291	701.0	72.37	年递减率 0.8579
4	概算	732.8	353.51	36.0	625.5	424.95	44.79	531	505.12	52.5	445	562.44	58.9	361	577.0	63.9	296	572.93	67.82	246.9	559.9	70.89	
5	水驱—液量不降	708	339.66	35.7	631	423.24	44.51	559	530.34	52.66	489	629.62	59.68	432	727.58	65.59	381	813.4	70.43	338	890.03	74.37	
6	水驱—液量下降	708	339.66	35.7	588	389.18	43.89	487	440.7	50.98	406	476.53	56.87	340	496.0	61.67	288	504.57	65.6	245	501.46	68.72	
7	双曲递减	722	347.46	35.9	640	434.02	44.8	570	550.0	53.15	513	678.76	60.5	464	816.37	66.71	422	961.52	72.0	386	1113.41	76.32	

续表

测算方法	项目	1984 年注水 10⁴m³	1984 界面年上升 m	1984 界面总上升 m	1985 年注水 10⁴m³	1985 界面上升 m	1985 界面总上升 m	1986 年注水 10⁴m³	1986 界面上升 m	1986 界面总上升 m	1987 年注水 10⁴m³	1987 界面上升 m	1987 界面总上升 m	1988 年注水 10⁴m³	1988 界面上升 m	1988 界面总上升 m	1989 年注水 10⁴m³	1989 界面上升 m	1989 界面总上升 m	1990 年注水 10⁴m³	1990 界面上升 m	1990 界面总上升 m	备注
1	指数递减	1305.98	40.6	400.05	1270.0	29.0	429.05	1215.49	24.26	453.31	1163.09	20.28	473.59	1103.46	17.0	490.59	1039.85	14.2	504.79	966.35	11.85	516.64	
2	指数递减	1305.98	40.6	400.05	1236.87	29.38	429.43	1267.2	25.17	454.6	1252.49	21.56	476.16	1238.33	18.53	494.69	1208.47	15.83	51.52	1170.72	13.56	524.08	
3	指数递减	1295.32	40.35	399.8	1238.0	28.37	428.17	1214.4	24.36	452.53	1196.75	20.93	473.46	1174.8	18.0	491.46	1144.59	15.41	506.87	1108.83	13.27	520.14	
4	概算	1309.91	40.7	400.15	1247.47	28.53	428.68	1210.58	24.22	452.9	1160.61	20.3	473.2	1068.26	16.47	489.67	980.76	13.5	503.17	904.17	11.26	514.43	
5	水驱—液量不降	1263.59	39.57	399.02	1252.71	28.78	427.8	1272.93	25.5	453.9	1287.5	22.3	475.6	1317.35	19.7	495.3	1342.13	17.38	512.68	1367.51	15.42	528.1	
6	水驱—液量下降	1263.59	39.57	399.02	1161.87	26.82	425.84	1086.58	22.21	448.05	1020.44	18.52	466.57	956.32	15.51	482.08	898.73	13.14	495.21	840.38	11.17	506.39	
7	双曲递减	1289.71	40.21	399.66	1275.56	29.19	428.85	1307.63	26.0	454.85	1369.85	23.4	478.24	1451.57	21.16	499.41	1550.2	19.25	518.65	1603.55	17.61	536.26	

二）油田产量、注水量、含水率的预测

在预测时考虑了以下几点：

（1）不改变油井的生产方式，仍然以自喷为主，机械采油为辅；

（2）基本上不再补钻调整井；

（3）以生产动态资料作为预测的主要依据，按照现有规律外推计算。

共采用 7 种方法测算了 1985 年至 1990 年油田逐年的产油量、注水量、综合含水及油水界面等指标。其中 1985 年年产油量为 $588 \times 10^4 \sim 644 \times 10^4$t；1990 年为 $245 \times 10^4 \sim 386 \times 10^4$t，综合含水 68.7% ～ 76.3%，年注水 $904 \times 10^4 \sim 1663 \times 10^4$m³，油水界面上升高度 506 ～ 536m。详见表 16。

任丘雾迷山组油藏单井综合治理及实施效果

罗承建　柯全明[1]

（1985 年 12 月）

一、单井综合治理提出的背景

任丘雾迷山组油藏目前已经进入中后期开发阶段，由于含水上升造成产量递减成为油藏开发中的主要矛盾。如何控制含水上升速度，减缓油藏产量递减，这是当前油藏开发中亟待解决的问题。

1983 年，通过对油藏的断裂构造、岩溶层组以及开发中油藏内部出现的差异等资料的研究，将块状底水油藏的内部分为 8 个区块 3 种开发类型，并提出了油藏的分块综合治理方案。1984 年全面在油藏开展了现场实施，获得明显的治理效果。措施年增产原油 $55.4832 \times 10^4 t$，油藏年产量的递减由治理前的 10.95%，减缓至 8.59%，老井月综合递减由 1.39% 减缓至 0.95%。通过治理，各区块的开发效果不同程度地得到了改善。治理效果表明，分块综合治理方案是符合油藏地下实际情况的，分块综合治理的实施无疑对减缓油藏产量递减和改善油藏的开发效果都起到了明显的作用。

但是，由于对油藏的认识程度和工艺水平的限制，在分块综合治理的实施过程中，出现了一些有待于解决的新问题。我们针对这些问题，在认真总结 1984 年分块治理的经验与教训的基础上，根据目前的工艺技术条件，提出了单井综合治理。

所谓单井综合治理，就是根据油井所在区块的地质特点和油井的具体地质、生产特征，同时或分阶段地在同一口油井上进行多种综合工艺措施。

目前单井综合治理的主要措施内容包括：卡酸、卡酸抽、卡酸堵、卡酸分采、堵酸以及堵酸抽等几类。

单井综合治理必须是在分块治理的基础上进行，它丰富了油藏的治理手段，提高了工艺技术对地质条件的适应性，是分块治理的发展和继续。

二、单井综合治理提出的依据

（1）油藏水淹状况日趋严重，治理难度增大。

随着油藏的继续开发，油水界面不断上升，油藏的水淹状况日趋严重。截至 1984 年底，油藏见水井已占油井总数的 68.3%，油藏水淹体积达 81.6%，油水界面上升高度

---

[1] 参加人曹蕊痕；负责人刘仁达。

350.3m，已占油藏平均含油高度的71.8%。油藏内部4个山头的产量已全面进入了含水递减阶段。

油藏开发的必然过程是逐渐走向水淹的过程，在这一发展过程中油藏的水淹厚度逐步增大，剩余含油厚度不断减小，油井裸眼井段逐渐被水淹，导致了油藏治理的物质基础越来越差，治理的难度越来越大。据统计，至1984年底，油藏生产井的平均剩余含油厚度仅有137.6m，其中剩余含油厚度小于50m的占20.3%，50～100m的占16.7%，大于100m的占63.0%，并且已有56.7%的油井的裸眼井段不同程度被水淹。

从潜山边部向顶部，油井依次见水及水淹是潜山底水油藏开发的客观规律。随着油藏的不断水淹，在纵向上油藏治理的范围将逐渐转向潜山顶部。但由于顶部调整井的揭开厚度普遍很小，部分区块潜山顶部的缝洞发育变差，地质条件复杂，这些更增加了措施治理的难度。

（2）油井出油剖面悬殊、裂缝段生产状况差异大。

油井的出油剖面反映了油井裂缝段的生产状况，也是选择治理措施的重要依据。

据大量的油井流量剖面测试资料统计，油井出油段的厚度占裸眼段厚度的49.9%，而主要出油段厚度仅占裸眼段厚度的13.7%；从油井的出油剖面类型来看，出油剖面相对比较均匀的油井仅占35.4%，而64.6%的油井其出油剖面悬殊很大，且主要出油段多集中在井底。

上述资料表明，由于油层的非均质性和井壁的污染，造成油井裸眼段中出油厚度小，主要出油段仅集中在个别层段上，多数油井裂缝段的生产状况差异大，出油剖面极不均匀。

例如任七山头南块的任35井，裸眼厚度较大，为137.25m。多次流量测试均表明，该井裸眼段的中部、下部均有出油段，但主要出油段却分布在井底，其流量占94.5%。该井全井出油段厚度52.8m，占裸眼段厚度的38.5%；主要出油段厚度为31.0m，占裸眼段厚度的22.6%。

再如任九山头西块的任363井，该井裸眼厚度较小，仅46.7m。流量测试表明，100%的流量均集中在井底。出油段厚度9.3m，仅占裸眼段厚度的19.9%。

实践证明，对于油井纵向上的这种出油剖面分布规律，采用单一的治理措施是不能完全适应的。

譬如任265井，生产井段3059.39～3208.21m，裸眼段厚148.82m，经流量测试，100%的流量全部集中在井底。由于该井出油厚度小，上部含油层段的接替条件差，底部主产段见水后，该井含水月上升速度达8.5%，产油量月递减16.0%，严重影响该井的稳产。1984年4月采用单一的卡水措施对该井进行治理，封隔器下入深度3145.42m。卡后开井，套管不能自喷，未能获得治理效果。

（3）裂缝段之间的干扰，严重影响着油井的稳产和潜力的发挥。

大量生产资料证明，裂缝性碳酸盐岩油藏开发过程中裂缝系统渗流的主要矛盾是不同裂缝之间的干扰。具体表现在油井裸眼井段中裂缝之间的干扰，它贯穿开发的始终。这一矛盾在油井的无水期存在，当油井见水后，矛盾才逐渐被激化。突出地表现为裸眼井筒中下部出水段对上部含油段的干扰，而使上部含油段的生产潜力在本井得不到发挥，对油井的稳产十分不利。

如任244井，裸眼段厚度73.38m，1984年2月当水淹厚度24.88m只占裸眼厚度的

33.7% 时，在剩余含油厚度还有 53.5m 的情况下，该井已处于低产阶段。套单 ϕ10mm 油嘴生产，日产油仅 27t，日产水 229m³，含水高达 89.4%，生产压差 1.0 大气压，采液指数 256.0t/（d·atm）。注水泥封堵下部出水层段后（未经酸化），相同油嘴生产。日产油 235t，含水降至零，生产压差增大至 24.1atm，采液指数降为 9.8t/（d·atm）。由此可见，该井上部含油层段较大的生产潜力在措施前未能得以发挥，纯属下部出水段对上部含油段的干扰所致。

再如任 353 井，该井裸眼段厚度较大为 193.44m，随着油井的见水及裸眼段的水淹，井筒中的干扰日益加剧，影响了上部含油层段生产能力的发挥，至 1983 年 10 月裸眼段厚度已水淹了 125.3m，占裸眼厚度的 64.8%。套单 ϕ8mm 油嘴生产，日产油 57t，日产水 96m³，含水 62.8%，生产压差 0.8 大气压，采液指数 191.3t/（d·atm）。卡水封隔下部出水段后，相同油嘴生产，获得了日产 246t 的无水油。

以上两例充分说明，油井井筒中裂缝段之间的干扰的确存在，而且十分严重。它不仅影响着油井的稳产，还抑制了油井上部含油层段生产潜力的发挥。

要调整井筒中裂缝段间的干扰，充分发挥各类含油层段的生产效益，必须采用各种工艺措施，对油井进行治理后才能实现。但单一的工艺措施存在着一定的局限性，只有通过单井综合措施才能适应更多的油井，更有效地发挥油井各类含油层段的生产效益。

综上所述，由于油藏的水淹状况日趋严重，剩余含油厚度越来越小，油井的接替条件越来越差，加之油井出油剖面极不均匀，出油厚度小和井筒中裂缝段的干扰等因素，使得单一措施的选井条件受到很大程度的限制。在工艺技术条件目前有所发展的基础上，采用单井综合治理可以更有效地提高治理效果，更充分地发挥油井各类油层的生产效益。

三、单井综合治理的原则及要求

在分块治理的基础上，全面发展以卡酸、卡酸抽、卡酸堵、卡酸分采、堵酸以及堵酸抽等措施为主要内容的单井综合措施，调整油井井筒内出水段对含油段的干扰，发挥差裂缝的生产潜力，以控制含水上升速度，减缓产量递减。具体治理原则如下：

（1）对于裂缝发育较均匀，水锥高度小的油井，或揭开厚度较大主要产层分布在裸眼段下部，上部具有裂缝段但不出油或出油少的油井采用卡酸、卡酸分采、卡酸堵等综合措施。

任何封隔器卡水井的卡点位置都必须大于该井的水锥高度，在条件允许的情况下，尽可能提高卡点位置。

（2）对于剩余含油厚度较大，缝洞段较发育，出油剖面相对均匀的油井，先采用全井化学堵水措施，在化学堵水失效之后，再依据油井的生产状况采取卡酸、卡酸抽、堵酸等综合措施。

（3）对于下封隔器卡水或卡酸的油井，在油水界面尚未淹过封隔器位置，下部层段有一定的含油厚度且油水同出时，可采用强度较大的堵剂，对封隔器以下层段进行化学堵水。

（4）对于揭开厚度较小裂缝不甚发育，井口压力低，含水较高的油井，采用堵酸或堵酸抽的综合措施。

单井综合治理实施的具体要求如下：

①各类措施井必须严格按照井下作业技术规程及质量标准的要求进行施工。

②酸化时的挤酸排量必须严格控制，一般不超过每分钟 0.5m³。

③化学堵水井的堵剂必须按设计浓度配制均匀，施工排量一般不超过每分钟 0.3m³。挤堵剂时其爬坡压力要低，施工过程中若发现爬坡压力明显上升，则必须停止施工。

④压井液的选择以不污染油层为原则，严禁使用氯化钙溶液压井。使用盐水压井时，必须预制好符合要求的压井液。

四、单井综合治理的实施及效果

（1）1985 年单井综合措施完成工作量，年增油量及经济效益。

今年以来，根据单井综合治理方案，大搞了卡酸、卡抽、堵酸、堵酸抽等单井综合措施。今年完成单井综合措施工作量共计 87 井次（地质井次）占总措施 111 井次的 78.4%。扣除试验井及施工质量不合格 12 井次，有效 59 井次，成功率达 78.7%。单井综合措施井号见表 1。

表 1　单井综合措施实施井号表

项目	井次（地质）	井　　号
注灰酸化	6	任 304、任 225、任 46、任 244、任 262、任 266
卡酸	28	任 213、任 228、任 214、任 243、任 11、任 208、任 265、任 34、任 354、任 45、任 241、任 318、任 219、任 251、任 252、任 17、任 254、任 226、任 341、任 365、任 56、任 226、任 5、任 266、任 353、检 1、任 25、检 1
堵酸	9	任 306、任 348、任 364、任 210、任 356、任 363、任 17、任 25、任 348
化堵	31	任 333、任 343、任 316、任 37、任 66、任 220、任 227、任 225、任 304、任 36、任 332、任 202、任 329、任 349、任 318、任 228、任 214、任 251、任 219、任 351、任 208、任 226、任 354、任 11、任 93、任 243、任 5、任 17、任 56、任 265、任 34
转抽	7	检 3、任 262、任 218、任 225、任 265、任 266、任 213
卡抽	2	任 45、任 218
堵酸抽	4	任 364、任 363、任 317、任 109
合计	87	

至 1985 年 11 月单井综合措施增油量为 23.2755×10⁴t，占总增油量 50.2795×10⁴t 的 46.3%。按销售价 100 元/t 计算，获得增油产值 2327.5453 万元。扣除作业成本及采油成本后约盈利 1494.9466 万元，取得重大的经济效益。经济效益计算见表 2。

表 2　经济效益计算表

项目	卡水	酸卡	化堵	堵酸
施工井次	5	23	31	9
单位成本，元/井次	44870.70	88870.70	41355.73	85355.73
施工总成本，元	224353.50	2044026.10	1282027.60	768201.57
累计增油，t	42051	94874	49472	12369
增油产值，元	4205100	9487400	4947200	1236900
采油总成本，元				
盈利，万元				

项目	转抽	堵酸抽	卡抽	注水泥酸化	合计
施工井次	7	4	2	6	87
单位成本，元／井次	14349.11	99704.84	59219.81	55869.1	
施工总成本，元	100443.77	398819.36	118439.62	335214.60	5271525.90
累计增油，t	18433	7679	267	7610	232755
增油产值，元	1843300	767900	26700	761000	23275500
采油总成本，元					3054508
盈利，万元					1494.9466

注：成本核算的87井次中包括试验，井及施工质量不合格12井次。

（2）卡酸综合措施调整了井筒内的干扰，发挥了各类裂缝段的生产能力。

大量生产资料证明，对于碳酸盐岩裂缝性油藏，在开发过程中裂缝系统的主要矛盾是油井裸眼井段中裂缝之间的干扰，突出地表现为井筒中下部出水段对上部含油段的干扰。而使上部含油段的生产能力在本井得不到发挥。卡酸综合措施调整了井筒内的这一矛盾，使油井产量显著提高。

例如任检1井，该井位于任七山头中块，为一射孔完成井。1985年6月油水界面（3217.53m）已经淹过原射孔井段。油井油管 ϕ10mm生产，日产油仅16t，含水已高达92.3%，于6月补孔5段厚24.8m，井对补射井段用浓度为25.9%的盐酸20m³进行酸化。后用套管 ϕ8mm全井生产，日产油仅从16t上升为47t，含水率仍高达74.8%，分析其原因是下部出水段对上部出油段的干扰所致。7月用671封隔器卡水，卡点在3152.25m，套管 ϕ10mm生产。上部层段在初期获得了无水油328t/d。显然上部出油段在排除了下部出水段的干扰后生产能力得到了发挥，而使油井重获高产。至11月底已累计增油3.1739×10⁴t，仍继续有效，如图1所示。

卡酸综合措施的另一个作用是在封卡下部出水层段的情况下，酸化上部无流量的裂缝段，解除其井壁污染而发挥较好的生产能力，在动态上反映为产量增加、含水率下降。例如任241井，该井位于任七山头南块，生产井段为3113.5～3201.64m。1985年5月卡酸措施时，剩余含油厚度108.23m。油水界面尚未淹到井底，油井含水率已达到24.7%，日产液217t，日产油163t。据流量测试其产量集中在裸眼井段的下部3176.6～3201.64m井段内，上部裂缝段的生产能力未能得到发挥。1985年5月用浓度26.8%的盐酸15m³对上部裂缝段进行了酸化。后用综合式封隔器卡水，卡点3173m，对上部裂缝段用套管 ϕ8mm求产，获日产油263t，不含水。油套 ϕ8mm合采后，日产液447t，日产油407t，日增油244t，含水下降至8.9%。这样下部出油段的生产能力在油管生产中继续保持，上部出油段的生产能力则在套管生产中得到了发挥，使油井重新获高产。至11月底累计增油已达2.9747×10⁴t，如图2所示。

（3）堵酸抽综合措施发挥了差裂缝的生产潜力。

随着油田的不断开发，主要裂缝的水淹状况日趋严重。油井全井含水率不断升高，日产油量迅速下降，而含油差裂缝的生产能力未能得到发挥。这类油井的特点是揭开厚度小、

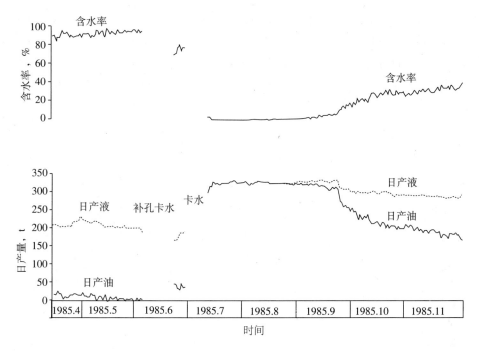

图 1　任检 1 井措施前后产量、含水变化曲线

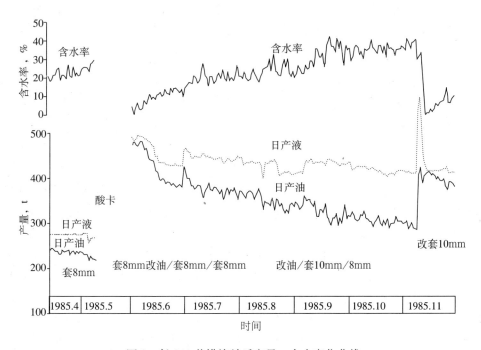

图 2　任 241 井措施前后产量、含水变化曲线

井口压力低、含水率较高。实践证明，将油井中的出水裂缝用高强度的堵封堵剂，对差裂缝进行酸化，然后以大压差抽油生产，有利于发挥裸眼井段中差裂缝的作用，控制含水上升，减缓油井产量递减。

如任 317 井，该井位于七井山头北块，层位雾三油组，裸眼厚度 40.7m，裂缝不甚发育，仅有 Ⅱ—Ⅲ 级裂缝段，单层厚 1.8 ～ 4.8m，总厚 13.6m。1985 年 7 月油管 ϕ 8mm 生产，日产液 77t，日产油 56t，含水率 26.8%，井口压力仅 11.5atm。9 月在该井进行了堵酸抽综合措施，挤入 216# 酚醛树脂—树脂凝胶复合堵剂 37.3m³ 封堵出水裂缝。油井经酸化后下泵抽油生产，两个月来日产液稳定在 110t 左右，日产油达到 89t，含水率降至 10.7%，而生产压差由措施前的 19.2atm 增至 56.0atm，采液指数由 4.48t/（d·atm）降至 2.03t/（d·atm），累计增油 990t。说明差裂缝发挥了生产潜力。如图 3 所示。

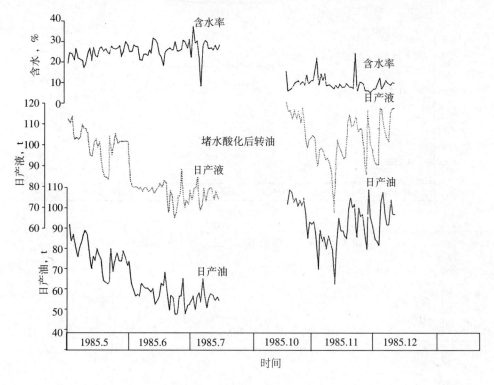

图 3　任 317 井措施前后产量、含水变化曲线

又如任 109 井，该井位于任十一山头。裸眼厚度为 69.73m。1985 年 3 月 5 日投产，月底则见水。初含水 19.5%，4 月份油嘴由 ϕ8mm 缩为 ϕ6mm，日产油由 173t 下降至 27t，而含水却继续迅速上升至 54.9%，油压由 16atm 降至 12.5atm，油井不能正常生产。5 月对该井进行了堵酸抽综合措施，挤入 216# 酚醛树脂—树脂凝胶复合堵剂 57.6m³ 封堵出水裂缝段。油井经酸化后至 9 月正常抽油生产，日产油 136t，含水 28.7%，而生产压差由措施前的 14.6atm 升至 33.2atm，采液指数由 11.85t/（d·atm）降至 5.75t/（d·atm）。至 11 月日产油仍然稳定在 86t 左右，含水 49%，累计增油 5801t。如图 4 所示。

堵、酸、抽综合措施在任 317、任 109 井获效后，又相继在任 363、任 364、任 17 井治理成功。它对于揭开厚度小、水淹状况严重、井口压力低的一大批老大难油井的治理提供了重要的途径，对于改善油藏的开发效果具有重要的意义。

（4）单井综合措施在对小高度油井的治理上有所突破。

任丘雾迷山组油藏有相当一部分油井揭开厚度小（＜50m）；随油水界面的上升还有一部分油井剩余含油厚度减小至 50m 以下，以上两类油井称为小高度油井，对这类油井的治理若用单一措施都因厚度小，接替条件差的限制而难以奏效。今年，在用单井综合措施对这类油井的治理上有所突破，见到了较好效果。

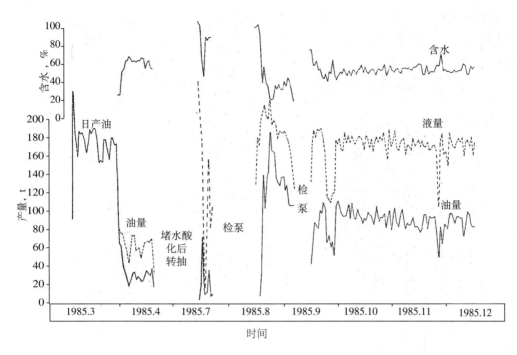

图 4　任 109 井措施前后产量、含水变化曲线

如任 5 井,揭开厚度仅 45m。1985 年 1 月进行了一次单一卡水措施。阶段增油 392t,有效期仅 34 天。9 月对该井的下部层段进行了化堵。堵前油管 ϕ 10mm,套管 ϕ 8mm 合采,日产油 29.6t,堵后套管 ϕ 8mm 生产,日产油上升至 56.5t,含水率由 91.2% 下降至 62.2%。至 11 月日产水平仍保持在 57t。油井生产稳定,累计增油量已达 2147t,并继续有效。如图 5 所示。

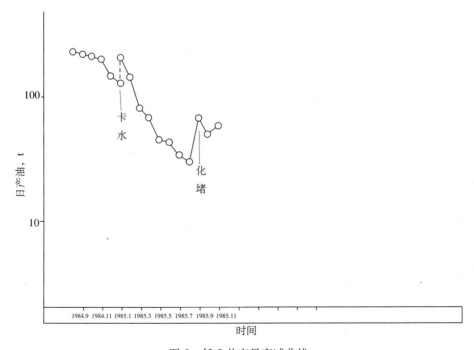

图 5　任 5 井产量衰减曲线

又如任 228 井。至 1985 年 6 月剩余含油厚度仅 37.56m。流量测试表明，产量集中在下部裂缝段。在 1 月单一卡水基本无效的基础上对小高度内进行分段化堵，见到了好效果，日产油由 16t 上升至 62t，含水率由 94.2% 下降至 70.4%。至 11 月油井保持着 42t 的日产水平，累计增油量已达到 5119t。如图 6 所示。

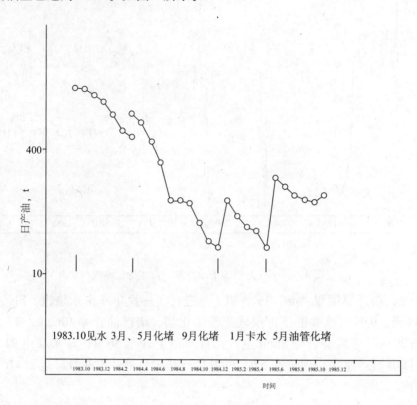

图 6　任 228 井产量衰减曲线

（5）单井综合措施延长了油井的稳产期，提高了油井的最终可采油量。

单井综合措施的实施表明，油藏开发中后期部分油井的稳产是通过多种多次措施来实现的。这类油井措施前产量递减速度很快，采取多种多次措施进行综合治理后，可以改变油井的递减状况，使产量在相当一段时间里基本保持稳定，这对减缓油井产量递减，提高油井最终油量十分有利。

如任 219 井自 1984 年 3 月至 1985 年 7 月，先后进行过全井化堵分段酸化、卡水、酸卡、分段化堵等 5 次措施。油井在一年半的时间内产量稳定在 130～124t，产量月递减从措施前的 7.0% 减缓至 0.6%。根据现有资料测算，可提高最终可采油量 $11×10^4$t。类似任 219 井这样通过多种、多次措施来实现稳定的油井还有任 66、任 11 井等。如图 7～图 9 所示。

据 56 口含水井的单井综合措施效果统计，从油井日产油与累计产油量的关系曲线测算，有 40 口井通过单井综合治理获得了阶段增油量，同时还增加了单井最终可采油量，平均单井增油量为 3091～40540t，最终可采油量 $1×10^4$～$32×10^4$t。其井数占统计井数的 71.4%，说明综合治理以来大多数油井的治理效果是好的，这一效果的取得，对减缓油藏产量递减，改善油藏开发效果起了重要的作用。

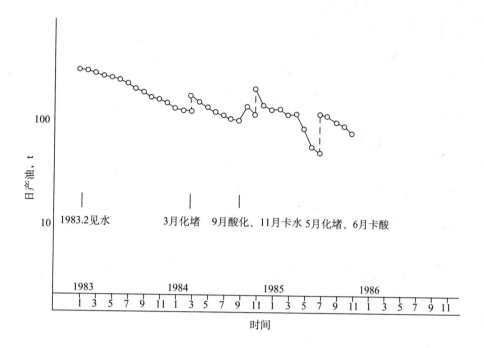

图 7　任 219 井产量衰减曲线

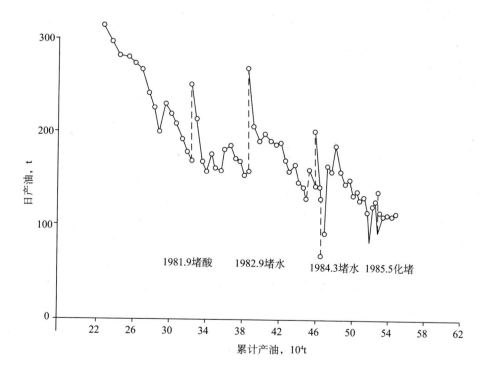

图 8　任 66 井产量变化曲线

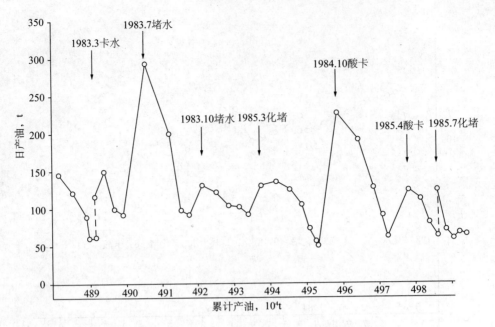

图9　任 11 井日产油与累积产油关系曲线

任丘油田中后期开发治理

刘仁达

(1986 年 3 月)

任丘碳酸盐岩裂缝性块状底水油田，在开采过程中的动态反映具有明显的分块性，其主要控制因素是油田内部的断裂构造及岩溶层组。

根据对断裂构造、岩溶层组及开发动态等资料的综合研究，将油田内部区划为 8 个开发区块，归纳为三种区块类型，即高角度裂缝发育的白云岩型；缝洞发育比较均匀的白云岩型；缝洞发育极不均匀的间互状白云岩型。

依据每类区块的地质、开发特征，分别采用相适的工艺措施进行综合治理。实践证明效果较好：控制了油田产量递减速度，提高了单井最终采油量，调整了裸眼井筒中出水段对含油段的干扰，发挥了差裂缝层段的生产潜力，提高了低界面层段的动用程度，对改善油田中后期开发效果将起到重要作用。

一、油田概况

任丘油田位于冀中饶阳凹陷的北部，含油面积 56.3km²，容积法计算的地质储量 5.3×10^8t。

油藏类型属碳酸盐岩古潜山裂缝—孔洞型块状底水油藏，埋藏深度 2596 ~ 3510m。

油藏断裂发育。西侧被任西大断层纵切，油藏内部又被 4 条次一级断裂横切为呈雁行排列的 4 个山头，山头内部北东、北西及东西向分布的三组断层发育，断层性质均属张性正断层。油藏内幕构造为北东向倾没的单斜。

潜山主要由中元古界蓟县系雾迷山组地层组成，大部分地区古近系地层直接超覆其上，按照地层剖面的沉积旋回，自上而下划分为 10 个油组，地层叠加厚度 2341m。

雾迷山组地层其岩性为一套隐藻白云岩夹硅质、泥质白云岩。储层的主要储渗空间多数是在原生孔隙的基础上经过次生改造而形成的大小悬殊、类型复杂的孔洞缝，具双重孔隙介质。

储层物性。据多种方法研究，孔隙度 3% ~ 6%，岩心分析的空气渗透率 1 ~ 13214mD。

地层原油黏度 8.21cP，油水黏度比 34.2，原始饱和压力 13.5atm，原始油气比 4.4m³/t。

油藏具有统一的压力系统，压力系数 1.02 ~ 1.05，油藏的天然能量主要是底水。

油田于 1975 年 7 月发现，1976 年 4 月投入开发，同年底开始人工注水。根据开发方案部署，采用三角形井网，顶部密边部稀的布井原则及边缘底部注水保持压力开采。完井方法主要是先期裸眼完成，油井的钻开程度一般在 15% ~ 25%。油田开发 9 年来效果较好。

二、开发治理的地质基础

（一）区块划分的地质依据

任丘油田属碳酸盐岩溶蚀型潜山油藏，储集岩经过长期的成岩后生作用，因此古岩溶发育，其岩溶发育程度及规律主要受断裂构造和岩溶层组控制。

1. 断裂的力学性质对断层两盘岩溶发育的控制作用

任丘油田地震及钻探资料表明，油田的断裂均属张性及张扭性正断层，与潜山形成同期发育的分割山头边界的断层及内幕大断层，将油田切割成数个断盘位置不同的断块。据钻井液漏失资料统计，上升盘所在的区块钻井液漏失率58.3%～75.0%，漏失强度0.43～0.82m³/m；下降盘所在的区块漏失率85.7%～88.2%，漏失强度1.6～3.3m³/m。各断盘剖面位置如图1所示，各断块钻井液漏失资料见表1、表2。

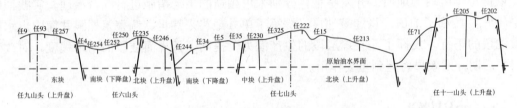

图1 任丘油田断块划分示意剖面图

表1 雾六组以上地层不同断盘位置区块漏失情况表

区块名称	断盘位置	统计井数口	漏失率%	漏失强度m³/m	岩溶层组	
					层位	岩性
任11山头北块	山头边界断层上升盘	21	61.9	0.75	雾一—雾二	白云岩
任九山头东块	山头边界断层上升盘	12	58.3	0.43	雾三—雾五	白云岩
任六山头北块	山头边界断层及内幕断层上升盘	4	75.0	0.82	雾四—雾七	白云岩泥质白云岩
任六山头南块	山头边界断层及内幕断层下降盘	14	85.7	1.61	雾二—雾五	白云岩
任七山头南块	山头边界断层及内幕断层下降盘	17	88.2	3.29	雾三—雾五	白云岩

表2 雾六组以下地层不同断盘位置区块漏失情况表

区块名称	断盘位置	统计井数口	漏失率%	漏失强度m³/m	岩溶层组	
					层位	岩性
任七山头中块	山头边界断层下降盘	15	73.3	1.65	雾六—雾十	白云岩与泥质白云岩互层
任九山头西块	山头边界断层上升盘	8	62.5	0.43	雾六—雾十	白云岩与泥质白云岩互层

上述资料证明，在岩性相同的条件下，张性断层其上盘岩溶较下盘发育，造成这种岩溶发育规律的原因是由于张性断层的上盘在相对下降过程中受牵引力强，因而产生较多的张裂隙，它有利于岩溶水的补给、径流、储存而形成岩溶发育带。断裂是造成油田内部各断块岩溶发育不同的主要外因。

2. 岩石成分是影响岩石溶蚀程度的重要因素

任丘油田溶蚀度试验资料表明，雾迷山组地层粗结构白云岩的比溶蚀度 0.5 ~ 0.6，而细结构白云岩则小于 0.5。

雾迷山组地层取心资料证实，泥质白云岩缝、洞、孔及基质孔隙均不发育，孔隙度小于 2%，渗透率小于 1mD，主要孔隙结构类型为弯曲细长喉道，喉道直径绝大部分小于 0.15μm，一般不具备储参条件和储油能力。压汞资料表明，毛管压力在 100at 时水银饱和度一般在 18% ~ 20%。泥质白云岩单层试油及生产测试均无流量。泥质白云岩压汞及岩心分析资料见表 3 及图 2。

表 3　泥质白云岩压汞及岩心分析

井　号	岩心编号	岩　性	S_{Hg}（100at）%	< 0.1μm 喉道控制孔隙体积 %	孔隙度 %	渗透率 mD
任 266	$36\frac{5}{13}$	含泥质云岩	20.05	83.7	2.1	0.01
	$39\frac{4}{14}$	泥质云岩	18.7	81.2	1.1	0.02
	$42\frac{2}{13}$	泥质云岩	11.0	89.2	1.7	0.03
	$42\frac{12}{13}$	泥质云岩	27.5	73.7	1.3	0.01
任 239	$8\frac{2}{5}$	含泥云岩	0.77	99.23	2.9	0.01
	$15\frac{1}{4}$	含泥含砂屑云岩	37.16	62.84	0.3	< 0.01

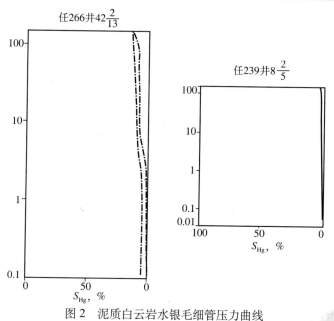

图 2　泥质白云岩水银毛细管压力曲线

凝块石、锥状叠层石等藻云岩，孔隙度大于 3%，次生溶蚀孔隙发育，以宽短喉道为主，平均喉道直径大于 1.3μm，含油比较饱满。几种主要岩石类型缝洞孔发育及含油状况见表 4。

雾迷山组地层由于岩性复杂，因而各类岩石的溶蚀程度相差较大，这就是油田内部各断块岩溶发育差异的内在地质因素。

表 4 几种主要岩石类型缝洞孔发育及含油状况

岩性	孔隙度 %	面孔率，%			见油岩心占本岩类 %	含油级别岩心厚度百分比，%		
		缝	孔洞	总计		含油	油斑油迹	不含油
泥质白云岩	1.12	0.53	0	0.53	0	0	0.5	99.5
泥粉晶云岩	1.95	1.04	0.08	1.12	9.63	0.8	66.3	32.9
凝块石云岩	3.56	1.12	0.82	1.94	60.22	10.7	84.4	4.9
锥状叠层	—	—	—	—	—	—	—	—
石云岩	3.33	0.85	1.83	2.73	90.75	—	—	—

3. 岩溶层组类型控制了岩溶发育规律

根据雾迷山组地层剖面的岩性特征、沉积相带、各油组储层性质及钻井液漏失强度的分布等资料并参照现代岩溶模式，可将雾迷山组地层划分为三类岩溶层组：

第一类：裂缝发育的块状白云岩。层位雾一组至雾二组，属海进末期沉积，以潮间低能带为主，泥粉晶云岩和硅质岩发育，储集性能较差。

第二类：溶蚀缝洞发育的块状白云岩。层位雾三组至雾五组，属海进中期沉积，以潮间下至潮下浅水沉积的中、细晶藻云岩为主，溶蚀程度比较均匀，各类储层厚度比例接近。

第三类：缝洞发育差异悬殊的泥质白云岩与白云岩互层。层位雾六组至雾十组，属海进初期沉积，以潮间至潮上带为主，含泥质云岩和其他云岩组成互层，含陆源物质较多，储集性能差异大。

综上所述，就整个油田而言，由于被二级断层切割成断盘位置不同的断块，而岩性不同的各类岩溶层组又分布其中，使得各断块的岩溶发育程度和规律差异较大，这就是油田内部区块划分的地质基础，也就是各区块开发动态差异的根本原因。各油组储层厚度见表 5。

表 5 各油组储层厚度情况

油 组	雾一	雾二	雾三	雾四	雾五	雾六	雾七	雾八	雾九	雾十
一类储层厚度百分比，%	11.5	11.9	11.8	18.5	14.7	0.4	13.6	10.7	8.5	25.2
二类储层厚度百分比，%	58.3	57.6	63.6	50.3	52.0	10.9	49.2	35.8	40.0	54.3
非储层厚度百分比，%	30.2	30.5	24.6	31.2	33.3	88.7	37.2	53.5	51.5	20.5

碳酸盐岩现代岩溶模式如图 3 所示。

雾十组漏失强度分布如图 4 所示。

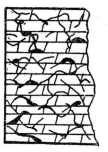
(a) 均匀状白云岩类型

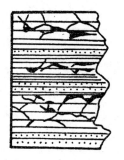
(b) 间互状纯碳酸岩类型

图3 碳酸盐岩现代岩溶模式图

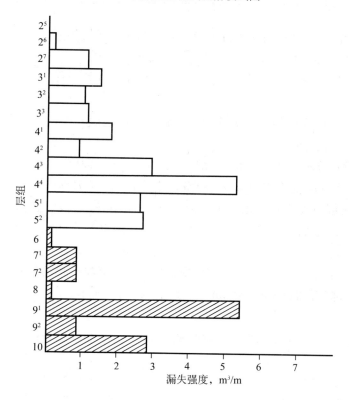

图4 任七井山头中块、北块雾二至雾十组漏失强度分布直方图

（二）区块的类型及特点

为了研究区块类型，首先对油田进行区块划分。在划分区块时考虑了：区块位于山头边界断层或内幕大断层的断盘位置；区块内分布地层所属的岩溶层组；开发动态反映出的特点。依据以上原则将全油田划分为8个开发区块，详见表6。

表6 油田区块划分

区块编号	区块名称	断盘位置	地层层位	岩溶层组
I	任九山头西块	山头边界断层上升盘	雾六—雾十	白云岩与泥质云岩互层
II	任九山头东块	山头边界断层上升盘	雾三—雾五	均匀状白云岩

区块编号	区块名称	断 盘 位 置	地层层位	岩溶层组
III	任六山头南块	山头边界断层下降盘	雾二—雾五	均匀状白云岩
IV	任六山头北块	山头边界断层及内幕断层的上升盘	雾四—雾六	均匀状白云岩泥质白云岩
V	任七山头南块	山头边界断层及内幕断层下降盘	雾三—雾五	均匀状白云岩
VI	任七山头中块	山头边界断层下降盘内幕断层上升盘	雾六—雾十	白云岩与泥质云岩互层
VII	任七山头北块	内幕断层上升盘	雾三—雾五	均匀状白云岩
VIII	任十一山头	山头边界断层上升盘	雾十、雾二	均匀状白云岩

根据上述 8 个区块的地质特征和开发特点归纳为三种区块类型：

1. 第一种类型：高角度裂缝比较发育的白云岩型

这类区块包括任十一山头、任七山头北块、任六山头北块及任九山头东块。

1）主要地质特征

（1）区块位于二级断层的上升盘或由上升盘形成的地垒，在古地貌上是隆起较高的山峦。岩性为一套块状白云岩。

（2）岩溶发育程度相对较低。钻井液漏失率 58.3% ～ 75.0%，漏失强度 0.43 ～ 0.82m³/m。缝洞段厚度占揭开厚度的 22.9% ～ 28.9%，中子孔隙度 6.75% ～ 6.09%。

（3）高角度裂缝发育。据取心资料统计，裂缝倾角在 70° 以上的缝数频率达 87.7%。缝宽 0.1 ～ 0.3mm 的缝数占 80%，缝宽 1.2 ～ 7.0mm 的缝数占 4%，缝宽大于 10mm 的缝数占 0.7%。

（4）小型溶蚀孔洞比较发育。据任 28 井取心统计，溶蚀孔洞发育和比较发育的岩心厚度占 34.7%，绝大部分孔洞直径小于 2mm，如图 5 ～图 9 所示。

2）主要开发特点

（1）水锥高度大。油井见水时的水锥高度达 153 ～ 267m，是各类区块中水锥高度最大的区块。如图 10 所示。

（2）无水期短含水期长。这类区块的无水期只有 23 ～ 52 个月，采出可采储量的 26.2% ～ 39.5%，大部分可采储量将要在含水期采出，带水采油期长是这类区块的突出特点。分块情况见表 7。

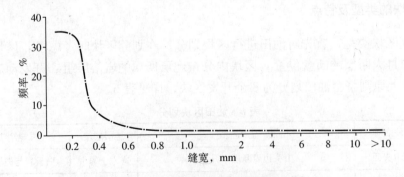

图 5　裂缝宽度百分比曲线（任 28 井）

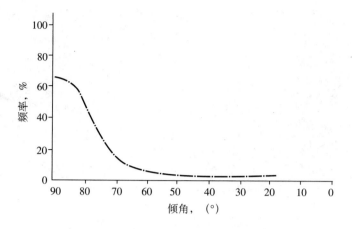

图 6　裂缝倾角百分比曲线（任 28 井）

任28井 2 $\frac{12}{14}$

图 7　任 28 井高角度裂缝及小型溶蚀孔洞岩心照片

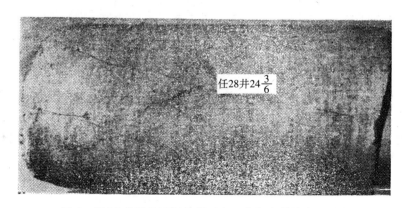

任28井24$\frac{3}{6}$

图 8　任 28 井凝块石细晶藻云岩，高角度裂缝岩心照片

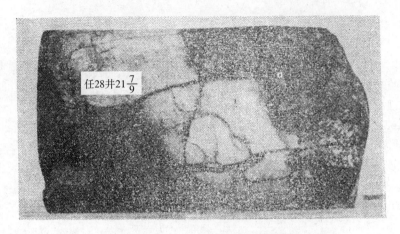

图9 任28井硅质云岩缝宽大的高角度裂缝岩心照片

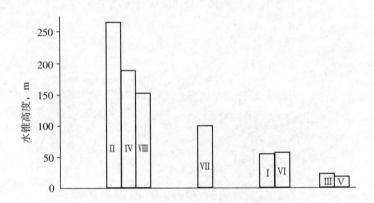

图10 各区块水锥高度直方图

表7 第一种类型区块分块情况

区块名称	无水期 月	无水期采油量 10^4t	可采储量 10^4t	无水期采出程度 %	含水期采出程度 %
任十一山头	36	938.3	2373	39.5	60.5
任九山头东块	28	123.9	474	26.2	73.86
任六山头北块	23	102.6	285	36.0	64.0
任七山头北块	52	893.7	2590	34.5	65.5

（3）稳产期短产量递减快。由于这类区块的水锥高度大，油井见水早，无水期短，所以稳产期也短。进入含水期后产量即开始递减，其递减规律为指数递减，年递减27.7%～36.5%。如图11所示。

2. 第二种类型：缝洞发育比较均匀的白云岩型

这类区块包括任六山头南块、任七山头南块。

1）主要地质特征

（1）区块位于二级断层及任49井内幕大断层下降盘形成的地堑，在古地貌上为相对较低的山峦。层位雾三组至雾五组，藻云岩发育。

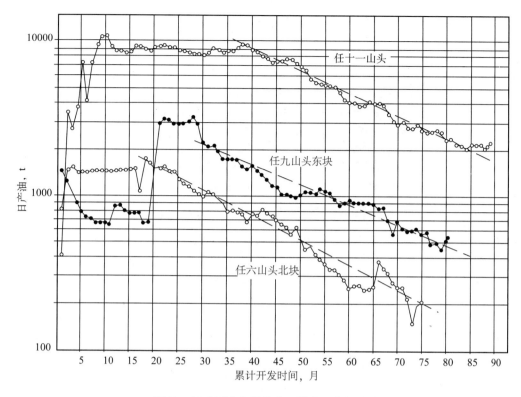

图11　任丘雾迷山组油藏区块产量变化曲线

（2）岩溶比较发育。钻井液漏失率高达85.7%～88.2%，漏失强度1.61～3.29m³/m。

（3）缝洞发育比较均匀。据任239井岩心观察，沿裂隙或节理面溶蚀扩大而形成的缝和洞比较发育，常呈不规则网络状分布，连通状况好。如图12所示。缝洞段厚度比例较大，占40%～45%，中子孔隙度较高，达8.4%～9.2%。缝洞段在纵向上的分布比较均匀，据任七山头南块雾五组至雾三组地层统计，深度从3050m至3250m，每50m区间缝洞段厚度百分比变化在31%～49%。

2）主要开发特点

（1）水锥高度小。油井见水时的平均水锥高度20～11m，是各类区块中水锥高度最小的区块。如图10所示。

（2）油水界面上升比较均匀。据区块内油井见水分析，出现从井底位置最低的油井逐步向上依次见水和水淹的规律。据任六山头南块资料，任253、任256、任36井它们的井底深度比较接近，最大只相差30m，而平面位置相距较远但其见水时间却比较接近，只相差三天至三个月。

（3）区块的稳产期比较长。由于这类区块缝洞发育均匀，油井采油压差小，水锥高度小，油井见水较晚，因此区块的稳产期较长。任七山头南块已稳产9年目前还继续稳产；任六山头南块稳产近7年。

（4）油井见水后含水上升快，含水期采油量低。据统计含水率月上升速度高达5.7%～9.5%，如任253井见水后生产13个月，含水升至98%，含水期采油量只占该井总累计采油量的12.2%。这是各类区块中含水上升速度最快的区块。这类区块产量变化如图13所示。

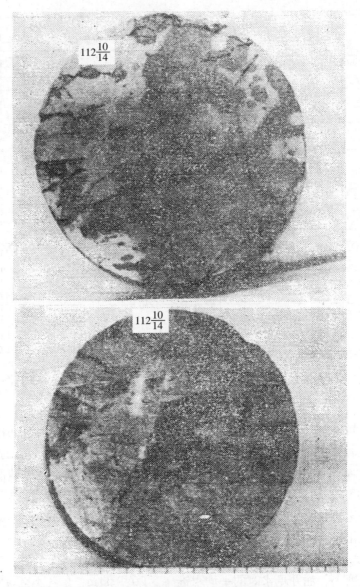

图 12 任 239 井呈网络状分布的溶蚀缝洞岩心照片

3. 第三种类型：缝洞发育极不均匀的间互状白云岩型

任九山头西块及任七山头中块属此类型。

1）主要地质特征

（1）区块位于二级断层上升盘或内幕大断层上升盘。层位雾六组至雾十组，岩性为泥质白云岩与白云岩互层，其中雾六组、雾八组、雾九组下部为块状—厚层状泥质白云岩集中分布段。

（2）岩溶发育程度各油组差异较大。泥质白云岩集中段基本无漏失，漏失强度 0 ~ 0.06m³/m，而块状白云岩的漏失强度最高达 7m³/m（雾十组），最低 0.12 ~ 0.87m³/m（雾七组）。

（3）泥质白云岩集中段顶、底的块状白云岩顺层岩溶比较发育。如任九山头西块，钻遇雾十油组顶部的 2 口油井，出现放空 4 处，长度 0.76 ~ 1.76m，漏失钻井液 671m³。

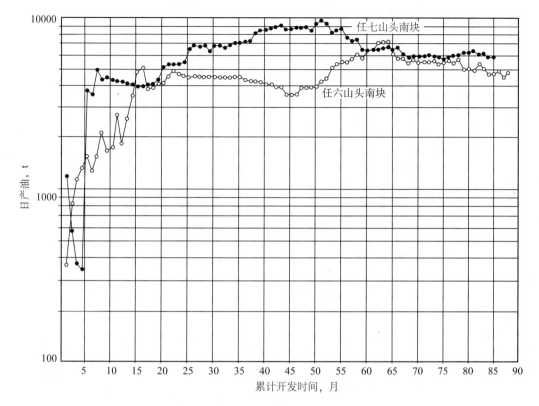

图 13　任丘雾迷山组油藏区块产量变化曲线

（4）取心和生产资料证实泥质白云岩缝洞极不发育，属非储层。

2）主要开发特点

（1）油水界面比较复杂。这类区块个别观察井的界面资料代表不了区块内各油组的油水分布。任九山头西块任25井封隔器卡水资料证实，在该区块观察井油水界面以下72～133m的雾九组下部层段找到日产油217t的含油层。任七山头中块任230井分段射孔试油及生产资料证实，在观察井油水界面以下34～95m的雾九组地层也获得日产油314t的高产层。

（2）油层内幕高所钻调整井效果较好。内幕高即泥质白云岩集中段之间所夹块状白云岩的高部位。由于泥质白云岩的低渗透阻隔，钻遇内幕高油井的无水期较长，无水油量较高，对区块的产量接替起了重要作用。

任九山头西块调整井效果见表8。

表 8　任九山头西块调整井效果

井　号	无水期 d	无水油量 10^4t	井底至原始界面高度 m	油层部位
任 265	663	21.46	301.79	雾七组内幕高
任 51	761	63.21	257.0	雾七组较高部位
任 263	1197	85.49	308.0	雾八组高部位
任 260	994	23.15	260.0	雾七组较高部位
任 25	1074	182.32	175.34	雾十组内幕高
任 356	620	13.69	375.36	幕七组内幕高

任七山头中块调整井对区块稳产的作用见表9。

表9 任七山头中块调整井对区块稳产的作用

时 间	油井总数 口	年产量 10⁴t	年平均日产 t	新井数 口	当年新井产量	
					年产量 10⁴t	占总产量 %
1976	1	78.6	2149	—	—	—
1977	2	79.9	2190	1	2.08	2.6
1978	3	83.8	2297	1	15.1	18.0
1979	4	69.2	1896	1	1.3	1.9
1980	5	71.8	1961	1	0.5	0.7
1981	8	75.5	2077	3	18.5	24.4
1982	12	106.6	2907	4	24.2	22.8
1983	20	134.1	3673	7	15.0	11.2

区块产量变化如图14所示。

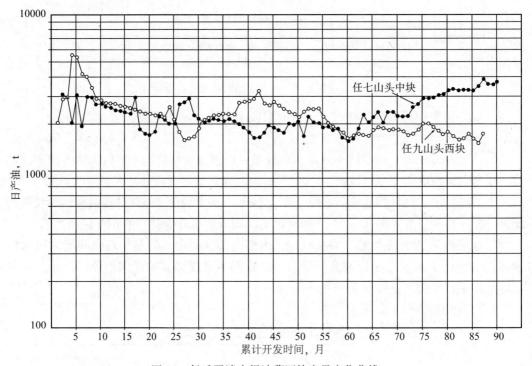

图14 任丘雾迷山组油藏区块产量变化曲线

三、开发治理方案的实施及效果

(一)治理原则

(1)继续注水保持压力,多数油井立足自喷生产,少数低产油井采用机械采油生产。

（2）治理的重点是调整好油水界面以上的裂缝溶洞系统的开发，提高动用程度。

（3）治理的主要对象是调整见水井出水段对含油段在井筒中的干扰，控制含水上升，减缓产量递减。

（4）各类区块的治理措施是：

①缝洞发育比较均匀的白云岩型区块，主要采用油水界面以上卡封出水层段。

②高角度裂缝发育的白云岩型区块，以化学堵水为主。

③缝洞发育极不均匀的间互状白云岩型区块，采用封隔器找卡水，寻找低界面层段。

④为适应复杂油井的需要，充分发挥各类工艺技术的优点，各类区块均可采用"酸、卡、堵"、"酸、卡、抽"、"堵酸"等单井综合措施。

（5）继续开展全井酸化措施，减小生产压差，提高井口压力，增加产油量。

（二）不同区块类型治理措施的适应性

1. 缝洞发育比较均匀的白云岩型区块卡封水效果好

这类区块已施工 10 口井全部获效，初期单井日增油量 107 ~ 189t，增产期 190 ~ 387 天，单井累计增油量 1.1×10^4 ~ 5.8×10^4t。卡封水典型井见表 10。

表 10　卡封水典型井情况

井号	措施内容	卡封深度 m	卡点（灰面）距油水界面 m	效果对比				初期日增油 t	有效期 d	累计增油量 t
				对比阶段	油嘴 mm	日产油 t	含水 %			
任353	卡水	3247.84	+28.86	卡前（1983.10）	套管8	57	62.8	189	387	57735
				卡后（1983.12）	套管8	246	0			
任351	卡水	3221.63	+49.51	卡前（1984.2）	油管8	178	23.3	116	202	11282
				卡后（1984.3）	套管8/油管8	294	17.7			
任244	封水	3235.64	+19.86	封前（1984.3）	套管10	37	85.4	119	355	53848
				封后（1984.4）	套管10	236	痕			
任343	封水	3213.03	+21.17	封前（1984.9）	油管8	84	41.3	136	190	12018
				封后（1984.10）	油管8	220	2.7			

2. 高角度裂缝发育的白云岩型区块是化学堵水的有利地区

这类区块共施工 34 井次，成功率达 70% 以上。初期单井日增油量 13 ~ 176t，平均 60t/d。增产期一般在 30 ~ 120 天，最高达 395 天，单井平均累计增油量 4185t，最高达 19106t。多数化学堵水井在增产期结束后出现产量稳定或递减变缓。不同堵水效果典型井见表 11。

3. 缝洞发育极不均匀的间互状白云岩型区块找到了油水界面较低的含油层段，增产效果明显

目前在这类区块中已有 4 口井找到了低界面含油层段，累计增产原油 23.3×10^4t。如任九山头西块的任 25 井，在低于观察井油水界面较多的雾九组下部找到了日产 246t 的无水原油，增产期已达 1091 天（未完），已累计增产原油 12.5×10^4t。

表 11 不同堵水效果典型井情况

井号	化堵日期	堵剂及用量 m³	效果对比				初期日增 t	有效期 d	累计增油 t
			对比阶段	油嘴 mm	日产油 t	含水 %			
任214	1984.3.6	溶胶 71 冻胶 29	堵前（84.3）	套管 8	57	38.6	176	235	16962
			堵后（84.3）	套管 8	333	4.2			
任66	1984.2.29	溶胶 72 冻胶 63	堵前（2）	套管 10	92	59.6	71	395	19106
			堵后（3）	套管 10	163	39.9			
任37	1984.4.8	溶胶 35.8 冻胶 21.5	堵前（4）	套管 9	133	49.8	105	265	1748
			堵后（4）	套管 9	238	7.0			
任11	1984.3.27	凝胶 82	堵前（3）	套管 12	89	73.9	40	122	5210
			堵后（4）	套管 12	129	59.3			

4. 单井综合措施是提高复杂油井治理效果的重要途径

单井综合措施的基本内容包括：一次管柱下井，先对不出油或出油量低的层段进行分段酸化改造，然后将产油段与产水段卡开实行油套分采并在适当的时候对封隔器以下的油水同出段进行化学堵水。例如任 263 井采用分段酸化、卡水措施后，日增油 224t，含水率从 73.4% 降至零，目前增产期已达 171 天（未完），已累计增油 3.5×10⁴t。综合措施典型井见表 12。

表 12 综合措施典型井情况

井号	措施内容	对比阶段	效果对比				初期日增油 t
			工作制度	日产油 t	含水率 %	井口压力 atm	
任263	酸卡	措施前	套管 12mm	149	73.4	20.0	224
		措施后	套管 10mm	373	0	50.0	
任17	酸卡抽	措施前	抽 2.4m/9 次	31	84.5	4.5	186
		措施后	抽 2.4m/9 次	217	13.0	5.0	
任228	酸卡堵	措施前	套管 8mm/ 油管 8mm	16	94.2	15.2	50
		措施后	套管 8mm	66	66.7	24.5	
任348	堵酸	措施前	油管 10mm	23	37.2	10.0	118
		措施后	油管 10mm	141	4.5	13.0	

（三）综合治理的效果分析

1. 措施增油量较大，对减缓油田产量递减起了重要作用

任丘油田综合治理已实施 18 个月，累计增产原油 99×10⁴t，老井产量递减速度减缓

31.7% 油田主要开发指标进一步好转，油水界面上升速度有所减缓，驱油效率有所提高。

2. 部分区块的水驱特征曲线变缓，阶段开发效果提高

根据含水较高的三个区块统计，水驱特征曲线在治理后发生较明显的转折，直线段斜率变缓，见表 13。

表 13　综合治理前后水驱特征比较

区块名称	对比阶段	B 值	预测最终可采油量 10^4t	增加值 10^4t
任十一山头	治理前	411.7	2346	176
	治理后	486.5	2522	
任七山头北块	治理前	491.7	2475	250
	治理后	590.2	2725	
任九山头西块	治理前	139.0	909	68
	治理后	168.1	977	

注：B 值为水驱特征曲线直线段斜率的倒数。

如果继续进行治理有可能提高区块的最终可采油量。

3. 预计可以提高单井的最终采油量

根据措施井日产油量与累计产油量关系曲线测算，单井进行治理后本井的最终采油量可以提高 $1 \times 10^4 \sim 32 \times 10^4$t。如任 25 井，按照卡水前的产量递减规律推算的最终采油量为 256×10^4t，卡水后的递减规律测算的最终采油量为 288×10^4t，增加 32×10^4t。任 66 井 4 次化学堵水，预计最终采油量可以提高 24×10^4t。任 15 井注水泥封水后可以提高 31×10^4t。

4. 减小了裸眼井筒内的干扰，发挥了差裂缝的生产潜力

例如任 244 井，注水泥封堵前水淹厚度只占裸眼厚度的 33.7%，剩余含油厚度 48.5m，套管 ϕ10mm 油嘴生产，日产油 27t，日产水 229m³，含水率 89.4%，生产压差 1.0atm，采液指数 256t/（d·atm）。注水泥封堵水淹层段后，剩余裸眼厚度 28.64m，同油嘴生产日产油 235t，含水降零，生产压差增至 24.1atm，采液指数降至 9.8t/（d·atm）。又如任 66 井，化学堵水后套管 ϕ10mm 油嘴生产，日产油量从 157t 增至 267t，含水率从 48.2% 降至 24.2%，生产压差从 1.9atm 增至 9.4atm，产液指数从 160t/（d·atm）降至 37.4t/（d·atm）。

从油井注水泥封水及化学堵水资料看出，封堵后在动态上反映出的特点是，含水率下降，产油量增加，生产压差加大，采液指数降低。这些现象说明，封堵主要产水层后差裂缝的生产能力得到发挥。

5. 提高了低界面层段的动用程度

泥质白云岩集中段对底水运动的分隔作用，使得雾六组以下层段在目前观察井油水界面以下还存在有动用程度较差的层段，利用封隔器找卡水可以改善其动用状况。目前已在 4 口油井找到了低界面含油层段，累计增产原油 23.27×10^4t，这对提高油田最终采油量是十分有利的。

四、开发治理实施技术

根据雾迷山油藏综合治理方案，在采油工艺研究所、井下作业公司大力协作下，实施了以卡水、卡酸、堵水、酸化、大泵抽油等为主要内容的一整套适用于石灰岩油田开发治水夺油的各项技术。通过两年多来的现场应用，不仅减缓了油田产量递减，而且各项技术也日趋完善、提高，越来越突出地显示了其治水增油的作用。任丘油田综合治理作业 80 口井 404 井次，累计增油量 209.4×10^4t，经济效益 1.9 亿多元。

（一）卡水系列技术

卡水系列技术应用于油水界面上升比较均匀，水锥高度小的油藏区块及油井，目的为提高见水油井的井底深度，躲开水锥，恢复油井无水采油或低含水采油，减少含水层干扰，卡水用封隔器在井深 3200 ~ 3500m，井温 120 ~ 150℃的条件下均能正常工作，其坐封位置要选择在致密、规则、裂缝段隔层大于 2m，井径 150 ~ 180mm 的井段。

1. 用 HB671 型裸眼封隔器卡水技术

HB671 型裸眼封隔器为水力密闭式封隔器，在作业施工时，它与相应的井下工具配套组成卡水管柱，下井后把出水井段隔开，以实现上、下层分采或泵采，达到卡水增油之目的。

HB671 型裸眼封隔器是通过向油管内施加液压来坐封的，封隔器下至预定深度后，向油管内投相应大小的球棒，坐到预先接在封隔器下端的球座上，使管柱密闭。从油管泵注液体，液体通过下中心管上的小孔，经单流密闭阀进入胶筒总成内腔，使胶筒膨胀紧贴井壁，从而密封油、套管环形空间，把原来的裸眼生产井段分为上下两层，故而控制了井底水锥窜，降低了油井含水，增加了原油产量。HB671 封隔器在坐封的同时，也已为上提管柱解封做好了准备，解封时只要将管柱提到原悬重，再上提 40 ~ 50cm，胶筒内腔高压液体便排出即可解封。

HB671 裸眼封隔器卡水管柱，施工简单，成功率高、成本低，几年来发挥了其卡水增油的作用。

2. 用 HB472 型与 671 型封隔器；HB673、HBL6 － 461 型裸眼封隔器及 HB754、HB756 型封隔器卡酸卡水技术

HB671 裸眼封隔器，几年来在雾迷山油藏综合治理上发挥了其应有的作用，起到了明显的卡水增油效果。但由于自身功能所限，不能满足对油层改造的需要，因此，在 HB671 型裸眼封隔器的基础上采用出了一系列既可卡水，又可分层酸化（一般酸化上层）多功能裸眼封隔器及工艺管柱。它们既能进行油层改造，又能达到卡水目的，在目前的治水夺油，增产挖潜上发挥了积极的作用。

1）HB472 裸眼封隔器分层酸化及 671 封隔器卡水联合技术

任丘古潜山油藏缝洞发育极不均匀，油层具有严重的非均质性。据资料调查，在目前开采条件下，有相当部分油井的次要出油段和暂不出油段没有发挥作用，为改变出油剖面，挖掘油井生产潜力，我们采用了 HB472 裸眼高压酸化封隔器及分层酸化施工管柱，对上述井段酸化改造，然后结合 HB671 裸眼封隔器卡水，实践证明该套工艺技术设计合理，一次成功率高，准确而有效地改造了油层，挖掘了油井生产潜力，获得了明显的增油效果。

HB472 裸眼封隔器为水力压差式，以 HB472 封隔器为主体的裸眼井分层酸化施工管柱，在油井酸化作业时，当封隔器下至预定深度后，向油管内投入相应大小的球棒，坐于封隔器底部的特殊球座上，堵塞油管通道。然后开始替酸、使封隔器胶筒膨胀，封隔油套环形空间，到一定压力时，将酸化定压阀打开，对两封隔器之间层段进行酸化作业。在施工过程中，由于酸化定压阀的节流作用，在油管内外形成节流压差，使封隔器始终保持扩胀状态，酸化完停泵后，胶筒即可自行收缩，实现解封，保证顺利地起出封隔器管柱。

HB472 封隔器酸化管柱设计合理，它可以任卡一层对其进行酸化作业，达到一次成功，是改造中低渗透层增产挖潜的重要措施和必要手段。

2）HB673 及 HBL6-461 裸眼封隔器卡酸卡水技术

HB671 型封隔器及 HB472 与 HB671 封隔器联合施工技术，虽然对于油田挖潜稳产起到了重要作用，但这些技术措施都是分别单一进行的，不仅施工工序繁多，作业周期长，而且容易污染油层，影响工艺效果。为此采用了 HB673 及 HBL6-461 综合封隔器及其多功能管柱工艺技术，它们在深井裸眼里，一趟管柱下井，可以对单井进行一系列综合技术措施（如找水，卡水，分层酸化，卡层堵水，排水采油等），不仅大大简化了施工工序，而且缩短了施工周期，经济效益明显。

（1）HB673 型裸眼封隔器，为水力密闭式封隔器，使用时，将其下到预定深度后，向油管内投入相应尺寸的球棒，使其坐在预先接在封隔器下端的球座上，密闭油管，然后向油管内泵注液压，使胶筒扩胀紧贴裸眼井壁，从而密封油、套环形空间。解封时先从油管投入 ϕ48mm 球棒，坐到解封衬套上，然后施加液压锥落衬套，上提管柱至原悬处再上提 30～50cm，胶筒内腔高压液体便可排出，即可解封。HB673 封隔器在上行解封的同时，上端的循环孔可以露出，使封隔器上部油套连通，压力平衡易于起出。即使在上部层段酸化时掉落砂石，亦可通过循环孔进行冲砂。

（2）HBL6-461 型裸眼封隔器，是具有水力密闭和水力压差双重特性，并可重坐的综合封隔器，其上部带有特别的连通阀，易于封隔器起出。使用时将封隔器管柱下到预定井深后，向油管内投相应大小的球棒坐于封隔器底部的特殊球座上，向地层挤堵剂或酸化时，将酸化开关阀打开，由于酸化开关阀的节流作用，使胶筒扩张封隔地层，作水力压差式使用，为使原管柱不起出井口或更换层段重新坐封，亦可将酸化开关阀关闭，上提一定坐封距离（一般 60～80cm）向油管内打压并验压下放管柱坐封，此时该封隔器作密闭式使用，解封时直接上提管柱即可。

3）HB754、HB756 型封隔器卡酸卡水及分层注水技术

HB754、HB756 型封隔器，是具有两级坐封活塞，在井下能进行重坐、洗井的多功能上提解封的水力压缩式封隔器。它们与各种井下工具配套使用，既可进行套管井卡酸、卡水，又可用于套管井分层注水，也是雾迷山油藏综合治理不可缺少的工具。在几年来的应用中它与 HB673、HBL6-461 型裸眼封隔器一样同样发挥了其应有的作用。

HB754 封隔器使用时，将其下入井内预定位置，使管柱密闭然后向油管内泵注液体，液体进入活塞腔并推动上下活塞上行，带动钢套一起上行压缩胶筒并自锁，而封隔油套环形空间。解封封隔器只要将管柱上提到原悬重后再上提 30～50cm，或套管打压 40～50at（3.92～4.9MPa）即可解封，根据工艺措施的不同内容，HB754 封隔器还可解封后重坐以满足措施要求。

HB756 封隔器是在 HB754 封隔器基础上的改型，除具有 754 封隔器的一切功能特点外，在下部加装了水力锚系统，以增加封隔器的稳定性，使封隔器在高压卡酸或分注时，不会发生位移，造成拉断管柱，从而准确地对目的层进行措施。水力锚在向油管内施加的液压作用下，锚爪被推向套管内壁，并卡牢在套管的内壁上，放掉油管内压力，锚爪自动收回解卡。

3. 卡水、堵水酸化综合治水增油技术

随着油田的开采，油水界面开始进入井底，活跃的底水干扰，严重地影响了油井原油产量，因此单靠封隔器卡水及卡酸上部层段其有效期也变短，原因是底水沿纵向裂缝不断上窜。基于上述情况，我们采用卡堵及卡堵酸综合技术治水增油，获得了较好效果。

(1) 卡水堵水技术：就是利用 HB671 裸眼封隔器卡水管柱，进行油管下层化学剂堵封水道，降低水相渗透率，以控制底水上升而干扰上部层段产量，达到增油目的。

(2) 卡水堵水酸化技术：就是利用 HB673、HBL6-461 及 HB754、HB756 型封隔器综合工艺管柱，首先坐封封隔器，然后利用化学堵剂从油管进行下层堵水，堵水后进行上部层段酸化改造，达到增油目的。该套工艺比较完善，它有效地克服了单封隔器卡酸，酸液沿纵向裂缝渗透将上层与下层出水段酸化沟通的弊病，使措施效果更加明显，有效期增长。

4. 卡水抽油及卡水堵水抽油工艺

随着油田不断开采，地层能量逐渐减小，油井相应的失去自喷能力。类似这样的油井界面并没有完全进入井底，为了恢复生产，减缓底水上升速度，我们采用封隔器卡水上抽及卡、堵、抽综合工艺管柱有效地控制了底水并恢复了油井生产。

卡水抽油综合工艺管柱，主要由封隔器、无衬套可投捞固定阀式管式泵及其他井下配套工具组成。一趟管柱下井既可卡水，油管下层堵水，还可进行抽油生产，同时对封隔器上部层段进行酸化改造，即使泵工作不正常，可不起油管，只起出抽油杆柱，捞出固定阀检查，更换即可。该套工艺管柱是油田中后期开采的较理想措施。

(二) 堵水系列技术

堵水系列施工技术主要应用于高角度裂缝比较发育的油藏区块及油井，目的封隔主要产水裂缝，降低井底压力，增大生产压差，发挥小裂缝的生产能力，改善出油剖面以控制含水上升速度。

利用化学堵水的实质，就是向一些油水黏度比大，层间差异大的油井内注入一定量的化学堵剂，使其在井筒附近或深部高渗透地层的高压水层，形成低渗透屏障或低渗透堵塞区，降低水相渗透率，提高采油压差，发挥小裂缝的生产潜力，以延缓产量递减，提高开发效果，几年来应用化学堵水治理雾迷山油藏同样获得了较好效果。

目前我们使用以聚炳稀酰胺为主要的高温堵剂类型为：(1) 普通型：溶胶 + 冻胶；(2) 增强型：溶胶 + 凝胶 (酚醛树脂)；(3) 耐酸型：凝胶 +216 树脂。根据油井的储层特征和生产状况，采用以下两种挤堵方式：

(1) 全井笼统挤堵：就是施工时不动生产管柱，从油管或套管环形空间挤堵剂。严格控制注入排量和爬坡压力，以利于堵剂优先进入出水孔道。

此方式适用于以 I、II 级裂缝储层为主，钻井漏失一般或较严重，地层渗透性好，纵向差异大的油井。

（2）分层挤堵：就是采用封隔器将生产井段分为上、下两段，从油管对下部产水层段挤堵剂，上部由套管打原油平衡液，施工时严格控制上下部的压力、排量，保持压力平衡。此方式适用以Ⅰ、Ⅱ级裂缝储层为主，钻井漏失一般或严重，高角度裂缝发育，纵向连通性好，生产井段长，对堵剂选择进入出水孔道的条件差的油井。

为了更好地综合治理雾迷山油藏，我们在应用上述三种类型的高温堵剂单项治水增油的基础上，还采用了堵抽及堵酸抽综合工艺措施。

（1）堵水抽油技术：就是利用高强型堵剂，首先对出水层段进行封、堵，然后下大泵抽油生产，这样不仅控制了含水，而且使失去自喷生产能力的层段恢复了生产，使井具有自喷生产能力，因井口压力低，不能进站的井加大了排液量。

（2）堵水酸化抽油技术：就是对全井酸化效果不明显，卡酸措施不能进行，且失去自喷生产能力的油井，用耐酸型堵剂，将出水大孔大缝道封死，然后进行酸化，疏通改造含油的小缝洞，再下大泵抽油恢复油井生产。

（三）注水泥封水技术

注水泥封水是对套管发生变形，裸眼生产井段极不规则，出现大缝大洞，卡水措施不能进行、堵水效果不明显，含水在98%以上的井段的油井采取的施工技术，它有效地弥补了卡、堵水技术的先天性不足，使一些完全水淹的油井变为无水高产油井，一些高含水井恢复无水或低含水自喷生产。

任丘雾迷山组油藏地层压力井口温度均较高、漏失量大，且油井多为先期裸眼完井，在裸眼生产井段注水泥，按以往的情况压井循环洗井打水泥的常规方法是行不通的。我们大胆创新，勇于探索，克服盐水对水泥浆的催凝不利因素，通过多方努力和井下模拟试验，采用盐水压井，用清水作隔离液，灌注打水泥的施工技术，封水增油获得成功。

石灰岩油井裸眼井段，注水泥封水的实质，就是向油井出水层位上面的井段挤注一定量的水泥浆，并在该段井筒内留有一段水泥柱，使水泥不仅在井筒内，而且在其附近或深远处把该层段纵、横向缝洞堵塞，将该井段人为改造成一定厚度的致密层，来隔挡底水向上部层段的锥窜，以控制油井含水上升速度，达到增油目的，其主要技术要求首先正确选择合适的盐水密度压井液及高温水泥（95℃以上），并做水泥初凝试验。根据水泥初凝时间确定水泥浆量（配水泥浆、注水泥浆、上提管柱施工时间为水泥初凝时间的70%）一般井筒内留有20～40m水泥柱为宜。根据油井情况决定填砂或砾石多少与否，注入水泥浆时一般将管柱下至砂面以上2m左右，先替一定量的清水做前置隔离液，替完水泥浆后再替一定量的清水做后置隔离液，最后用与井筒内密度一致的盐水把水泥浆替至设计深度，上提管柱关井候凝24h以上。

注水泥封水工艺，施工简单，成本低，结合上部层段酸化改造，增油效果更加明显。

（四）机械排液采油技术

由于部分油井裂缝不发育，渗透性差，且含水高，产量及井口压力低，为挖掘其增油潜力，我们采用下电动潜油泵及大直径（$\phi70mm$、$\phi83mm$、$\phi95mm$、$\phi98mm$），长冲程（5m以上）管式泵，加大油井排液量，增大生产压差的方法，使产量稳中有升并且减缓了含水上升速度，为了缩短检泵作业时间，我们还下入了部分可投捞固定阀结构管式泵，以达到检泵不起油管和起下抽油杆不压井作业。目前我们下电泵 8 口井，大直径泵（ϕ 70mm 以上）35 口井，长冲程泵及增距式抽油机 4 口井。

两年多来，我们根据雾迷山油藏开发实际情况，采取的 4 套实施技术措施，为任丘油田保持稳产、减缓产量递减速度，收到了可喜的效果。

（五）实施经济效益

任丘油田雾迷山油藏，从 1984 年至 1986 年 6 月，进行了 4 套系列采油生产技术，通过近三年的实践证明，这套采油技术完全适应碳酸盐油层中后期开发的需要，不仅提高了油井的生产能力，改善了油田开发效果，降低了油田产量递减速度，对完成国家原油计划起了很大的作用。同时，投资少，经济效益高，近两年半来，任丘油田雾迷山油层治理作业工作量 80 口井 404 井次，实际作业成本 1888.2 万多元，累计增油 209.4×10^4t，总产值达 2.09 亿多元，纯经济效益达 1.9 亿多元，投入产出比达 1∶11。

参 考 文 献

[1] 中国科学院地质研究所岩溶研究组. 中国岩溶研究 [M]. 北京：科学出版社，1979.

[2] 刘国昌. 地质力学及其在水文地质工程地质方面的应用 [M]. 北京：地质出版社，1979.

任丘雾迷山组油藏任十一井山头堵抽提高产油量试验方案

柯全明[1]

（1987 年 5 月）

一、主要地质特点

（1）潜山形态高而尖，油柱高度大。

在任丘潜山带的 5 个山头中，处于最北部的任十一山头最高，山顶埋深 2587.6m，比最南端的 57 井山头高 800 余米，比七井山头高 281m。按等深线 4500m 计算其幅度达 1900 余米，而且山顶最尖。潜山顶面等深线 2700m 范围内的 37－ 观 1－48 井之间为一平顶，坡度小于 4，平顶面积小，约占原始含油面积的 7%。而七山头平顶面积约占原始含油面积的 30%，其原始含油高度最大，约 915m。

（2）储层岩性以藻白云岩夹硅质白云岩为主，致密层发育。

任十一山头位于二级断裂带的上升盘，主要分布雾一、雾二油组地层，岩性以含较多硅质层和硅质条带（团块）的藻白云岩为主，致密性脆，高角度裂缝发育。据任 28 井取心资料统计，裂缝倾角在 70°以上的缝数频率达 87.7%。本山头泥质层较少，仅占山头储层厚度的 3.1%，致密层发育占 30.1%，位于全油藏首位。

（3）小型溶蚀孔洞比较发育。

由于本山头外围在雾迷山组地层之上覆盖有上元古界青白口系和下古生界地层，因此大大减弱了古近纪岩溶期的溶蚀作用。大中型溶蚀孔洞很不发育，钻开溶洞率最低，仅0.31%。据任 28 井取心资料统计，溶蚀孔洞发育和比较发育的岩心厚度占 34.7%，绝大部分孔洞直径小于 2mm。

（4）储集条件较好，渗滤条件较差。

据研究院储层划分资料统计，本山头揭开段的 Ⅰ + Ⅱ 类储层平均厚度为 31.9m，占揭开厚度的 53%，孔隙度中等，储层中子孔隙度为 4.20%，说明储集条件较好。但在检3、任109、任 205、任 310 井所包围的地区储层厚度较小，仅占揭开厚度的 11% ~ 39%，该地区储集条件相对较差。

本山头储集条件虽然较好，但渗滤条件较差，表现在储层厚度较大，但渗滤条件最好的 Ⅰ 类层都较少，仅占 15%。除靠断层处渗透率较高以外，其余地区有效渗透率较低，仅236mD。

---

❶参加人曹蕊痕；负责人刘仁达。

二、目前开发现状

任十一山头含油面积 12.5km²，容积法计算的地质储量为 15914.72×10⁴t，可采储量 2508.1×10⁴t。

截至 1987 年 4 月，本山头共有油井 27 口，其中自喷井 9 口，抽油井 18 口，开井 2 2 口，日产液量 4580t，日产油 1063t，平均单井日产液 208t，平均单井日产油 48t，山头累计产油 1850.5646×10⁴t。

目前油井已全部含水生产，综合含水高达 76.9%，水淹体积系数已达 91.14%。山头目前剩余可采储量为 694.75×10⁴t，剩余可采储量采油速度为 5.10%，可采储量采出程度为 72.30%。

按裂缝系统油水界面观察井（观 1 井）测得目前油水界面深度为 2892.73m，总上升高度为 617.27m。由于采油速度较低，目前油水界面基本趋于缓慢上升阶段，月上升速度约 0.09m。

由于任丘雾迷山组油藏各山头同属统一的压力系统。自 1985 年三季度以来油藏长期欠注本山头地层压力亦有缓慢下降的趋势，目前地层总压降为 1.41MPa，平均月下降 0.01MPa。

综上所述，本山头目前已处于高含水，产量缓慢下降的低产期开采阶段。虽然山头在低速下开采，但产量仍然不稳定，今年以来，月自然递减为 2.34%。

三、试验目的

(1) 试验用各种化学堵剂封堵主要出水裂缝，以最大压差开采低渗透地层的可能性。

(2) 了解封堵主要出水裂缝后提高单井排液量的增油效果以及对今后开发效果的影响。

(3) 总结任十一山头堵抽提高产油量试验正反两方面的经验教训，在全油藏推广应用和为油藏后期开发摸索经验及治理途径。

四、试验依据

(1) 山头油井有较大的剩余含油厚度，是试验的物质基础。

截至 1987 年 4 月，据观 1 井所测油水界面对山头 20 口油井统计，目前平均单井剩余含油厚度尚有 194.25m，是全油藏剩余厚度最大的山头，其中剩余含油厚度大于 150m 的有 13 口，100～150m 的 3 口，50～100m 的 3 口，小于 50m 的 1 口。

(2) 山头油井见水时的水锥高度最大，大缝大洞连通喉道宽，其水淹程度高，而连通喉道较窄的缝洞则含剩余油较多。

山头油井见水时的水锥高度普遍较大（120～300m），说明油井是因底水沿大裂缝上窜而见水。主要出水缝水淹严重，而与出水缝连通的小孔洞还有一定的剩余油存在，从任 28 井取心所得的资料得到了证实。

据任 28 井第 27 次取心，见一条穿层的构造缝，缝中充填溶蚀孔洞发育的角砾岩，岩心分析有效孔隙度 12.32%，渗透率 13041mD，岩心肉眼观察大缝大洞已被水洗，未见油显示。将其岩心放入烘箱以 100℃ 的温度烘烤 5 ~ 8h 后观察大缝洞仍未见油迹，但与大缝大洞连通的小缝洞（缝宽小于 1mm）见原油外渗。

统计不同宽度裂缝 376 条，缝宽大于 1mm 的 18 条缝中有一半的缝不含剩余油；缝宽小于 1mm 的裂缝 358 条，含剩余油的缝 221 条，占 61.7%。

据任 28 井双孔隙度曲线解释成果，在 8 个 I 类缝洞复合层中有 7 个层见水反映，占 87.5%；30 个 II 类缝洞层中有 22 个层见剩余油反映，占 73.3%。

可见任十一山头主要裂缝系统水淹严重，而小型溶蚀孔洞中存在着剩余油，这正是山头生产潜力所在。

（3）有相当一部分井有较大的剩余含油厚度，而产油量低。

据 20 口油井统计，其中有 17 口油井尚有较大的剩余含油厚度（91.8 ~ 304.8m），占总井数的 63%，而这批井的产量却较低（0 ~ 70t），这即是潜力井。如任 304 井剩余含油厚度 215.3m，无产量；任 205 井剩余含油厚度 284.3m，也无产量；又如任 45 井剩余含油厚度 157.3m，日产油仅 7t。

（4）本山头部分油井封堵大裂缝开采小缝小洞获得成功。

近年来，本山头的部分油井通过堵水、堵抽或堵后下电泵等措施，油井生产压差增大，产液量增加，产油量提高，而产液指数、采油指数均下降，说明中低渗透层的生产潜力得以发挥。这类措施在自喷井和抽油井上均不同程度地获得了效果。如自喷井任 66 井 1981 年以来通过 4 次化堵措施，改变了油井的含水及产量变化规律，油井从 1981 年 9 月至 1986 年 11 月历时 5 年零 2 个月，含水从 44.6% 升至 65%，平均月上升仅 0.33%；产量由措施前月递减 4.2% 转为稳定。其中 1984 年 3 月的一次化堵措施后，相同油嘴（套管 ϕ10mm）生产，生产压差由 0.25MPa 增大至 0.78MPa，产液指数由 894×10^{-6}t/（d·Pa）降至 379×10^{-6}t/（d·Pa），产油指数由 361×10^{-6}t/（d·Pa）下降至 233×10^{-6}t/（d·Pa）。由于小孔小洞的生产潜力得到了发挥，油田的日产液由 228t 提高至 301t，日产油由 92t 上升至 185t，含水由 59.6% 下降至 38.6%，取得较好的效果。

再例如任 109 井于 1985 年 3 月投产，3 月 31 日见水，见水时水锥高度 207.5m，在一月之内含水由 19.4% 迅速上升至 54.9%，油井一直未能正常生产。5 月对该井进行了堵酸抽综合措施，日产液由 60t 提高至 191t，日产油由 27t 升至 136t，含水降至 28.7%，而生产压差由措施前的 1.43MPa 升至 3.26MPa，采液指数由 120.8×10^{-6}t/（d·Pa）降至 58.6×10^{-6}t/（d·Pa）。此后油井生产一直较为稳定。经过一年多之后，即 1987 年 9 月将 ϕ70mm 泵换为 ϕ83mm 大泵生产，生产压差再次放大至 4.68MPa，日产液量由 116t 升至 144t，日产油由 47t 上升至 106t，含水由 59.5% 降至 56.5%。该井堵水后通过两次放大压差生产均获得较好的增油稳产效果。

又例如任 209 井通过 1987 年 3 月堵酸措施，堵住了下部主要出水裂缝，下电泵将液量由 107t 提高至 350t，发挥了上部低渗透地层的生产潜力；日产油由 76t 增至 208t。至 1987 年 5 月，日产油仍稳定在 190t 左右，取得了较好的增油效果。

类似任 66、任 109、任 209 井，效果良好的油井还有任 37、任 306、任 40、任 208 等。这部分油井堵水后放大压差生产所获得的好效果为本山头的试验提供了有力的依据。

五、试验要求及实施安排

（一）试验要求

（1）对油井进行堵抽后将单井液量提高 200～350t，将山头总日产液量由目前的 4200t 提高至 7200t 以上，其生产压差提高 2.0～4.0MPa。

（2）要求提高原有堵剂的封堵性能，并寻找出适应于大压差抽吸生产的高强度新型堵剂。

（3）试验中要加强油井管理，按取资料规定取全取准产量、含水、压力、液面示功图等资料，缩短施工时间，延长检泵周期。

（4）试验期间继续保持目前油藏压力水平。

（5）试验各项措施要求在 1987 年 6 月前基本完成，并不断完善。

（二）实施安排

（1）对堵水失效井进行重复堵水。

（2）全面转抽生产（除任 202、任 71 井外）。

（3）调整抽油井参数，泵沉没度或下电泵提高单井日产液量。

（4）停产井全面恢复生产。

各油井措施安排意见见表 1。

表 1　各类措施工作量及增油量

措施类别	完成井次	有效井次	成功率 %	试验前		试验后		初期日增能力 t	目前日增水平 t	累计增油量 t
				日产液 t	日产油 t	日产液 t	日产油 t			
堵水堵酸	9	6	66.7	1260	307	1566	558	251	102	15075
堵抽	4	3	75.0	838	97	1439	141	44	20	3640
下电泵	4	4	100	529	269	931	488	219	69	22999
换大泵	2	1	50.0	251	47	406	87	40	0	892
停产井恢复	3	3	100	—	—	521	337	337	180	30630
注水泥	5	3	60.0	1169	180	937	290	110	48	2558
合计	27	20	74.1	4047	900	5800	1901	1001	419	75794

六、试验效果预计

通过堵抽提高产油量试验，预计达到以下两种效果：

（1）在弥补目前产量递减的情况下保持山头产量的稳定。

（2）力争在弥补目前产量递减的基础上，山头产量有所提高。单井日产油由 48t 提高至 60t，山头总日产油增产 200～350t。

七、试验方案实施效果及分析

（一）方案实施情况及效果

1. 基本完成方案设计工作量，增油效果显著

根据方案要求，自1987年4月以来，对任十一山头的大部分老井进行了堵水、堵酸、注水泥等封堵主要出水裂缝的措施。尔后以转抽、换大泵或下电泵的生产方式放大压差，提高排液量生产，发挥了小缝小洞的生产潜力。同时对山头长期停产的油井进行了类似的措施，恢复生产，增加产能，使其山头改变了高含水低速开采期产量仍然递减的局面。半年多来山头产量上升、稳定。达到了试验的预期目的。

截至1987年10月，进行了各类措施共27井次，有效20井次，成功率74.1%。统计了这些措施井，在实施前日产油为900t，措施后初期日产能力1901t，初期日增能力1001t，至1987年10月，这部分措施井还保持着419t的日增水平。

分析认为，油井不进行措施，其产量将继续递减，这样，按措施后油井以原递减趋势继续递减来计算措施井增油量，则方案实施后（1987年4—10月）累计增油达 $9.54 \times 10^4 t$。在弥补了油井产量递减后累计纯增油 $7.5794 \times 10^4 t$，平均日增油309t，达到了试验方案预计日增油200～300t的主要指标（图1）。各类措施工作量及增油量见表1。单井措施对比结果见表2。

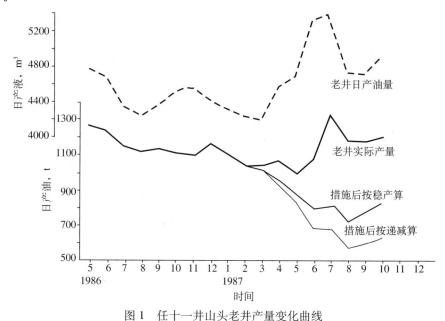

图1　任十一井山头老井产量变化曲线

2. 试验方案实施后一定程度地改善了任十一井山头的稳产状况，山头产量变化由递减转为上升、稳定

任十一山头自1985年9月以来，采油速度已降至0.29%以下，在此期间，部分油井虽然进行过卡水、堵水等措施，但效果尚差，未能改变山头低速开采期产量仍然有较大递减的局面。本试验前半年多（即1986年5月至1987年2月）时间内，山头日产液由4766t

表2 1987年1—10月任十一井山头调整效果对比数据表

井号	生产井段 m	裸眼厚度 m	措施内容	施工日期	调整前 工作制度	调整前 日产液 m³	调整前 日产油 t	调整前 含水 %	调整后 工作制度	调整后 日产液 m³	调整后 日产油 t	调整后 含水 %	日增液 m³	10月日增水平 t	累计增油 t
209	2798.44～2850.71	52.67	堵酸下电泵	3.3～3.7 3.26～3.30	套管8mm	111	72	35.4	电潜泵10mm	350	208	40.0	239	62	20178
208	2796.52～2944.98	148.46	堵油	3.16～4.14	油管12mm/套管10mm	436	32	92.6	3m/9次	392	80	79.6	-44	15	2997
310	2747.08～2888.22	141.14	堵酸	5.17～7.8	油管8mm	200	55	72.4	油管10mm	288	185	35.7	88	0	2635
50	2877.00～2936.76	59.76	堵油	5.7～5.11	油管10mm	153	27	82.2	2.6m/12次	250	20	92.2	97	0	0
11	2636.00～2795.11	159.11	堵油	5.16～5.22	套管10mm	249	38	84.7	2.6m/12次	508	39	92.4	259	5	279
311	2646.57～2745.00	98.43	堵油	4.29～5.5	关				3.048m/8次	289	2	99.0	289	0	364
210	2952.57～3083.00	130.43	堵水换电泵	5.9～5.18	2.6m/8次	95	37	60.7	电潜泵9mm	136	56	58.7	41	8	1556
308	2758.50～2800.00	41.5	堵酸	6.10～6.23	2.6m/12次	198	34	82.7	2.6m/12次	239	44	81.5	41	2	1101
109	2630.27～2700.00	69.73	堵酸换电泵	5.27～6.8	2.6m/12次	229	69	69.9	电潜泵10mm	328	129	60.7	99	16	5850
303	2680.10～2750.00	69.9	堵酸	6.11～6.20	1.8m/9次	134	16	87.8	1.8m/9次	101	14	86.4	-33	0	0
205	2613.00～2626.00	射11/2	堵油	6.12～6.22	关				高含水关					0	80
50	2877.00～2936.76	59.76	堵酸	6.25～7.9	2.6m/12次	250	20	92.2	2.6m/12次	338	28	91.6	88	0	0
306	2596.42～2659.00	62.58	堵酸	6.28～7.13	3.048m/8次	151	37	75.8	3.048m/8次	197	36	79.5	46	0	0
202	2630.03～2700.00	69.97	堵水	6.8～6.12	套管10mm	216	73	66.1	油管10mm	198	131	33.9	-18	52	5794
48	2679.06～2708.45	29.39	钻水泥塞转油	～6.13	关				油管12mm	291	118	59.4	291	66	14353
203	2710.94～2844.00	133.06	堵酸油	6.20～6.30	界面观察井				2.6m/10次	34	32	6.8	34	45	3241
302	2590.37～2900.00	309.63	换大泵	5.3～5.8	3.048m/8次	115	36	68.8	3.048m/8次	190	53	72.1	75	0	0

续表

井号	生产井段 m	裸眼厚度 m	措施内容	施工日期	调整前 工作制度	日产液 m³	日产油 t	含水 %	调整后 工作制度	日产液 m³	日产油 t	含水 %	日增液 m³	10月日增水平 t	累计增油 t
检3	2859.00~2907.00	射23/2	换大泵	5.16~5.17	3.048m/8次	136	11	91.9	2.6m/12次	216	34	84.2	80	0	892
观9	2886.00~2950.00	64	堵水补孔酸化转抽	6.19~7.7	关				2.6m/9次	196	187	4.6	196	69	13036
40	2658.00~2686.83	28.83	注水泥	8.5~8.15	2.6m/12次	227	40	82.3	2.6m/12次	201	98	51.2	-26	18	1489
66	2980.22~3003.85	23.63	堵酸注水泥转抽	7.25~8.19	套管10mm	252	79	68.5	2.6m/9次	38	26	33.0	-214	0	0
11	2636.00~2669.62	33.62	注水泥	9.22~9.28	2.6m/12次	500	43	91.4	2.6m/9次	446	43	90.3	-54	0	0
45	2736.55~2778.50	41.95	注水泥	9.19~9.24	无嘴自喷	190	18	90.6	3.048m/8次	132	28	78.8	-58	14	434
304	2680.02~2695.57	15.55	注水泥转抽	9.13~9.27	高含水关				2.6m/8次	121	95	21.7	121	16	635
311	2646.57~2745.00	98.43	水泥浆堵水	9.5~9.29	关				3.048m/9次	74	26	64.7	74	26	807
观9	2886.00~2950.00	64	换电泵	10.9~10.12	2.6m/9次	74	69	7.2	电潜泵6mm	117	95	19.2	43	5	143
合计														419	75794

降至4227t，相应的日产油由1269t降至1031t，产量月递减速度达2.28%，采油速度由0.29%降至0.24%，因此一度认为难以治理。而通过本试验方案的一系列措施，山头老井产液量、产油量、采油速度均逐月上升，综合含水基本稳定。由图2看出通过方案措施实施日产液量由1987年2月的4227t提高至7月的5379t，8—10月稳定在4925t左右。相应的，日产油由1031t升至7月的1329t，8—10月稳定在1197t左右，山头采油速度由0.24%提高至0.31% ~ 0.29%，而综合含水基本稳定是在74%左右。实践说明通过堵抽提高排液量试验任十一山头的稳产状况得到改善。

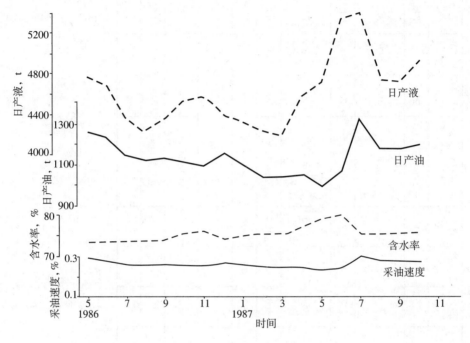

图2　任十一山头老井开采曲线

（二）几点认识

（1）任十一井山头高角度裂缝十分发育，油井见水早，目前主要裂缝水淹严重，但油井具有较大的剩余含油厚度。对具有这样地质条件和生产特点的区块油井，采用普遍堵水、注水泥封堵主要出水裂缝、上抽、换大泵或下电泵提高排液量、放大压差生产，以提高油井产量的措施是行之有效的，并具有推广意义。

由于地层高角缝十分发育，且小缝溶蚀孔洞也发育，底水沿裂缝上窜，使油井过早见水，干扰了油井上部低渗透地层生产潜力的发挥。实践证明，要排除或减弱这种干扰，必须对主要出水裂缝进行封堵。针对具体情况对上部低渗透地层还需要进行不同程度的酸化改造，尔后上抽、换大泵、下电泵，提高排液量生产，方能发挥低渗透地层的生产潜力。在目前工艺条件下，封堵出水裂缝的主要方法有两种，一是化学堵水，二是注水泥封堵，这两种方法在任十一山头得到了普遍的运用，取得了较好的效果。

例如任40井，该井属于一套低渗透地层，曾于1986年1月单一转抽日产液由30t升至192t，日产油由17t升至97t，获得日增80t的好效果，至今年效果逐渐衰减，含水上升至 82.3%，曾采取过堵酸及卡水的措施均不奏效，于 1987 年 8 月进行了注水泥封水的措施，减小了下部出水段对上部出油段的干扰，取得了较好的增油效果，日产油由 40t 升至 98t，含水由 82.3% 下降至 51.2%（图 3）。

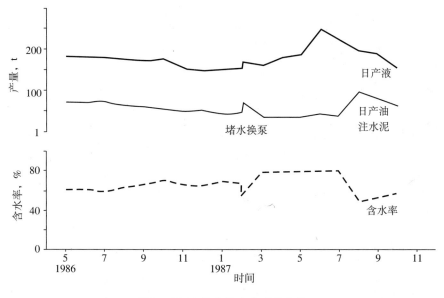

图 3　任 40 井产量含水变化曲线

又如任 109 井（图 4）在方案部分已介绍了 1985 年 5 月及 1986 年 9 月两次放大压差生产的效果，如今即 1987 年 6 月据试验方案的要求堵酸后下电泵生产，再次放大生产压差，液量较大幅度地增加，即由措施前的 229t 升至 328t，日产油由 69t 提高至 129t，获得日增 60t 的好效果，至 1987 年 10 月该井已累计增油 5830t。类似任 109 井好效果的还有任 209、任 208、任 210 等（图 5）。

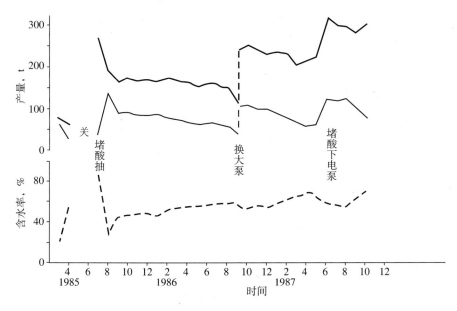

图 4　任 109 井产量含水变化曲线

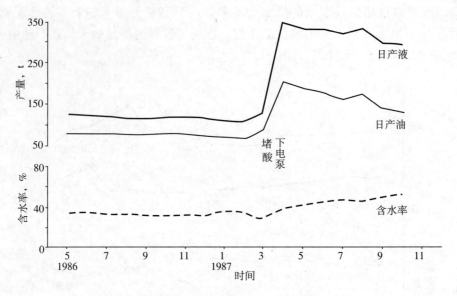

图5　任209井产量含水变化曲线

（2）在封堵主要出水缝的基础上提高排液量生产，山头及油井水驱特征曲线形态无明显变化。

通过堵抽试验任十一井山头日产液量提高了 700 ～ 1150t，而山头水驱特征曲线形态无明显变化，且略有变缓的趋势（图6）。

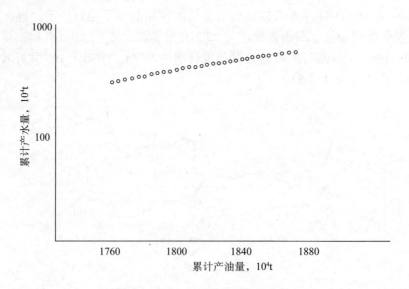

图6　任十一井山头水驱特征曲线

从单井看，部分液量提高幅度较大的油井如任 109、任 40、任 210、任 208、任 209 等其水驱特征曲线形态亦无明显变化或有减缓的趋势（图7～图11）。

以上资料说明在主要出水缝被封堵以后，小型溶蚀孔洞及低渗透地层在大压差下发挥了生产潜力，使注水波及系数有所提高，油井及山头产量上升，一定程度地改善了任十一山头的开发效果。

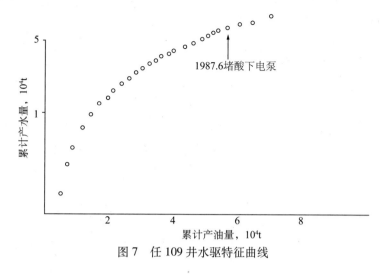

图 7 任 109 井水驱特征曲线

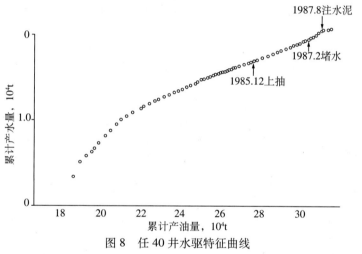

图 8 任 40 井水驱特征曲线

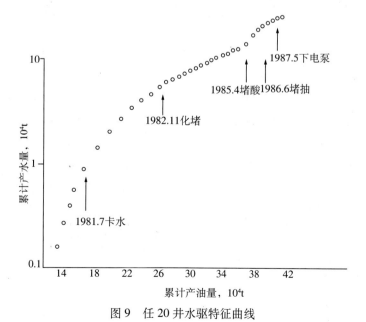

图 9 任 20 井水驱特征曲线

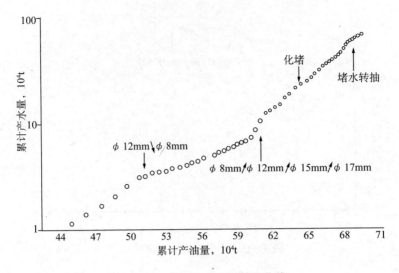

图 10　任 208 井水驱特征曲线

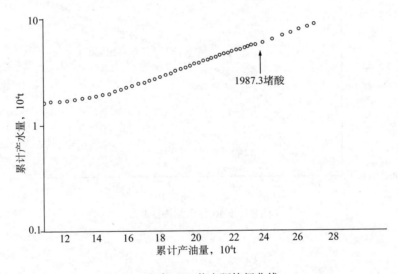

图 11　任 209 井水驱特征曲线

（3）水泥浆堵水，在任十一山头初见效果，为寻求高强度堵剂提供了新的路子。

目前在任十一山头及其他区块，有一批经多次堵水无效的油井，分析其无效的原因，主要是目前采用的化学堵剂附着力较差，对大缝大洞封堵不死，使其油层承受不了0.3 ～ 0.5MPa 的生产压差而出现"反吐"现象，导致化堵无效。因此目前需要一种能堵死大缝大洞的高强度堵剂。为此在任 311 井进行了水泥浆堵水试验，已初步见到效果。该井于 1986 年 9 月投产，产能低，日产油 5t，含水 96.2%，生产压差很小，仅 0.1MPa，并不能正常生产。10 月末堵水下电泵，日产油 6t，含水 98%；11 月电泵坏，自喷生产，日产液 20t，含水高达 99.6%；12 月不出油关井，至 1987 年 5 月上抽生产，仍然是低产（4t/d），高含水（98.4%），于是 9 月进行了高强度的水泥浆堵水。堵后抽油生产，日产油曾达 40t，含水降至 50.7%。目前日产油稳定在 20t 左右，含水 65%，初步见到了效果，这为寻找高强度堵剂提供了新的路子。

（4）在高角度裂缝发育，水淹严重的任十一井山头，仍然存在油水界面的低值区。

在本次试验中，为提高山头产量，对长期停产的油井进行措施使其恢复生产，发现在地层渗透性较差的地区，虽然整个山头水淹状况已经相当严重，却能获得无水油或低含水油，说明该地区由于岩性的控制，累积油量较少，储量动用程度相对较低，形成了油水界面的低值区。

如长期关井的观 9 井，该井渗透率 0.003D，累计产油仅 2.75×10^4t，其原井底深度为 2950m。而观 1 井油水界面已达 2889.23m，按此界面深度计算，该油水界面已淹过原井底 60m，但该井经补孔（井段 2770 ～ 2847m）同下部裸眼段合采时，却获得 238t/d 的无水油。目前仍然在 4.6% 的低含水期生产。与观 9 井相邻的 203 井，其地层渗透率 0.004D，累计产油仅 1.09×10^4t，本次由观察井改为生产井后也获得 45t/d 低含水油（6.8% ～ 8.1%）。

实践说明观 9-203 井区是水淹严重的任十一井山头的油水界面低值区，这为目前挖潜和今后部署调整井提供了一定的依据。

任十一井山头堵抽提高产油量试验尚在继续进行，其成功的经验已向其他山头、区块进行推广应用，目前已在任七北、任六北及任七中的部分井进行了堵抽放大排量的措施并取得了较好的效果。

任丘雾迷山组油藏"三低油井"治理研究[❶]

刘仁达　罗承建

（1988 年 12 月）

任丘雾迷山组油藏经过 10 多年的开发实践证明，油藏在水驱阶段的开发效果是好的。在油藏进入递减期以后，从 1984 年至 1986 年，我们坚持潜山治理，大搞分块综合治理及单井综合治理，取得了较好的成绩，连续三年实现了局党委提出的每年少降 50×10^4t 的奋斗目标，对确保我局在"六五"期间原油产量稳住 1000×10^4t 作出了贡献。

1987 年以来，针对油藏水淹状况严重，剩余含油厚度越来越小，油藏的物质基础进一步变差，油井纵向上剖面调整的效果逐渐变差的客观实际，我们继续采用静态与动态相结合，一般与特殊相结合的分析方法，对油藏内部不同裂缝系统的油水运动进行了综合研究，并在总结前几年治理实践的基础上，提出了"三低油井"的治理方案，把油藏的综合治理工作向前推进了一步。这一阶段治理的实质是要有效地发挥低渗透含油缝洞和低界面含油层段的生产潜力，减缓油藏产量下降速度，提高油藏的波及程度，改善油藏水驱开采效果。

近两年来，在油井治理难度增大的条件下，由于开展了"三低油井"治理挖潜，因而使得油藏的综合治理继续获得了较好的效果，年增油量占当年油藏产量的 7% ～ 8%，对确保我厂原油产量的超额完成起到重要作用。

一、"三低油井"的基本概念

这里所讲的"三低油井"是对油井本身缝洞发育程度和所处油水界面位置而言的。

（1）低渗透缝洞井。是指的本井所钻穿的油层井段内，缝洞不发育，没有钻遇大缝大洞，未出现钻具放空和钻井液漏失现象；压力恢复曲线解释的渗透率很低，一般小于 0.05D；采油压差很大，一般大于 2 ～ 3MPa。符合上述条件的油井称之为低渗透缝洞油井。在油藏所钻的生产井中，天然低渗透缝洞油井是不多的。

（2）高渗透井中的低渗透含油缝洞。是指的本井所钻穿的油层井段内，有发育的大缝大洞，钻井过程中有放空或有较明显的漏失现象，但同时在油井剖面上还存在有较多的小缝小洞。全井生产时压力恢复曲线的形态多为"水平型"，油井的生产压差比较小，一般小于 0.5MPa。这类油井开采过程中主要反映高渗透缝洞的渗流特点，低渗透含油缝洞的生产潜力未能得到发挥，这是多数油井地下油层的客观规律。

（3）低界面油井和层段。这里讲的低界面井和层段是指目前油水界面与该区块观察井油水界面相比要低得多的井或层段，它可以是高渗透缝洞，也可以是低渗透缝洞，它不是水洗后剩余的残余油，而是目前油水界面尚未淹到的含油段。这类井是在特定地质条件下形成的，它与因潜山形态而引起的界面起伏有着本质的区别。

二、"三低油井"治理的主要依据

（一）当前生产主要反映高渗透缝洞的开采

1. 油井的主要产液段厚度小，而且与裂缝发育段相对应

据35口油井分层流量测试资料统计，产液厚度占裸眼测试厚度的49.9%，不产液厚度占50.1%。主要产液厚度只占13.7%，而其产液量却占测试井总产液量的71.2%，主要产液厚度中的裂缝段占44.5%。这些资料说明，将近3/4的产液量是产自厚度较小的主要裂缝段（表1）。

表1　油井主要产液段情况

山头	统计井数口	裸眼测试厚度 m	产液段		不产液段		主要产液段				
			厚度 m	占裸眼厚 %	厚度 m	占裸眼厚 %	厚度 m	占裸眼厚 %	裂缝段厚度 m	占产液厚度 %	产液量比例 %
任6	5	321.7	206.0	64.0	115.7	36.0	54.9	17.0	26.6	48.5	60.72
任7	16	2234.9	1317.7	59.0	917.0	41.0	315.2	14.1	285.8	90.7	72.45
任9	7	826.8	306.9	37.1	519.9	62.9	127.7	15.4	23.2	18.2	72.46
任11	7	813.0	262.3	32.3	550.8	67.7	79.2	9.7	21.2	26.8	73.50
合计	35	4196.4	2092.9	49.9	2103.4	50.1	577.0	13.7	256.8	44.5	71.18

2. 油井的生产压差普遍很小

据47口自喷油井中有压力资料的42口井统计，在目前工作制度下，生产压差变化范围0～1.37MPa，一般在0.5MPa以内，平均为0.15MPa。自喷井的日产液量13091t，占39.6%。据109口机械采油井统计，其中有55口井（占50.5%）的动液面在井口，日产液量12553t，占38%。自喷井和动液面在井口的机械采油井共102口，占油井开井数的65.4%，日产液量25644t，占总产液量的77.6%。说明当前生产中大部分产液量是在小压差条件下采出的。

（二）高渗透缝洞系统水淹严重

1. 钻井取心资料证实，油井见水后高渗透缝洞首先被水洗

任28井加深取心停产前（1979年7月），油单ϕ20mm生产，最高含水16%，日产油173t。因此该井当时还应属水锥见水。然而两个月后加深取心时却发现高渗透裂缝已经被水洗。例如该井第27次取心见一条缝宽10mm，缝长2.26m被角砾岩充填的穿层缝，最大孔隙度12.32%，渗透率13.2D，肉眼观察已明显水洗，经烘箱烘烤仍无油迹。

2. 油井的剩余含油厚度已低于或接近于水锥高度

据1988年11月观察井油水界面统计，油藏单井未被水淹的剩余含油厚度平均为82.14m，而油井见水时的水锥高度平均为75.2m。油藏内部7个开采区块统计，已有6个区块单井平均剩余含油厚度低于该区块油井见水时的平均水锥高度。这说明水沿主要裂缝淹到了潜山顶部。见表2。

表2　油井剩余含油厚度与见水水锥高度情况

区块	油水界面观察井	平均单井剩余含油厚度 m	油井见水水锥高度 m	水淹体积 %
任十一	观1	184.13	192.9	91.62
任七北	观2	87.38	91.3	90.47
任七中	观8	51.88	64.9	94.78
任七南	观5	19.44	34.9	98.04
任六南	任250	30.28	61.5	93.54
任九东	观4	75.62	147.6	95.65
任九西	任9	97.85	51.9	90.39
全油藏		82.14	75.2	93.50

3. 油井全面见水，含水率高，含水率与油井深度无明显关系

目前共有油井185口，全部见水。据1988年9月份开井的152口见水井统计，含水率大于60%的高含水井131口占86.2%，其中含水率大于80%的105口占69.1%；含水率小于60%的21口占13.8%。油井井底深度与含水率关系图上，反映出杂乱的分布，如图1所示。

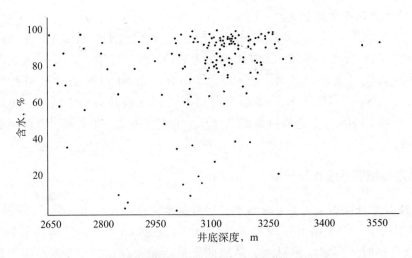

图1　任丘雾迷山组油藏含水与井底深度分布状况图

4. 山头高部位缝洞发育带所钻调整井含水率高，产油量低

近两年来，在任十一山头、任七山头和任九山头钻遇缝洞发育带的4口调整井效果均

很差。任十一山头高部位钻遇缝洞发育带的2口调整井，投产时裸眼段底深高于油水界面135.3～146.9m，日产油3～4t，含水率高达93.5%～98.4%。任七山头和任九山头钻遇缝洞发育带的2口调整井其裸眼段顶深高于油水面68.4～50.4m，投产时日产油4～11t，含水率93.5%～87.6%（表3）。

表3　调整井效果

井号	生产井段 m	顶底距界面 m	投产 日期	工作制度	日产液 t	日产油 t	日产水 m³	含油率 %
任360	3009.5～3040.0	+50.38～+19.88	1987.6	3.0m/9次 ϕ70mm×791.03m	87	11	76	87.6
任311	2646.57～2745.0	+245.33～+146.93	1987.5	3.0m/8次 ϕ83mm×598.75m	267	4	263	98.4
任305	2644.0～2740.0	+231.99～+135.33	1987.12	2.6m/8次 ϕ70mm×708.02m	44	3	41	93.5
任355	3034.17～3160.0	+68.4～-57.49	1988.9	3.0m/8次 ϕ88mm×600.42m	264	4	260	98.5

以上资料充分说明，油藏在目前开发阶段，高渗透缝洞水淹严重，尤其是目前油水界面以上的纯油带内主要裂缝系统亦已基本水淹。所以正确认识目前纯油带内裂缝系统的油水分布及油井生产特点，对搞好纯油带的治理挖潜具有重要的意义。

（三）油藏低渗透缝洞水的波及程度相对较低，含油状况较好

1. 取心资料证实在大裂缝水洗条件下，小裂缝仍然含油

任28井加深取心发现，与水淹大裂缝相连通的缝宽小于1mm的小缝在烘烤下见原油外渗。据裂缝宽度在0.2～1mm各区间统计，含油裂缝占总裂缝数的59%～81%，平均为69.6%。

据雁翎油田雾迷山组油藏任340井取心资料分析，裂缝宽度大于1mm的裂缝已被水洗；缝宽0.5～1.0mm的裂缝只发生水侵；缝宽小于0.5mm的裂缝仍然含油。

2. 低渗透缝洞油井含水率低

目前油藏已发现的典型天然低渗透缝洞油井6口（观9、任208、任394、任358、任266、任359井），这些井的采油井段底深已接近观察井目前油水界面，采用大压差抽油生产的条件下，油井目前的含水率只有2.3%～9.8%，日产油28～72t。而同深度的高渗透缝洞油井却早已是高含水了。典型低渗透油井生产状况见表4及图2、图3。

表4　典型低渗透油井生产状况

井号	生产井段 m	日期	井底距界面 m	工作制度	日产液 t	日产油 t	日产水 m³	含水 %	动液面 m	生产压差 MPa	采油指数
观9	2770.0～2847.0	1988.9	+37.0	2.6m/8次 ϕ70mm×680.42m	58	56	2	3.5	713.6	10.09	5.75
任203	2710.94～2844.0	1988.8	+38.33	2.6m/9次 ϕ70mm×752.91m	51	46	5	9.8	731.7	10.11	5.04

井号	生产井段 m	日期	井底距界面 m	工作制度	日产液 t	日产油 t	日产水 m³	含水 %	动液面 m	生产压差 MPa	采油指数
任 394	2826.74 ~ 2870.0	1988.9	+18.03	2.6m/8 次 φ 70mm × 1007.91m	77	72	5	6.5	974.6	12.18	6.32
任 358	3003.08 ~ 3070.0	1988.9	-7.45	3.0m/9 次 φ 56mm × 1082.38m	29	28	1	2.34	1082.5	11.44	2.53

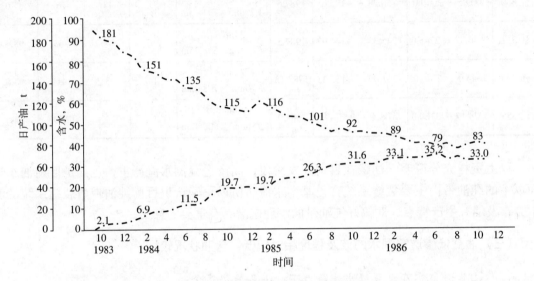

图 2　任 209 井含水及日产油量变化曲线

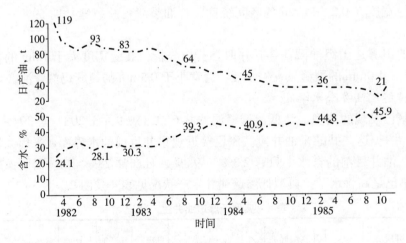

图 3　任 40 井产油量含水变化曲线

3. 低渗透缝洞油井含水上升缓慢

低渗透缝洞油井见水后的驱替特征与高渗透缝洞油井相比是不同的，突出地表现在含水上升缓慢，产油量递减速度小。

例如任观 9 井，1987 年 7 月至 1988 年 9 月，生产 15 个月，采油 38474t，含水率稳定在 4.6% ~ 3.5%。任 203 井 1987 年 7 月开井至 1988 年 9 月生产 15 个月，采油 16724t，含水率从 6.8% 上升到 11.0%，平均每月上升 0.28%，产油量基本稳定。任 209 井，该井 1983 年 10 月见水至 1987 年 2 月，历时 3 年 4 个月，含水率从 2.1% 上升到 35.4%，平均月上升 0.83%，产油量月递减 2.3%。

（四）高渗透出水缝洞对低渗透含油缝洞的干扰明显

在油层裂缝系统内，高渗透出水缝洞与低渗透含油缝洞并存的条件下，由于不同渗透性缝洞所需要的启动压差不同，因此在全井生产时必然会出现高渗透缝洞对低渗透缝洞的干扰，使得低渗透含油缝洞的生产潜力得不到充分发挥。例如裂缝发育的任 311 井，该井 1986 年 10 月投产时剩余含油厚度高达 249m，由于主要裂缝已经水淹，含水率高达 96.2%，日产油量仅 5t。1987 年 10 月采用水泥浆部分封堵主要出水裂缝后，生产压差从 0.01MPa 增大到 4.0MPa，日产油量从措施前的 2t 增至 26t，含水率从 99.2% 降至 64.7%。

以上资料说明，主要出水缝洞水淹后对其他含油缝洞的干扰明显，因此出现了油层尚未全部水淹而油井却过早水淹的现象。并由此认识到只有封堵高渗透出水缝洞，才能发挥低渗透缝洞的生产能力，控制含水上升速度，减缓产量递减。

（五）油藏内部存在油水界面低值区和油水交错分布的复杂现象

在油藏开采过程中随着地下原油的采出，油水界面将会逐渐上升，这是潜山油藏底水运动的基本形式。油水界面的上升速度除主要受油藏采油速度的影响外，油藏内部储层的非均质性对界面的上升也有明显的影响。近几年来，通过封隔器卡水，分段试油及动态观察，目前已发现油藏内部存在 7 个油水界面低值区，共有油井 24 口，日产油量 1493t，占油藏产量的 25.3%，总累计采油 1114.98×10⁴t。这些低值区内油井的底深已低于目前油水界面 67.37 ~ 200.37m，其中有 4 个低值区油井的顶深已低于区块观察井油水界面 11.62 ~ 104.97m。各低值区生产情况见表 5。

表 5 油水界面低值区生产情况

低值区名称	井数口	日产油 t	日产水 m³	含水率 %	累计采油 10⁴t	油井顶底距油水界面 m
任 25	2	54	280	80.0	290.56	−42 ~ −130
任 245	3	342	428	55.6	58.19	−105 ~ −198
任 4	6	289	870	75.1	392.91	−31 ~ −169
任 27	2	83	87	51.2	147.47	−12 ~ −195
任观 9	2	141	100	41.5	8.44	172 ~ −67
任 394	3	259	312	54.7	109.08	59 ~ −200
任 213	6	325	1210	78.8	108.33	95 ~ −130
合计	24	1493	3287	68.8	1114.98	−31 ~ −198

除了油水界面低值区外，今年首次在任 398 井发现油水交错分布的复杂情况。该井是 1988 年部署的钻低值区的调整井，钻穿雾七组下部、雾八组及雾九组上部地层，裸眼井

段 3133 ~ 3313m，其顶深低于观 8 井油水界面 10.4m，底深低于 190.4m。用油单 ϕ 10mm 全井试油求产，日产油 12.1t，含水 91.7%。1988 年 5 月 16 日用套管 ϕ 10mm 投产，只生产 12.1t，含水 91.7%，5 月 16 日用套管 ϕ 10mm 投产，只生产 10h 即水淹停喷。后用封隔器卡水，卡点深度 3228.4m，层位雾八组顶，卡封后油管 ϕ 8mm 生产，日产油 124t，含水 30.9%。油管投产后为了进一步验证封隔器以上套管层段的产油情况，于 6 月 20—22 日用套管无嘴放喷，喷出液量约 150m³，含水 97.5%，氯离子含量 2066.9mg/L。从该井试油、投产的整个过程证实，下部雾八、雾九组以产油为主，上部雾七组以产水为主。

油水界面低值区和油水交错分布的存在，为寻找低含水高产油层，弥补油藏产量递减，提高油层动用程度，增加水驱采收率具有重要意义。

综上所述，在油藏高渗透缝洞水淹严重的情况下，由于低渗透含油缝洞及油水界面滞后区的波及程度较低，含油状况较好，因此"三低油井"是今后挖潜的主要对象。

三、"三低油井"治理取得的初步认识及效果

从 1987 年以来，为了挖掘"三低油井"的生产潜力，我们采用换大泵或电泵，用有机和无机堵剂堵封大缝洞，加深泵挂深抽，酸化及在油水界面低值区钻调整井的办法，全面开展了"三低油井"的治理挖潜，经过两年的治理实践初步得到以下认识及效果。

（一）油井进入低产期后采取治理措施仍具有一定的增油效果

油井进入低产期后，按照自然状况开采，产量仍将继续下降。为了确保油井在低速期的稳产，因此必须立足于治理挖潜。在一般情况下，油井进入低产期后，剩余含油厚度较小，主要裂缝水淹严重，含水率高，治理难度大，措施增油量较低。

例如任 228 井，该井于 1984 年 12 月进入低产期，剩余含油厚度只有 50.3m，日产油 16t，含水率 92.3%。进入低产期后曾于 1985 年 1 月进行卡酸措施；1985 年 6 月化学堵水；1987 年 8 月注水泥、酸化、转抽。通过这些治理措施使该井稳产 3 年零 9 个月，累计增产原油 16002t。目前日产油 22t，含水率 91.5% 还继续有效（图 4）。

又如任 50 井，该井 1983 年 8 月进入低产期，剩余含油厚度 57.9m，日产油量 18t，含水 82.9%。进入低速期后曾于 1983 年 9 月注水泥封水；1984 年 10 月化学堵水。通过这两次治理措施使该井稳产 4 年，累计增油 18379t（图 5）。

据 131 井次低产期油井治理挖潜效果统计，初期平均日增油 21t，增产幅度 81.7%，平均单井次增油 2339t，总累计增油 30.64×10⁴t。说明油井进入低产期后采取各类挖潜措施，发挥部分低渗透含油缝洞的生产潜力仍能获得一定的增油效果。

（二）下大泵或电泵生产，提高产液量，增大生产压差，有利于发挥低渗透缝洞的生产潜力

从 1987 年 1 月至 1988 年 11 月，共选择了 18 口中低渗透率油井下 250m³ 电泵生产，其中 17 口井增产效果较好。日产油量从 1017t 增至 1997t，日增油 980t，单井平均日增油 54t。油井生产压差从 4.12MPa 增至 8.46MPa，含水率基本稳定在 60% ~ 70%。截至 1988 年 11 月这些电泵井已累计增产原油 9.8×10⁴t。部分电泵井效果对比表见表 6。

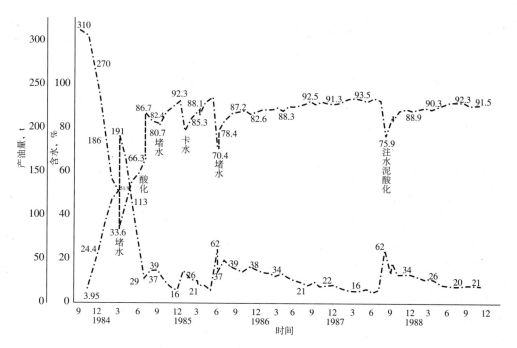

图 4　任 228 井产量、含水变化曲线

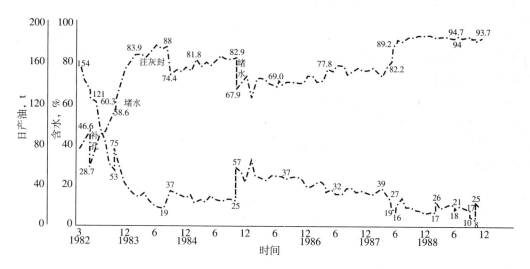

图 5　任 50 井产量、含水变化曲线

表 6　部分电泵井生产效果对比

井号	施工日期	措施前					措施后					初期日增 t	累计增油 t
		工作制度	日产油 t	日产水 m³	含水 %	生产压差 MPa	工作制度 mm	日产油 t	日产水 m³	含水 %	生产压差 MPa		
任 209	1987.4	套 8mm	72	39	35.4		潜 10	208	142	40.0		136	23458
任 213	1987.9	φ 83mm 3m/9 次	27	164	81.0	0.78	潜 8	110	164	59.7	8.11	83	25419

井号	施工日期	措施前					措施后					初期日增 t	累计增油 t
		工作制度	日产油 t	日产水 m³	含水 %	生产压差 MPa	工作制度 mm	日产油 t	日产水 m³	含水 %	生产压差 MPa		
任109	1987.6	φ83mm 2.6m/12次	69	160	69.9	3.80	潜10	129	199	60.7	7.72	60	5920
任317	1988.9	φ83mm 3m/8次	33	47	58.4	4.67	潜10	89	124	58.3	9.82	56	8033
任315	1988.2	φ83mm 2.6m/12次	53	91	63.1	5.22	潜8	99	175	63.8	7.26	46	6970
任66	1988.7	φ70mm 2.6m/9次	76	29	27.6	5.93	潜8	162	78	32.6	9.46	86	6720
任371	1988.7	φ83mm 2.6m/9次	52	69	57.1		潜8	118	179	60.3		66	9210
任340	1988.9	φ83mm 套10mm	51	75	59.7		潜10	125	240	65.7		74	2564
任221	1988.1	φ83mm 3m/8次	23	135	85.3	3.94	潜8	91	148	61.0	7.11	68	11160

例如任213井，这是一口低渗透缝洞油井，压力恢复曲线计算的渗透率0.057D，该井1986年7—12月由小压差自喷低产改为电潜泵大压差生产，产液量从72t/d提高到297t/d，产油量从36t/d增至125t/d，含水从49.8%上升到57.9%。1987年8月由于电潜泵坏改为抽油机生产，产液量降至141t/d，产油量降至27t/d，含水率升至81.0%，生产压差减至0.78MPa。1987年9月再次改为电潜泵生产，产液量增至274t/d，产油量增至110t/d，含水率降至59.7%，生产压差增至8.11MPa。从该井多次改变生产压差和产液量的资料对比，可以看出只有在大压差条件下，才能充分发挥低渗透含油缝洞的生产潜力。对比资料见表7。

表7 措施效果对比

对比阶段	时间	工作制度	日产液 t	日产油 t	日产水 t	含水 %	动液面 m	生产压差 MPa	采液指数	采油指数	采水指数
下电泵前	1985.11	套8mm	72	36	36	49.8	井口	0.94	76.6	38.3	38.3
下电泵后	1986.7	150m³电泵 5mm	155	71	84	54.2	—	—	—	—	—
	1986.12	250m³电泵 8mm	297	125	172	57.9	—	—	—	—	—
改抽油机	1987.8	φ83mm×3.0m/9次	141	27	114	81.0	井口	0.78	180.7	34.6	146.0
下电泵	1988.2	250m³电泵 8mm	294	98	196	66.7	740.9	8.11	36.3	12.1	24.2

今年9—10月，为了进一步观察提高油井产液量的效果，选择了3口缝洞发育较差的油井下φ110mm大泵生产，单井日产液量从131t提高到259t，日产油量从36t增至65t，含水率基本稳定，获得较好效果（表8）。

表 8 下大泵前后生产效果对比

井号	对比阶段	时间	工作制度	日产液 t	日产油 t	日产水 m³	含水率 %	动液面 m
任 7	放大前	1988.8	2.4m/9 次 φ83mm×590.92m	175	37	138	79.1	井口
	放大后	1988.9	2.4m/9 次 φ110mm×556.07m	280	50	230	82.1	91.0
任斜 1−3	放大前	1988.9	套 10mm	95	42	53	55.8	井口
	放大后	1988.9	2.6m/8 次 φ110mm×596.5m	270	95	175	64.7	井口
任 45	放大前	1988.9	2.2m/8 次 φ83mm×497.74m	122	29	93	76.4	52.8
	放大后	1988.10	2.2m/8 次 φ110mm×598.02m	226	50	176	77.8	211.18

（三）采用深抽的方法可以进一步发挥低渗透缝洞的生产潜力

今年以来在任九山头缝洞极不发育的 3 口低渗透油井，将泵挂深度加深至 1300m，日产油量从 8～29t 增至 20～45t，获得较好效果。例如任 359 井，该井长期以来由于油层缝洞不发育，渗透率低，供液能力很差，油井不能正常生产。今年 6 月将泵深从 803.8m 加深至 1303.53m，动液面从 816.9m 降至 1268.4m，日产油量从 7t 增至 18t，油井恢复正常生产（表 9）。

表 9 泵挂加深前后生产效果对比

井号	对比阶段	时间	工作制度	日产液 t	日产油 t	日产水 m³	含水率 %	动液面 m
任 359	加深前	1988.5	2.6m/8 次 φ70mm×803.8m	8	7	1	11.2	816.9
	加深后	1988.6	2.6m/8 次 φ56mm×1303.59m	20	18	2	11.7	1268.4
任 358	加深前	1988.9	3.0m/9 次 φ56mm×1082.39m	29	28	1	2.34	1082.47
	加深后	1988.10	3.0m/9 次 φ56mm×1310.4m	45	44	1	3.0	1084.1
任 266	加深前	1988.9	3.0m/8 次 φ56mm×990.79m	10	10	0	0	1100.5
	加深后	1988.10	3.0m/8 次 φ44mm×1297.55m	41	41	0	0	1278.9

（四）适量酸化改造可以提高低渗透缝洞油井的生产能力

缝洞不发育的低渗透油井，供液能力差，生产能力低。对这类井采用小酸量、低浓度进行改造，可以提高其生产能力。例如任 301 井今年 1 月采用小酸量酸化后，日产液量从 48t 提高到 129t，日产油量从 25t 增至 76t，含水率从 47.1% 降至 41.1%，目前已有效 9 个月，累计增油 9645t。

（五）有效封堵高渗透水淹缝洞，建立大压差生产，才能发挥高渗透缝洞油井中的低渗透含油缝洞的生产潜力

高渗透缝洞与低渗透缝洞共存，这是多数油井地下油层的客观情况。在高渗透缝洞已经水淹的条件下，要发挥低渗透含油缝洞的生产潜力，首先必须采用高强度堵剂有效地封堵主要产水裂缝，然后才能建立起大压差开采。

由于以往堵水采用的有机堵剂已不能适应目前油藏水淹状况和大压差抽油生产的需要，因此今年来研制了新型高强度堵剂，即有机、无机复合堵剂和无机堵剂。这些堵剂经过现场试验，已在部分高渗透油井中获得了较好的增油降水效果。

例如任 11 井，这是一口位于任十一山头的高渗透缝洞油井。今年 6 月采用石灰乳堵剂进行堵水试验，堵水后日产液量从 310t 降至 179t，日产油从 25t 增至 124t，日产水从 285m³ 降至 55m³，含水率从 92.1% 降至 30.7%，生产压差从零增至 5.62MPa，至 1988 年 10 月已有效 5 个月，累计增油 2652t。堵水前后对比数据见表 10。

表 10　任 11 井堵水前后生产情况

对比阶段	时间	工作制度	日产液 t	日产油 t	日产水 m³	含水率 %	动液面 m	生产压差 MPa	采液指数	采油指数	采水指数	累计增油 t
堵水前	1988.6	无嘴自喷	310	25	285	92.1	井口	＜0.1	—	—	—	—
堵水后	1988.6	2.6m/12 次 φ70mm×787.28m	179	124	55	30.7	283.45	5.62	31.85	22.06	9.79	90
	1988.7	2.6m/12 次 φ70mm×787.28m	177	77	100	56.7	127.10	3.40	52.06	22.65	29.41	1485
	1988.8	2.6m/12 次 φ70mm×787.28m	181	43	138	76.2	116.20	2.50	72.40	17.20	55.20	2043
	1988.9	2.6m/12 次 φ70mm×787.28m	183	36	147	80.5	101.60	2.11	86.73	17.06	69.69	2373
	1988.10	2.6m/12 次 φ70mm×787.28m	185	34	151	81.8	井口	—	—	—	—	2652

又如任 337 井，位于任七山头中块，属高渗透油井。今年 11 月采用石灰乳堵水后，日产油量从 20t 增至 101t，含水率从 90% 降至 58%，获得了较好的封堵效果。

再如任 377 井，该井属中高渗透性油层，揭开厚度 127m，目前剩余含油厚度 85.4m。今年 4 月采用卡酸措施进行纵向上剖面调整，未能获得治理效果。11 月采用石灰乳堵水并结合小酸量低浓度酸洗措施却获得显著的治理效果。日产油量从 28t 增至 155t，含水率从 87.2% 降为零，堵水后已生产 20 余天，生产状况稳定。生产情况见表 11。

表 11　任 377 井措施前后生产情况

对比阶段	时间	工作制度 mm	日产液 t	日产油 t	日产水 m³	含水率 %	初期日增 t
卡酸前	1988.4	8/10	210	43	167	79.4	—
卡酸后	1988.4	8/10	264	37	227	85.8	0
堵水前	1988.11	8/10	209	28	181	87.2	—
堵水后	1988.12	油管 7	155	155	0	0	127

据任 208 井和任 15 井在井下取得的堵剂样品来看，石灰乳堵剂在高温高压下是能够固化的，其孔隙高达 35.6% ~ 50.6%，空气渗透率只有 0.001 ~ 0.015D，证明这种无机堵剂对封堵高渗透出水缝洞强度大，而且很经济。

封堵高渗透出水缝洞的试验获效表明，在油藏内部由于高渗透出水缝洞的干扰，严重抑制了低渗透含油缝洞的生产潜力。在这种条件下，只有有效地封堵高渗透水淹裂缝，才能建立起大压差发挥低渗透含油缝洞的生产潜力。

（六）油层缝洞不发育，断层封闭和低渗透致密层的阻隔是控制油水界面低值区的内在地质因素

近两年来，由于对潜山油藏内部的非均质性和开发动态差异性认识的不断加深，我们采用在油藏低渗透缝洞区、油水界面滞后区补钻调整井的措施，以提高油藏的波及程度，增加产量，减缓递减。1987 年至 1988 年在以上井区共钻调整井 10 口，累计生产原油 24.37 × 10⁴t，获得较好的效果。分井情况见表 12。

表 12　调整井分井情况

井号	油井类别	投产日期	层位	生产井段 m	裸眼厚度 m	井底距油水界面 m	初期生产情况					
							工作制度	日产液 t	日产油 t	含水 %	油压 MPa	套压 MPa
任 301	低渗透	1987.5	2w1	2633.5 ~ 2685.0	51.50	206.93	油管 8mm	111	84	24.4	1.20	2.30
任 312	低渗透	1987.7	2w1	2701.6 ~ 2751.8	50.22	133.03	2.6m/8 次	41	61	46.0	0.60	0.00
任 394	低渗透	1988.8	2w1.2	2826.7 ~ 2870.0	43.26	12.33	2.6m/8 次	90	88	2.5	0.51	0.45
任 361	低渗透	1988.10	2w5.6	3043.9 ~ 3202.0	158.11	−65.92	油管 8mm	162	162	0.0	2.00	2.04
任 357	低渗透	1987.5	2w4.5	2989.0 ~ 3004.0	射 15.0	55.45	2.6m/9 次	69	69	0.0	1.28	0.00
任 390	低界面	1987.5	2w4	3204.5 ~ 3220.0	15.50	−84.27	油管 8mm	123	123	0.0	1.52	1.65
任 391	低界面	1987.11	2w4	3176.0 ~ 3200.0	24.00	−70.17	油管 10mm	190	172	9.49	0.98	1.20
任 392	低界面	1987.11	2w5	3277.98 ~ 3275.0	47.02	−145.87	油管 10mm	312	301	3.54	2.95	4.30

井号	油井类别	投产日期	层位	生产井段 m	裸眼厚度 m	井底距油水界面 m	初期生产情况					
							工作制度	日产液 t	日产油 t	含水 %	油压 MPa	套压 MPa
任342	低界面	1988.10	2w5	3220.16～3259.0	38.84	-145.57	油管 8mm	193	168	12.9	2.70	4.00
任398	低界面	1988.5	2w7-9	3133.0～3313.0	180.00	-190.57	油管 8mm	180	124	30.9	2.12	2.60

通过对低界面油井的地质资料的综合研究，初步认为低界面的成因有以下三种：

（1）油层缝洞不发育，渗透率低，累计采油量少。

任203、观9井低值区即属此类。该井区揭开层位为雾一、雾二油组，油层缝洞极不发育，压力恢复曲线计算的油层渗透率为0.0026～0.0046D。油井产量低，平均单井日产液量仅58t，井区累计采油量只有 8.4×10^4t，属典型的低渗透缝洞油井。这类井区由于波及程度低，因此目前油井仍处于低含水采油期，而同深度的高渗透缝洞油井却早已是高含水了。

（2）任西大断层的封闭及泥质白云岩段的阻隔。

任27、任398井低值区即属此类。该井区西侧被任西断层切割并形成封闭，东侧被北东向倾没并在上倾方向和任西断层相交的雾八组低渗透泥质白云岩集中段阻隔，在任西断层附近雾九油组的内幕高形成低界面含油层段。该层段的顶深已低于观察井油水界面145.77m。1988年5月任398井封隔器卡水后获日产124t的高产油流（图6、图7）。

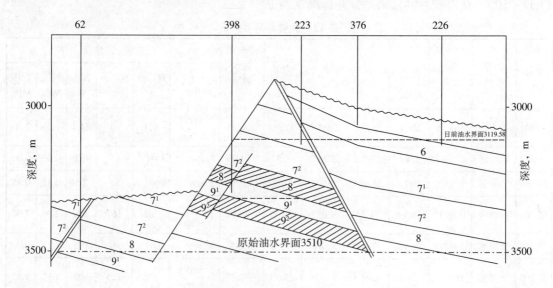

图6 任398井构造剖面图

（3）低渗透侵入岩的阻隔。

任392、任342井即属此类。该井区继去年任392调整井获效后，今年又补钻了任342井。根据录井资料分析，该井在井深3273m至3450m见一套辉绿岩。据任5井该地层取心分析，其孔隙度为5.09%～11.55%，渗透率小于0.001D。初步分析认为该低值区的形成与

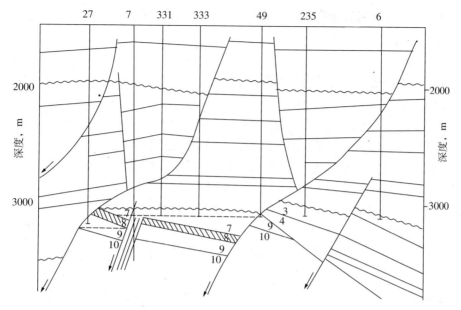

图7　任27-6井构造剖面图

低渗透侵入岩的阻隔有关。任32井投产时生产井段为3220.16～3259m，已低于任观5井油水界面106.7～145.6m，仍获得初期日产油168t，含水率12.9%的好效果。

正确认识油水界面低值区的内在地质因素，为油藏今后调整井的部署明确了挖潜方向，提供了可靠的地质依据。

1987年至1988年，两年来在油藏全面开展三低油井治理，共进行各类挖潜措施171地质井次，补钻调整井10口，总累计增产原油87.0472×10⁴t。其中在中低渗透油井上进行治理措施128井次，累计增产原油53.3421×10⁴t；在高渗透油井上发挥低渗透含油缝洞的潜力，进行治理措施43井次，累计增产原油9.3359×10⁴t；在低渗透井区、油水界面低值区部署调整井10口，累计产油24.3692×10⁴t。

两年来三低油井治理挖潜的实践表明，在油藏高渗透缝洞基本水淹的情况下，以三低油井为挖潜重点，进行裂缝系统调整的方向是行之有效的。这对减缓油藏产量递减，提高油藏的波及程度，都起到了积极的作用，并为油藏后期的治理挖潜摸索了有益的经验。

四、油藏今后治理挖潜意见

（一）治理原则

继续坚持以三低油井为治理挖潜重点，搞好油藏裂缝系统的调整，充分发挥低渗透含油缝洞的生产潜力。在此前提下，逐步实现以下6个转移：

（1）治理的重点由剖面的调整向裂缝系统的转移；

（2）开采的对象由高渗透缝洞为主向中、低渗透缝洞为主转移；

（3）治理的措施由封、卡、酸为主，向堵、抽为主转变；

（4）油井的开采压差从小压差向大压差转变；

（5）油井的生产方式从自喷开采向抽油生产转变；

（6）中、低渗透缝洞的开采从油井井点向整个油藏转化。

（二）治理措施

（1）低渗透缝洞油井主要采用三项措施：

①加深泵挂深抽，增大生产压差。

②下 ϕ 110mm 大泵和电泵，提高产液量，降低动液面，增大生产压差。

③适量进行酸化改造，一般采用低浓度、小酸量以提高低渗透缝洞的生产能力。

（2）高渗透缝洞中的低渗透含油缝洞，这是今后治理挖潜的主攻方向，也是难度很大的治理项目，其主要措施是：

①采用以无机堵剂和复合堵剂为主的工艺技术，封堵出水缝洞，提高封堵强度，降低作业成本。

②根据出水缝洞的封堵情况，再按低渗透缝洞油井的治理措施，发挥堵水效益，提高增油量。

（3）钻遇油水交错的油井，采用裸眼耐酸多功能封隔器找卡水，发挥低界面含油层段的生产潜力。

（4）在低渗透井区、油水界面低值区以及油水交错分布的低界面含油层段继续补钻调整井，提高油藏动用程度，改善开发效果，减缓产量递减。

（5）在油井产出水淡化比较严重地区相对应的注水井中，进行挤堵调剖、控制注水或改变注水层位等试验工作，调整注入水的运动方向，提高注入水波及体积。

（三）对工艺技术的要求

（1）尽快解决高渗透缝洞的封堵技术。这是今后油藏治理成败的关键。其具体要求是，堵剂要逐步定型；封堵的强度要适应大压差（5～10MPa）抽油生产；封堵半径要大；堵剂配制简单，施工安全，成功率高；施工成本低。

（2）发展大排量的抽油技术，以适应开发中后期强化开采的需要，主要发展 ϕ 110mm 大泵和 250m³ 电泵。具体要求是：单井产液量提高到 200～300t；井下工具要配套；检泵周期达到半年至一年以上。

（3）完善中、小泵的深抽技术，以适应低渗透缝洞低产油井生产的需要，要求泵径达到 44～56mm，抽深达到 1500～2000m，检泵周期一年以上。

（4）完善裸眼井和射孔完成井的找、卡水技术，适应 6in 裸眼和 5¹/₂in 套管的卡水、卡酸多功能封隔器。

（5）完善全井和分段改造技术。主要是指低渗透致密层的酸化和酸压改造。

潜山油藏后期开发的潜力分布及挖潜方法❶

刘仁达

（1993 年 12 月）

一、潜山油藏目前开发的基本状况

华北油田第一采油厂所管辖的 6 个潜山油藏，经过 10 多年的开采目前已进入后期开发阶段，其基本状况是：采出程度高，已采出地质储量的 16.72% ~ 26.69%，采出可采储量的 77.87% ~ 95.98%；水淹程度高，水淹体积已达 90% 以上；综合含水高，已达到 61.4% ~ 97.2%；水油比高，达 1.59 ~ 35.31；单井产油量低，平均 1.4 ~ 30.8t/d；采油速度低，地质储量采油速度 0.04% ~ 0.7%；剩余可采储量少，只有 3.5×10^4 ~ 698.9×10^4 t。

二、潜山油藏后期开发的基本特点

潜山油藏进入高含水开发阶段后，油藏开发具有两个显著特点。

第一个特点是：高渗透缝洞系统的驱替效果明显变差，裂缝系统内部压差干扰更加严重。裂缝性潜山油藏进入后期开发后，高部位油井正逐步从油井水淹向油层水淹过渡，油井的驱替已从油带水逐渐转变为水带油和水洗油的过程，因此必然会出现单井产油量低、产水量高、水油比高、驱替效果变差的现象。据华北油田勘探开发研究院统计，任丘雾迷山组油藏的注水利用系数低含水期为 0.89，中含水期为 0.58，高含水期为 0.2。潜山油藏内部与大缝洞相连通的低渗透含油缝洞和集中分布于潜山顶部的低渗透含油段，由于受到水淹大缝洞的压差干扰，其生产潜力发挥较差，这一观点已在油井取心资料和卡水、堵水资料中得到证实。

第二个特点是：油藏内部裂缝系统油水分布复杂，潜力分布零星，挖潜难度很大。

对块状底水油藏来说，在开采过程中观察井目前测得的油水分界线以上的油藏范围内已经不是一个除水锥外完整的纯油带，而是一个被复杂化了的油水混杂带。在这个带内高渗透大缝洞系统已基本水淹，但仍含有一定的零星分布的可动油；中等含油缝洞含水相对较低，是当前挖潜的重点；低渗透微细裂缝波及程度较差，含油状况较好，是挖潜的主攻方向。

对带层状特点的块状边水油藏来说，油水分布主要受部位控制，断块单元的边部和腰部已基本水淹，油层上倾方向的顶部还存在有含油较好的潜力段但分布范围已经很小。

---

❶参加人：于俊吉、赵书怀。

三、潜山油藏后期开发的油水分布及潜力分析

（一）潜山底水油藏开发过程中主要裂缝系统油水分布的演变

潜山块状底水油藏开发初期：油井井距大，单井产量高，油井在压差作用下井底油水界面上形成水锥。油水分布比较单一，观察井油水界面以上确实存在一个除水锥外的纯油带。

潜山块状底水油藏开发中期：多数油井已开始水锥见水。油藏进入中含水期生产，油井含水率的高低主要受井底深度控制，两者之间具有明显的变化关系即井底位置低的见水井含水率较高，井底位置较高的见水井含水率较低。在这个阶段内的高含水油井主要是水锥进入裸眼段底部的主产层或油水界面淹过裸眼段下部的主要缝洞段，在油井裸眼段的中部或上部还存在有纯含油段。因此对这些井采取卡水、卡酸、堵水等措施增油降水的效果十分明显。油藏高部位油井之间存在着锥间纯油带，在这些部位补钻调整井效果显著，多数调整井获高产无水油流，对油藏产量接替起到重要作用。

潜山块状底水油藏开发后期：油藏进入高含水期生产，油井含水率的高低已经不受井底深度控制，出现杂乱分布的现象。高含水油井裸眼井段中基本上没有纯含油段，挖潜难度很大。油藏顶部井距较小（250～300m）高部位高含水油井之间主要裂缝系统已基本水淹，调整井的效果明显变差。

下面用任七山头和任十一山头各阶段所钻调整井及典型措施井的生产资料来说明以上观点。

1. 任七山头调整井资料

1980年至1983年该山头正处于低含水期开采阶段，在此期间共钻调整井43口，其中除5口射孔完成井进行分段试油外，其他38口裸眼完成井中有35口井（占92.1%）投产时获高产无水油流，只有2口调整井（任318、任314井）因钻开程度高，井底深度已接近于油水界面所以投产就低含水。

1984年至1986年，该山头处于中含水期开采阶段，在此期间共钻调整井23口，其中除5口井（任380、任373、任376、任378、任384井）因揭开程度高，井底位置已低于油水界面或井底距油水界面的距离小于水锥高度投产就含水外，其余18口调整井投产初期均获高产无水油流。

1987至1989年，该山头已进入高含水期开采阶段，此期间在油藏高部位共钻调整井20口，其中有15口井（占75%）投产已含水较高。

例1 1985年钻的调整井任385井，揭开厚度53m，揭开程度50.2%，剩余含油高度105.63m，井底位置高于油水界面52.63m。1985年6月9日投产，初期日产无水油233t。

例2 1986年钻的任375井，揭开厚度53.0m，揭开程度42.5%，剩余含油高度124.68m，井底位置高于油水界面71.68m。1986年12月6日投产，初期日产无水油233t。

例3 1987年钻的任367井，揭开厚度43.82m，揭开程度39.3%，剩余含油高度111.63m，井底位置高于油水界面67.81m。1987年7月14日投产，初期日产油95t，含水71.9%。

例 4 1988 年钻的任 355 井，裸眼井段 3034.17～3160.0m，裸眼厚 125.83m，按观 2 井油水界面 3102.57m 计算，剩余含油厚度 70.57m。该井主要缝洞段位于进山顶部，层位雾五油组底部，井深 3032～3069m，钻井过程共漏失钻井液 1267m³，1988 年 9 月 4 日投产，初期日产油 4t，含水高达 98.5%。

例 5 1990 年初完钻的任斜 403 井。该井钻开裸眼井段 2902.88～3372.61m（垂深），裸眼厚度 469.73m，本井完钻后从下至上进行分段试油情况如下：

第一层试油：1990 年 2 月 4 日至 2 月 21 日，封隔器卡点深度 3231.28m，对下层 3231.28～3372.61m 酸化后抽汲求产，共产水 18.8m³。

第二层试油：1990 年 2 月 21 日至 3 月 1 日，打水泥塞实探水泥面深度 3081.56m，按观 2 井油水界面 3100.67m 计算，水泥面深度高于油水界面 19.11m，全井剩余含油厚度 197.79m，对 2902.88～3081.56m 抽汲求产，共产水 37m³，见少量油花。

第三层试油：1990 年 3 月 1 日至 3 月 18 日，下封隔器于井深 2996.87m，对 2996.87～3081.56m 抽汲求产，共产液 26m³，含油约 30%。

从该井分段试油资料看出，全井只在雾七油组顶部产高含水油外，其他井段全部产水。

2. 任十一山头调整井资料

1981 年至 1985 年，任十一山头主要处于中含水期开采阶段，在这期间所钻的 13 口调整井，其中除任 309 井部位过低，井底深度已低于油水界面 291.22m 投产就高含水外，其他 12 口井中有 9 口井获高产无水油，3 口井获高产低含水油。例如任 308 井，该井揭开厚度 43.0m，揭开程度 23.2%，井底位置高于观 1 井油水界面 142.64m，剩余含油高度 185.64m，1983 年 4 月 7 日投产，初期日产无水油 209t。

1986 年至 1988 年，任十一山头已进入高含水中期，这期间所钻的 5 口调整井出现以下几种情况：

第一种情况：钻遇缝洞发育油层。这类井 2 口（任 311、任 305），揭开厚度 96.0～98.43m 揭开程度 42.5%～39.7%。按观 1 井油水界面计算，井底深度高于界面 135.33～151.67m，剩余含油高度 235.33～251.67m，投产后效果很差。任 311 井 1986 年 9 月 16 日投产，9 月 17 日选值日产油 14t，含水 87.8%；任 305 井 1987 年 12 月 20 日投产，21 选值日产油 1t，含水 96.9%。

第二种情况：钻遇中等缝洞油层。这类井 2 口（任 301、任 302 井），揭开厚度 54.0～52.16m，揭开程度 20.7%～28.2%。按观 1 井油水界面计算，井底深度高于界面 200.93～133.03m，剩余含油高度 260.93～185.19m。这两口井分别于 1987 年 5 月和 7 月投产，初期日产油 100～50t，含水 25.0%～11.7%。

第三种情况：钻遇低油水界面区内的低渗透缝洞油井。这类井 1 口（任 394 井），该井揭开厚度 46.0m，按观 1 井界面计算，井底只高于界面 12.33m，剩余含油厚度 58.33m。1988 年 8 月 7 日投产，初期日产油 88t，含水率 2.5%。

由任七山头和任十一山头历年所钻的调整井资料证明，在中含水期潜山高部位油井之间确实存在有锥间纯含油带，在这些锥间部位钻的调整井产油量高，无水或低含水。油藏进入高含水期以后，主要裂缝系统油水的分布发生了很大变化，高部位含水油井之间钻遇缝洞发育的油层投产就高含水；钻遇缝洞不甚发育的中、低渗透油层则产油量较高，含水率低。在整个油藏范围内主要裂缝系统已基本水淹。

此外，位于任十一山头高部位的任205井长期关井无任何压锥效果也是这一观点的证据。该井于1987年7月水淹关井，关井前抽油生产，日产液254t含水100%。水淹停产时按观1井油水界面计算，剩余含油厚度276.83m。1992年3月24日开井，抽油生产，日产液98t，日产油0.5t，含水99.5%，剩余含油厚度232.13m。该井水淹后关井时间长达1716天，开井后却无任何压锥效果。由此可见，油藏开发后期用观察井测得的油水界面来分析油田动态和制定挖潜措施，对主要裂缝系统来说已不符合地下的真实情况。

3. 任35井历次措施资料

该井钻开裸眼井段3077.63～3214.88m，裸眼厚度137.25m，本井从投产至目前共进行过5次挖潜措施：

第一次措施：1985年12月采用封隔器卡酸上层，卡点深度3144.74m，按观5井油水界面3188.13m计算，全井剩余含油厚度111.63m，卡点以上含油厚度68.24m，卡点距油水界面43.39m，油水界面已淹过井底26.75m，裸眼厚度的水淹比例为19.5%。卡酸前套管 ϕ 10mm，日产油196t，含45.9%。卡酸后套管 ϕ 10mm/油管 ϕ 10mm合采，日产油高达700t，含水降为零，无水期226天，措施有效期516天，累计增油19.3680×10⁴t，本次卡酸效果很好。

第二次措施：1986年6月上提封隔器位置卡酸上层，卡点深度3100.12m，按观5井油水界面3131.98m计算，全井剩余含油厚度55.48m，油水界面淹过井底82.9m，裸眼厚度的水淹比例为60.4%，卡点以上含油厚度23.62m，卡点距油水界面31.86m。措施前套管 ϕ 12mm/油管 ϕ 9mm合采，日产油246t，含水57.1%。措施后同工作制度日产油增至317t；含水率降至47.7%，本次措施有效期仅两个多月，累计增油3278t。

第三次措施：1987年11月再次上提封隔器位置卡酸上层，卡点深度3089.74m，按观5井油水界面3129.13m计算，全井剩余含油深度52.63m，油水界面淹过井底85.75m，裸眼厚度水淹比例62.5%，卡点以上含油厚度13.24m，卡点距油水界面39.39m卡酸前套管 ϕ 12mm，日产油120t，含水69.2%，卡酸后套管 ϕ 10mm，日产油106t，含水升至73.5%，本次措施无效。

第四次措施：1990年7月采用水泥石灰复合堵剂堵水，堵水后水泥面深度3088.62m，裸眼厚度只剩下10.99m，按观5井油水界面3106.18m计算，全井剩余含油厚度29.68m。堵水前套管 ϕ 10mm/油管 ϕ 10mm合采，日产液237t，日产油9t，含水96.3%，堵后抽油生产，日产液146t，日产油7t，含水95.5%，本次堵无效。

第五次措施：1993年4月采用有机堵剂堵水后换大一级泵生产，措施前日产液101t，日产油4t，含水96%，措施后日产液135t，日产油6.8t，含水95%，本次堵水效果亦不明显。

从该井历次措施可以看出，油井处于中含水期时，裸眼段中部和上部还具有厚度较大的纯油段，因此挖潜效果很好。油井进入高含水期和特高含水期，挖潜措施的效果明显变差甚至无效，证明裸眼段主要裂缝系统已经水淹。

4. 任15井历次措施资料

该井裸眼井段2981.6～3191.02m，裸眼厚度209.42m，本井共进行4次挖潜措施：

第一次措施：1983年3月裸眼封隔器卡水，卡点深度3146.06m，按观2井油水界面3226.63m计算，剩余含油厚度246.13m，卡点以上含油厚度165.56m，卡点高于界面80.57m（水锥高度81m）。卡前套管 ϕ 10mm生产，日产油175t，含水50.1%，卡后同工作制度日产油 245t，含水降至 34.8%，本次卡水由于卡点位置较低，因而有效期较短。

第二次措施：1984 年 2 月注水泥酸化，水泥面深度 3040.66m，按观 2 井油水界面 3191.20m 计算，全井剩余含油厚度 210.7m，水泥面以上含油厚度 59.06m，水泥面距油水界面 150.54m。注水泥前油管 ϕ 10mm，日产油 24t，含 87%，注水泥后同工作制度日产油升至 267t，含水降为痕，无水期 229 天，有效期 2 年 10 个月，累计增油 17.9039×10⁴t，本次措施效果十分显著。

第三次措施：1987 年 2 月有机堵水，堵水井段 2981.6 ~ 3040.66m，按观 2 井油水界面 3107.88m 计算，剩余含油厚度 127.38m，水泥面距界面 67.22m。堵前油管 ϕ 10mm 日产油 83t，含水 52.8%，堵后初期同工作制度日产油增至 180t，含水降至 32.3% 有效期 180 天，累计增油 3530t。

第四次措施：1988 年 8 月水泥石灰复合堵剂堵水。按观 2 井界面 3101.17m 计算，剩余含油厚度 120.67m，堵水后水泥面深度 2990.6m，水泥面距油水界面 110.57m。堵前电泵生产日产油 19t，含水 95%，堵后改管式泵生产，日产油 24t，含水 86.4%，本次堵水有效期很短。

从该井 4 次措施看出，裸眼井段下部的主要缝洞段水锥见水后，会使油井过早出现高含水，此时在水锥高度以上的裸眼厚度中仍具有厚度较大的纯油段。该井进入高含水后期，按观察井油水界面计算还有较大的剩余含油厚度而油井的治理效果却明显变差，即使把井底位置抬升至进山顶部也未获得很好的效果，证明油井裸眼井段已经没有纯含油段，主要裂缝已经水淹。

（二）不同渗透性油层油井水淹的基本规律

不同缝洞类型的油层其水淹规律是不同的，搞清各类缝洞的水淹规律，对认识当前地下潜力有重要意义。

1. 高渗透缝洞油层水淹过程的特点

（1）油井见水至高含水中期（80%）：历时短，一般在一年至一年半时间，最长不超过两年；含水上升速度快，月上升 5% ~ 10%；产油量递减快，月减 10% 左右，一口高产油井的产量主要在这个阶段被衰减。

（2）高含水后期至特高含水期：历时长，含水上升速度缓慢，水油比高，产油在低水平缓慢递减。

例如任 227 井，该井 1982 年 4 月投产，初期产量高，套管 ϕ 10mm 日产油 411t 不含水，生产压差 0.6MPa，为缝洞发育井。1983 年第二次见水至 1985 年 2 月为产量快速递减期，历时 1 年 2 个月，含水上升至 81.4%，平均月上升 5.6%，产油量从 236t 降至 27t，月递减 14.3%。1985 年 2 月以后进入产量缓慢递减阶段至 1993 年 10 月已历时 8 年 5 个月，含水逐渐升至 94.9%，平均月上升 0.13%，产油量降至 5.5t，月递减 1.56%，水油比从 4.4 升至 18.6。

2. 中等缝洞油层水淹过程的特点

这类油层从见水至高含水历时很长，含水上升速度比较慢，整个含水上升过程无明显的阶段性，产油量递减速度比较小。

例如任 210 井。该井裸眼井段 2952.57 ~ 3083.0m，裸眼厚 137.43m，钻井过程无漏失。1979 年 9 月投产，初期套管 ϕ 10mm 日产油 199t，含水痕，生产压差 2.41MPa。从该井钻井资料和生产资料都反映出中等缝洞的特点。1980 年 11 月见水至 1993 年 10 月历时 12 年 11 个月，含水从 0.41% 逐渐升至 73.2%，平均月上升 0.47%，含水上升无明显阶段性。产油量从 276t 降至 39.5t，月递减 1.25%。

又如任 209 井。该井 1983 年 1 月注水泥后生产井段为 2798.04～2850.71m，水泥面以上裸眼厚 52.67m，该层段钻井过程漏失量仅 7.6m³，初期套管 ϕ 8mm 日产油 193t，生产压差 2.6MPa。从电性资料和生产动态均反映出中等缝洞的特点。该层段于 1983 年 10 月见水至 1993 年 10 月已历时 10 年，含水逐渐升至 77.8%，平均月上升 0.65%，产油量从 161t 降至 63t，月递减 0.87%。

3. 低渗透微细裂缝油层水淹过程的特点

这类地质条件的井很少，含水还不高，含水上升的全过程目前还不够清楚，从现有资料分析它的主要特点是：产油量低，启动压差很大，含水率上升速度很慢。产油量下降亦很慢。

例如任 203 井。该井为典型的低渗透缝洞油井，1980 年 8 月投产，抽油生产日产油 45t。后因低温低产于 1981 年 1 月停产。1987 年 7 月恢复生产，日产液 34t，日产油 32t，含水 6.8% 至 1993 年 10 月已历时 6 年 2 个月，目前日产液 45t，日产油 36t，含水率 19.9%，含水月上升 0.17%，产油量稳定，动液面在 1100～1200m。

又如任 323 井。该井 1989 年 1 月采用石灰乳无机堵剂进行堵水后，绝大部分裸眼井段被堵剂失水沉淀所封埋，只剩下进山顶部 3.13m 的低渗透缝洞油层，初期日产油 37t，生产压差高达 12.86MPa，含水 1.4% 而且上升很缓慢。

从不同渗透性缝洞油层的水淹过程可以定性地看出：大缝洞油层的水淹过程很快，产油量的衰减亦很快；中等缝洞油层的水淹过程时间长，含水上升比较慢，产油量递减比较慢；低渗透微细裂缝油层的水淹过程很长，含水上升很缓慢，产油量在低水平基本稳定。由此可见，油藏进入高含水期后，大缝洞油层已经水淹，中等缝洞是目前挖潜的重点，低渗透微细裂缝是挖潜的主攻方向。

（三）高、中渗透缝洞油井油层水淹的基本规律

从油井水淹至油层水淹是裂缝性非均质底水油藏开发的必然趋势。根据大量水淹井资料分析，高、中渗透缝洞油井油层水淹基本特点是：

（1）油井水淹超前于油层水淹。油井见水至第一次水淹主要是裸眼井段下部主产缝洞的水淹，此时被水淹的裸眼厚度比例一般小于 50%，或水锥进入裸眼井段的高度超过主产层。由于裸眼段下部主产缝洞水淹造成的压差干扰，使得裸眼段上部含油段的生产能力得不到发挥。

（2）从油井水淹发展至油层水淹反映了油井纵向上的水淹过程及剖面调整的全过程，这个过程需要进行多次措施才能完成，能够获得相当的措施增油量，但其效果一次比一次变差。

（3）油井的剩余含油厚度与该井见水时的水锥高度相接近时，在整个裸眼段内主要裂缝系统基本水淹，只要油井还有一定的剩余含油厚度，不论其含水多高都不属于油井油层水淹。

（4）油水界面接近或淹过油井潜山顶深而出现的特高含水，反映了油层大、中缝洞的水淹，应属油层水淹井。

（5）潜山部位较低的油井目前已进入了油层水淹阶段，而高部位油井正逐步向油层水淹过渡。已进入油层水淹的特高含水井应继续进行水洗油以提高其驱油效率。油层水淹井还应进一步研究如何发挥微细裂缝的生产潜力。下面用几口典型井来说明以上观点。

例 1 任 244 井。该井裸眼井段 3027～3280.38m，裸眼厚 73.38m。1984 年 2 月观 5 井油水界面升至 3236.4m，全井剩余含油厚度 49.4m，水淹裸眼厚度 23.98m，占裸眼总厚的 32.7%，裸眼段下部的主产层已被水淹。全井生产，日产油降至 27t，含水率高达 89.4%，生产压差 0.098MPa。1984 年 3 月注水泥封水，水泥面深度 3235.64m，按观 5 井油水界面 3255.5m 计算，全井剩余含油厚度 48.5m，水泥面以上裸眼厚度 28.64m，水泥面位置高于油水界面 19.86m。注水泥后 1984 年 4 月生产资料，套管 ϕ10mm，日产油 236t 不含水，生产压差 2.36MPa，本次措施有效期 1 年 2 个月，累计增油 57684t。

1985 年 4 月又进行第二次注水泥封水，水泥面深度 3218.56m，水泥面以上裸眼厚 11.56m，按观 5 井油水界面 3218.98m 计算，全井剩余含油厚度 11.98m（按完钻时的裸眼厚度计算，水淹厚 61.4m，占裸眼总厚的 83.6%），注水泥前后对比，日产油从 62t 增至 184t，含水从 49.2% 降至 44.1%，有效期 3 个月，累计增油 2903t。本次措施后至 1984 年 8 月观 5 井界面升至 3210.89m，剩余含油厚度 3.89m（按完钻裸眼厚度计算，水淹厚度 69.49m 占 94.5%），产油量降至 19t，含水率升至 91.2% 进入油层水淹并于 1986 年 11 月水淹关井。

例 2 任 50 井。该井裸眼井段 2877.0～2999.14m，裸眼厚 122.14m。1982 年 3 月投产时因井底深度已低于观 1 油水界面 18.11m，投产即含水 37.5%，1983 年 1 月按观 1 井油水界面 2944.72m 计算，剩余含油厚度 67.72m，水淹裸眼厚度 54.42m，占裸眼总厚的 44.56%，日产油量降至 35t，含水率升至 80.4%，油井进入高含水后期生产。

1983 年 9 月按观 1 井油水界面 2935.53m 计算，剩余含油厚度 58.53m，水淹裸眼厚 63.61m、占裸眼总厚的 52.07%，采用注水泥封水，水泥面深度 2936.76m，注水泥前后生产对比，日产油从 18t 升至 36t，含水从 88% 降至 74.1%，有效期 13 个月，累计增油 4059t。

1984 年 10 月按观 1 井界面 2913.47m 计算，剩余含油厚度 36.47m，水淹原始裸眼厚 85.67m，占裸眼总厚的 70.14%。采用塑料球堵水效果较好，堵水前后对比，日产油从 25t 增至 57t，含水率从 82.9% 降至 67.9%，有效期 31 个月，累计增油 14320t。

1987 年 5 月按观 1 井油水界面 2891.93m 计算，剩余含油厚度 14.93m，水淹原始裸眼厚 107.2m，占裸眼总厚的 87.8%，采用有机堵水无效，1987 年 6 月油井含水升至 91.5% 进入特高含水期，油井进入油层水淹。

1992 年 2 月观 1 井油水界面 2842.93m，已淹过该井裸眼顶深 34.07m，日产油降至 11t，含水率升至 92.1%。为了探索潜山顶部低渗透风化壳的潜力，采用高强度石灰乳无机堵剂堵水，堵后灰面深度 2901.39m，灰面以上裸眼厚度 24.39m，堵后测吸水指数基本不吸水，后用浓度 15.58% 的盐酸 6m³ 进行酸化改造，堵酸前后对比，日产油从 11.3t 增至 56.7t，日产水从 131.7m³ 降至 33.7m³，含水从 92.1% 降至 37.2%，本次措施已有效 1 年 9 个月，累计增油 1.1148×10^4t。

例 3 任 377 井。该井钻开裸眼井段 3035.58～3160.0m，裸眼厚 124.42m，揭开雾七油组下部和八油组上部地层，主要缝洞发育段位于裸眼段下部雾七组底部。该井 1987 年 5

月投产即见水，至 1988 年 11 月观 8 井油水界面 3118.38m，淹过井底 41.62m（主产层被水淹），裸眼厚度水淹比例为 33.45%，全井生产日产液 209t，日产油 30t，含水率 85.7%。

1988 年对该井进行石灰乳堵水，堵后灰面深度 3062.42m，灰面以上裸眼厚度 26.85m，灰面高于油水界面 55.95m，对灰面以上井段小酸量酸化后油管 ϕ7mm，日产油 155t，含水 0.38%。本次措施效果很好。

例 4 任 323 井。该井钻开裸眼井段 2946.53 ～ 3010.0m，裸眼厚 63.47m，主要缝洞段位于裸眼段下部。1989 年 1 月观 2 井油水界面 3099.07m，尚低于裸眼段底深 89.07m，但水锥进入裸眼段的高度为 31.3m（见水时水锥高度 120.37m），占裸眼总厚的 49.3%，已超过主产层位置，油井日产油降至 11t，含水率升至 84.1%。

根据以上对油井水淹和油层水淹的分析，并以 1993 年 11 月观察井油水界面资料为计算依据，对全油藏开井的 151 口井中有油水界面控制的 136 口井进行统计，油层水淹井 32 口占 23.5%；有一定含油厚度的井 104 口占 76.5%。若扣除含油厚度小于 20m 的 15 口井还有 95 口，占 69.8%，说明目前多数油井仍具备挖潜条件。

（四）潜山油藏后期开发潜力分布的基本类型

对潜山油藏后期开发潜力分布的基本认识是：在油井裸眼井段中，大中缝洞油层已经没有纯含油段；在高部油井之间已基本没有纯含油带；主要裂缝系统在油藏范围内已基本水淹；当前油藏的生产潜力主要分布在油井进山顶部的风化壳内。根据近几年来油藏综合治理的实践，当前油藏生产潜力的分布主要有以下几种类型：

1. 油水界面低值区油井进山顶部缝洞较发育的层段

这类井的特点是：在裸眼井段中具有明显的多段裂缝段，各裂缝段之间具有较厚的致密段分隔，带一定的层状分布特点，油水分布是下部缝洞段为主要产水段，上部缝洞段为潜力段。

例如任 213 井。该井位于任七山头北块油水界面低值区，裸眼井段 3108.29 ～ 3231.91m，裸眼厚 123.62m。从该井综合测井曲线和产液剖面资料分析，位于裸眼段中部井深 3180 ～ 3193m 厚 13m 为主产裂缝段，产液比例为 64%；位于进山顶部井深 3124 ～ 3140.4m 厚 24.4m 为主要接替段（即潜力段），产液剖面比例为 36%，这两段裂缝之间被致密段分隔。该井堵水前（1993 年 2 月）电泵全井生产，日产液 363t，日产油 35t，含水 90.5%，反映出该井主要缝洞已基本水淹的特点。1993 年 3 月用 TDG 胶乳堵水后电泵生产，日产液 262t，日产油增至 139t，含水降至 46.9%，至 1993 年 11 月已有效 11 个月，累计增油 16564t。从本次堵水后的效果分析，该井进山顶部的接替段确实具有较好的生产潜力。

2. 潜山高部位油井进山顶部的中等含油缝洞段

这类井位于山头的高部位，其缝洞段的地质剖面组合同第一种类型。

例如任 248 井。该井位于任六山头南块的高部位，钻开裸眼井段 3060.18 ～ 3149.52m，裸眼厚 89.34m。据综合油井曲线分析，裸眼下部 3110.4 ～ 3131.6m 厚 21.2m 为主要缝洞段，裸眼段顶部 3069.4 ～ 3079m 厚 9.6m 为接替层段；3079 ～ 3098.6m 为致密层。该井堵水前（1992 年 2 月）抽油生产，日产液 111t，日产油 8t，含水高达 92.4%，动液在井口，反映出全井高渗透缝洞水淹的特点。1992 年 3 月采用高强度石灰乳堵剂堵水后，灰面深度 3072.35m，灰面以上厚度 12.17m，抽油生产，日产液 88t，日产油增至 69t，含水降至

21.7%，动液面降至 571m，本次堵水效果显著。该生产层段从电性资料和生产资料均反映出中等缝洞的生产特点。

3. 油井进山顶部的低渗透致密层

这类井裸眼井段地质剖面的组合特点是：进山顶部为低渗透层段，下部为含水较高的缝洞发育段，通过无机堵水有效地封堵（埋）下部出水裂缝，发挥顶部低渗透段的生产潜力，这种潜力在潜山各部位均有分布。

例如，任 240 井。该井裸眼井段 3074.71 ～ 3168.35m，裸眼厚 93.64m。据电测曲线和流量剖面资料，雾五油组下部井深 3111 ～ 3139m 厚 28m 为主产层，产液比例为 85.2%，进山顶部无产液量为致密层。该井堵水前 1989 年 5 月、观 5 井油水界面 3109.53m，本井剩余含油厚度 34.82m，水淹裸眼厚度 58.82m，占裸眼总厚的 62.8%，油井自喷生产，日产液 236t，日产油 20t，含水 91.5%，证明该井主要缝洞已基本水淹。1989 年 5 月石灰乳堵水发生井下事故经大修后于 1990 年 10 月开井生产，生产井段 3074.71 ～ 3081.78m，厚 7.07m。按观 5 井油水界面 3100.28m 计算，剩余含油厚度 25.57m。1990 年 12 月生产资料，ϕ 56mm 管式泵抽油生产，日产油 25t，含水为零，动液面 1457m，证明进山顶部的低渗透段含油较好。

4. 油井进山顶部的小孔洞发育段

这类井位于油井进山顶部油水界面以上位置，在三侧向曲线上为电阻较高并呈小锯齿状变化，这时在井径曲线上有微扩径显示。目前对这类地层进行堵水仍有较好的效果，证明还具一定的潜力。

例如任 330 井的电性特征属此类型。该井 1986 年卡酸裸眼顶部 23.42m，日产油从 242t 增至 611t，含水从 29.3% 降至 13%，1989 年 8 月进行石灰乳堵水，日产油从 37t 增至 46t，含水从 88.9% 降至 65.3%。1993 年 9 月用 F908 堵水，日产油从 24t 增至 37t，含水从 91% 降至 66.7% 动液面从 127m 降至 713m。

5. 被断层和泥质白云岩集中段分隔的油层内幕高的中等含油缝洞

例如任 245 井为任七山头南块油水界面低值区的油井，该井进山即为巨厚的雾六组泥质白云岩致密段，裸眼井段底部钻开雾七组顶部地层，西部被断层切割而形成雾七组内幕高。1993 年 4 月进行有机堵水，堵水前后生产对比，日产液 145 ～ 139t，日产油从 15t 增至 48t，含水从 90% 降至 65.7%，动液面从 195m 降至 539m，至 1993 年 10 月已有效 7 个月，累计增油 6006t，堵水后效果稳定。该井堵水后反映出中等缝洞的生产特点。

6. 油层上倾方向的高部位

这类潜力主要分布在任北奥陶系油藏，从该油藏 1991 年至 1993 年产量构成曲线可以看出，由于不断地在油层上倾方向布置调整井（1991 年投产 859 井和 861 井，1992 年投产 862 和 818 转采，1993 年投产 863 井和 864 井）使得油藏产量基本保持稳定。

7. 被套管封固的油层

这类潜力主要分布在任北奥陶系油藏部分被套管封住的马家沟组油层，目前还有 8 口井未上返。据任 818 注水井 1992 年 5 月注水泥封堵亮甲山油层（裸眼）上返射开马家沟油层，初期日产油 58t，含水 6.8%，证明具一定潜力。

四、潜山油藏后期开发挖潜的基本措施及工艺技术

针对潜山油藏高含水后期开发的基本特点和主要矛盾，为了控制含水上升，减缓产量递减，提高油藏最终采收率。从 1991 年以来在任丘雾迷山组油藏和莫东油藏全面实施了降压开采、封堵大孔道以及选择性提液三大技术措施。这些措施经过三年的实践证明效果显著。

（一）降压开采技术

1. 降压开采的主要依据

（1）潜山油藏进入后期开发虽然采出程度和水淹程度都很高，但还具有一定的剩余可采储量。

（2）油藏内部主要裂缝系统已基本水淹，油水分布复杂，挖潜难度大；降压开采可以提高中小缝洞的波及程度。

（3）油藏压力保持程度较高（92.8% ~ 94.6%），油井动液面高，供液能力充足。

（4）油井生产方式已基本实现了由自喷向机械采油的转化，不会因降压造成油井提前停喷而影响油藏产量。

（5）有利于发挥边底水的天然能量，减少人工注水量，减少产水量，提高经济效益。

2. 降压开采的主要机理

由于对降压开采的机理还缺乏系统的研究，这里仅从生产实际资料出发作初步探讨。

（1）油藏全面停注后，其驱动方式将由停注前的人工水驱转变为完全的天然边底水驱动，这种转变必将会引起边底水流动的方向发生一定的变化，从而起到提高油藏波及程度的作用。

任丘雾迷山组油藏降压以来，在平面上对注水井实行停注或降注，在纵向上进行吸水层段的调整，使得相对应井区的部分油井出现了在一定时期内含水连续下降，产油量连续上升的好现象。据统计，至 1993 年 9 月共有 31 口油井效果比较明显，共增产原油 7.75×10^4t，占压降开采总增油量的 47.2%。（典型井略）

（2）降压过程油藏高部位的重力作用更加明显，对主要裂缝的底水运动有一定的抑制作用，使潜山顶部油井含水上升规律发生了变化。下面举几口井的资料加以说明。

例 1 位于莫东油藏东块高部位的莫 10 井。油藏停注前该井含水缓慢上升，油藏全面停注后，该井的含水率从 41.2% 逐步降至 24.6%，产油量从 54t 升至 66t，动液面从 450m 降至 587m。

例 2 任北奥陶系层状油藏，腰部注水井任 803 井于 1990 年 3 月停注后，使得上倾方向高部位的任 89 井含水率从 25.1% 降至 12.6%，产油量从 65t 升至 74t。另一腰部注水井任 819 井于 1993 年 5 月停注后至 1993 年 9 月任 819 井含水降为零，产油量升至 89t。

例 3 任 263 井。该井位于任九山头西块雾七油组的内幕高。该井 1991 年 3 月堵水后电泵改管式泵生产，1991 年 4 月至 8 月，含水从 14.9% 上升至 42.6%，平均月上升 5.54%，产油量从 65t 降至 41t，月递减 8.8%。1991 年 8 月降压试验后至 1993 年 9 月，在长达 2 年 1 个月的时间里，含水从 42.6% 缓慢升至 47.6%，平均月上升 0.2%，产油量保持稳定。

（3）根据华北油田勘探开发研究院对任丘雾迷山组油藏降压开采数值模拟计算结果，由于压力下降，使得裂缝孔隙被压缩原油膨胀弹性释放出部分原油。

3. 降压开采获得的主要效果

莫东油藏和任丘雾迷山组油藏分别于 1991 年 3 月和 8 月开展了全面停注降压和控注降压试验，通过两年多来的试验观察效果比较好。

任丘雾迷山组油藏产油量月递减从降压前的 2.74% 减至 0.9%，共多产原油 16.4×10^4t；综合含水月上升从 0.32% 减至 0.04%，共少产水 20×10^4m³，少注水 537×10^4m³；增加水驱可采储量 67.4×10^4t。

莫东油藏停注降压前产油量月递减 3.62%，停注后产油量基本保持稳定，共多产原油 6.4×10^4t；综合含水停注前月上升 0.73%，停注后含水基本保持稳定，共少产水 5×10^4m³，少注水 60.6×10^4m³；增加水驱可采储量 27×10^4t，水驱采收率提高 2.17%。

1994 年任丘雾迷山组油藏将继续实施全面停注降压试验；莫东油藏继续实施堵水提液降压试验。

（二）油井封堵大孔道技术

油藏进入高含水后期，油井裸眼井段中已经没有纯含油段，主要裂缝系统在油藏范围内基本水淹的条件下，采用各类堵剂封堵主要产水裂缝，发挥中等含油缝洞和低渗透微细裂缝的生产能力是潜山油藏后期开发控水稳油的重要措施，据任丘雾迷山组油藏统计，1993 年 1 月至 11 月堵水增油 4.6×10^4t，占该油藏措施总增油量的 85.68%。通过近几年来油井堵水工作实践初步得到以下认识：

（1）潜山油藏开发的前期和中期，油井堵水是以纵向上剖面调整为主，主要是封堵裸眼段下部出水段，发挥上部含油段的生产能力实现油井产量接替。

（2）潜山油藏开发后期油井堵水是在厚度较小，油水混杂的裸眼段中封堵高渗透水淹缝洞，发挥中等含油缝洞和低渗透缝洞的生产潜力，属裂缝系统内部调整挖潜。

（3）潜山油藏后期开发油井堵水必须和增大生产压差，保持液量或适当提高液量相配合才能充分发挥堵水的效益。

（4）油井主产出水缝洞被封堵后，有无含水相对较低的接替缝洞和接替缝洞的生产能力能否得到发挥，这是高含水后期油井堵水成败的关键。堵水后接替缝洞为生产能力过低的低渗透段，可采用低浓度小酸量进行酸化以发挥其能力。

（5）油井主要产水缝洞被封堵后，初期动液面下降较多，含水亦降低较多。但在堵后的生产过程中，在产液量稳定的条件下，油井动液面又逐渐回升，生产压差逐渐减小，含水亦逐步回升，产油量下降。这类井堵水失效的原因是被封堵的主产缝洞逐渐解堵所致，这种井复堵可再次获效。另一种类型是：堵水后降低了的动液面基本保持稳定，而含水率逐步上升，产油量下降。这类油井堵水失效的原因初步分析认为主要是接替缝洞含水自然上升或新裂缝出水。

（6）砂岩油藏多油层堵水前后的产液剖面资料证实，在全井堵水条件下，堵剂主要进入个别渗透性最好，产液比例最大的主产水层。借鉴这一资料并结合石灰岩油藏堵水前后的动态反映，初步认为裂缝性石灰岩油藏全井堵水的条件下，堵剂仍主要进入个别高渗透主产缝洞。但是油井在高含水后期裸眼段中必然会出现渗透性不同的多个水淹裂缝系统，因此如何适应后期开发水淹的特点，在堵水工艺上值得研究。

（7）目前油井堵水所使用的 TDG 和 F908 堵剂都属于有机堵剂类，这类堵剂能够有效地进入主产缝洞并在油层温度和压力条件下发生胶联而起到一定的物理堵塞作用降低其渗透率，从而实现增大生产压差发挥其他含油缝洞的生产潜力。但它的主要缺点是：在地层水的浸泡下会逐渐水解破胶而解堵；封堵强度还不适应大压差抽汲生产，有效期比较短。因此这类堵剂对裂缝性石灰岩油藏后期开发油井堵水的适应性将逐渐变差。

（8）近两年来推广应用的水泥石灰复合堵剂属无机堵剂类，它的主要优点是：封堵强度大，堵剂在油层温度和压力下能够在大缝洞中固化而与岩石成为一体，能使大缝洞的渗通性降低成为特低渗透，除酸以外不易解堵，堵剂价格较低。1990—1992 年已在任丘雾迷山组油藏推广应用并获得好效果。这类堵剂的主要缺点是：配制的堵剂易失水发生沉淀而封埋裸眼井段；密度大易于漏失，挤入量小，封堵半径小。

（9）今后堵剂的发展方向是泡沫无机堵剂。它的主要优点是：成本较低，堵剂的密度小，黏度低，流动性好，易进入大缝洞和部分中等缝洞；挤入量大，封堵半径大，强度大。但它对地面设施的要求高，工艺难度大。这类堵剂目前室内实验已初步成功，地面设施正在筹建，应尽快投入现场试验。

（三）选择性提液技术

裂缝性石灰岩油藏开发中期曾在 2 口油层缝洞较发育的中含水期油井进行过放大油嘴提高产液量试验，实践证明提液后会导致含水快速上升，产油量迅速下降使开发效果变差。因此提液被认为是石灰岩油藏开发的禁区。但是这几年来综合治理的实践发现，渗透性较低的油井和堵水效果较好的油井适量提液都获得了较好的效果。对提液的认识初步总结如下：

（1）近两年来在潜山油藏进行选择性提液已获得成功（1992 年提液 17 井次增油 8×10^4t），因此应扩大应用范围，增加提液井数，使油藏的产液量不再继续下降，这样做有利于油藏的稳产。为了防止提液后产水量增加过多，提液井的选择要慎重。

（2）缝洞发育油井含水期提液其效果仍然不好。进入特高含水期油井提液后含水率变化不大，产油量增加较少，而产水量却增加较多，这样也会降低油藏的开发指标。

（3）中等缝洞油井在高含水初期，生产过程中含水率基本保持稳定的条件下，使用 $200m^3$ 电泵提液效果比较好。

（4）堵水后动液面有所下降但仍然较高，降水增油效果较好的油井应及时下 $\phi 110mm$ 大泵或电泵提液。

（5）堵水后油井动液面低，使用 $\phi 56mm$ 管式泵抽深 1500m，由于泵的漏失，产液量低，虽然堵水后生产压差大，含水下降较多，但产油量无明显增加。这种井应使用 $100m^3$ 电泵，下深 1500 ～ 1700m，提高产液量后，产油量将明显增加。

以上认识举例说明如下：

例 1 任 422 井。该井裸眼井段 3181.0 ～ 3210.0m，钻井过程中在井深 3189 ～ 3210m 漏失严重，共漏失钻井液 727.6m³。1989 年 7 月投产并见水，至 1991 年 7 月含水率从 2.03% 升至 61.5%，平均月上升 2.5%。产油量从 124t 降至 45t，月递减 4.1%。1991 年 8 月至 12 月油藏控注降压后含水率，产油量基本稳定。在这种情况下为了增加产油量于 1991

年底将该井由自喷改为电泵提液，初期日产液从110t增至454t，日产油从42t增至74t，日产水从68m³增至380m³，含水率从61.8%升至83.8%。水油比从2.6增至6.1。提液一个月后日产油降至40t，含水率升至91.1%，水油比增至11.4。本井提液效果很差。

例2 任226井。该井1991年8月使用ϕ70mm管式泵生产，日产液129t，日产油7t，日产水122m³，含水率94.7%，水油比18.4。1991年10月换为ϕ83mm管式泵生产，1991年11月生产资料，日产液197t，日产油10t，日产水187m³，含水94.9%，水油比19.7。本井提液日产油仅增加3t，而日产水却增加了65m³，这类井提液会降低开发指标。

例3 任301井。该井裸眼井段2633.5～2685m钻井过程无放空、漏失。1987年5月投产即见水，含水率24.4%，见水后含水上升比较缓慢，至1990年5月含水升至65.8%，平均月上升1.11%，产油量从84t降至47t，月递减1.6%，动液面507m（初期油管ϕ8mm自喷时生产压差1.83MPa），反映了中等缝洞的生产特点。1990年9月将ϕ83mm管式泵改为100m³电泵生产，日产液从87t增至111t，日产油从31t增到44t，含水率64.6%降至60.7%。1991年8月检电泵后日产液增至131t，日产油增至50t，含水61.6%。1992年3月换为250m³电泵，日产液增至261t，日产油增至106t，含水59.4%。该井提液效果很好，至1993年11月已有效1189天，累计增油3.5055×10⁴t。

例4 任377井。该井1988年12月进行石灰乳堵水效果显著。1990年8月在堵水有效期内，下250m³电泵提液，日产液从171t增至326t，日产油从58t增至121t，含水率66.3%降至62.9%，本次提液有效期780天，累计增油1.0316×10⁴t。

例5 任387井。该井1992年曾进行过无机堵水，目前裸眼厚度只有10.86m，剩余含油厚度34.58m。1993年4月用F908进行复堵，挤入堵剂90m³，挤堵爬坡压力高达16.5MPa。堵后日产液从133t降至55t，日产油从14t增至19t，含水从89.7%降至66.3%，生产压差从0.01MPa增至9.37MPa，初期获得了一定的增油效果和明显的降水效果。堵后虽实现了大压差生产，但产液量下降很多，增油的有效期很短，只有两个月，累计增油仅31t。为了实现在保持较高液量下的大压差生产，于1993年8月下100m³电泵，泵深1609m，效果明显，日产液从41t增至103t，日产油从13t增至29t，含水69.1%～71.8%，至1993年11月已增油1102t。

块状底水油藏特高含水期油井
堵水地质工艺技术的初步认识

刘仁达

（2001 年 1 月）

一、块状底水油藏特高含水期油藏的生产潜力

石灰岩裂缝性及砂岩孔隙性块状底水油藏，当油藏开发进入特高含水期后，油藏开发的特点表现为：采出程度很高，水淹体积很大，油井含水很高。这一开发阶段油井的主产层已进入水洗油阶段，油井生产潜力的分布，实际上是存在于油层顶部（包括部位较低的和部位较高的）渗透性较低的孔道之中，以及油藏高部位油层顶部的高渗透孔道中，这是决定油藏特高含水阶段油井堵水能否成功的地质基础。

二、油藏开发中、高含水期油井堵水的实质是油层纵向上的剖面调整

当油藏开发进入中、高含水期，油井裸眼段（石灰岩）中的水锥高度和水锥范围都不太大，油井的出水主要是裸眼段下部油层的水淹，裸眼段中上部油层仍然处于无水或低含水阶段。在这种地质条件下，油井堵水获得增油降水效果的主要原因是：在全井堵水工艺条件下，油井下部高含水层段被有效封堵后发挥了上部含油层段的生产能力的结果。

三、油藏进入特高含水期后，从油层顶部厚度(5 ～ 20m)挤入堵剂，有利于发挥油层顶部的生产潜力

当油藏进入特高含水阶段后，油藏内部主要裂缝系统已全面水淹，油井顶部水锥的范围已经很大。

目前裸眼段中部或下部的主产层，水淹程度很高，剩余可动油呈零星分布。过去曾设想过，对水淹主力层挤堵以达到裂缝系统的调整，实际上这种设想至今也未能实现，今后也很难实现。

由于油层高角度裂缝发育的地质特点，再加上特高含水期水锥的范围很大，在这种条件下，即使对裸眼厚度中下部主产层挤堵，油层上部厚度仍会有较多的出水裂缝沟通，油层纵向上的剖面调整已不明显，因此堵水效果变差。由此认为：在油藏特高含水阶段，从

油层顶部几米至20m范围内，挤入堵剂使堵剂呈锥状沿水道向四周和向下部推进，使油层顶部潜力带与下部水淹段的流通孔道尽量减小，这样将有利于发挥油层顶部低渗透和油藏高部位高渗透孔道中的生产潜力。

四、油层顶部厚度堵水现场实例

（一）实例一：大港羊儿庄油田庄7-22井

该井是大港作业三区羊儿庄油田边部的采油井。开采层位明Ⅲ^{5}油组，为单层块状底水油藏。电测解释砂层井段1652.9～1677.9m，砂层厚度25.0m，其中油层厚12.1m，孔隙度31.23%，渗透率715mD；水层厚12.9m，孔隙度28.98%，渗透率590.12mD。射孔井段1653.0～1658.0m，只射开油层顶部5.0m。

该井1987年8月投产，ϕ5mm油嘴初期日产油30.5t，含水2%。1988年12月转抽油生产，1997年7月含水升至97.9%，日产油降至2.5t。

该井1997年7月8日使用W964无机堵剂，从顶部射开的5.0m厚度中挤入，起始压力16.5MPa，最终压力21.5MPa，爬坡压力5.0MPa，总挤入量70m³，堵剂浓度22%。其堵水效果见表1。

表1　庄7-22井堵水效果

对比日期	工作制度	日产液，t	日产油，t	日产水，t	含水率，%	动液面，m
1997.7	ϕ70mm×2.4m/9次	119.05	2.5	116.55	97.9	井口
1997.7	ϕ70mm×2.4m/6次	25.22	23.79	1.41	5.7	876

该井本次堵水至1997年10月仅4个月（以后继续有效）时间累计增油1085t，获明显效果。

（二）实例二：大港羊儿庄油田庄7-18-1井

该井是羊儿庄油田的边部采油井，开采层位明Ⅲ^{5}油组为单层块状底水油藏。砂层井段1635.0～1660.1m，砂层厚25.1m，其中油层厚15.0m，孔隙度32.18%，渗透率959mD；水层厚10.1m，孔隙度33.66%，渗透率1177mD。射孔井段1635.0～1640.0m，只射开油层顶部5.0m。

该井1985年5月投产，ϕ7mm油嘴初期日产油32.4t，含水1%。1985年10月转抽油生产，1996年10月含水升至98%，日产油降至2.23t。

该井1997年12月5日使用W964无机堵剂，从顶部射开的5m厚度中挤入，起始压力15MPa，最终压力21MPa，爬坡压力5MPa，总挤入量65m³，堵剂浓度22%。其堵水效果见表2。

表2　庄7-18-1井堵水效果

对比日期	工作制度	日产液，t	日产油，t	日产水，t	含水率，%	动液面，m
1996.11	ϕ70mm×2.4m/9次	115.26	2.23	113.03	98.0	井口
1996.12	ϕ44mm×2.4m/9次	29.67	13.28	16.39	55.2	180

该井至 1997 年 10 月已累计增油 931t（继续有效），累计降水 32164m³。

在羊儿庄油田明Ⅲ⁵块状底水砂岩油藏，高含水后期阶段，从油层顶部（3～5m）射孔段中挤入无机堵剂获得了较好效果（除庄 7-22 和庄 7-18-1 井外，还有庄 8-17，庄检 1 井等。此消息曾在中国石油报、大港石油报作了报导），此外该油藏也有厂家采用在原射孔井段下部补孔，采用堵隔器对补孔段大量挤堵，设想在水淹段形成隔板的做法，均未能成功。

（三）实例三：任丘雾迷山组油藏任 345 井

该井是任七山头南块的采油井。1991 年 2 月采用无机堵水，灰面留在 3083.65m，裸眼厚度只剩下潜山顶部 5.36m。本次全井堵水对发挥潜山顶部的生产潜力获得了很好的增油降水效果。

在此之后，该井于 1993 年 5 月对潜山顶部 5.36m 裸眼段采用先酸后堵（F908）并结合提液，效果较好，日产油从 12.1t 增至 35t，本次堵水当年增油 3676t。

1994 年 4 月该井又在潜山顶部 5.36m 厚度再次采用有机堵水（F908），使日产油量从 18.0t 增至 30.2t，含水从 89.2% 降至 81.7%，本次堵水当年增油 1497t。

（四）实例四：任丘雾迷山组油藏任十一山头任 11 井

该井 1988 年 5 月第一次全井无机堵水，充分发挥了潜山顶部油层的生产潜力，使日产油从 25t 增油到 124t，含水率从 92.1% 降于 30.7%，本次堵水后该井的裸眼厚度从 159m 减至 33.62m。

1989 年 6 月第二次使用无机堵水，从潜山顶部挤入堵剂，堵后日产油从 19t 增至 39t，含水从 90.9% 降至 84%，本次堵水挤入量小。

1990 年 1 月从潜山顶部第三次无机堵水，日产油从 27t 增至 39t，含水从 88.7% 降至 84.4%（挤入量小）。

1992 年 12 月从潜山顶部 7.18m 厚度中挤入有机堵剂，日产油从 17.0t 增至 59t，含水率从 84.3% 降至 63%，本次堵水有效期 8 个月，累计增油 2815t。

1993 年 9 月再次从潜山顶部 7.18m 厚度中挤入有机堵剂，使该井日产油从 20.6t 增至 55.7t，含水率从 83.7% 降至 62.7%，获得好效果。

1994 年 6 月从潜山顶部挤入有机堵剂 150m³，日产油从 23.9t 增至 44.6t，含水率从 89.9% 降至 69.3%。

1995 年 5 月从潜山顶部挤入有机堵剂，日产油从 17.4t 增至 33.3t，含水从 85.1% 降至 77.1%。

1995 年 11 月采用木质素堵水，由于木质素黏度过大，初期井壁伤害堵水无效，井壁解堵后仍获得较好效果。

2000 年 11 月，从潜山顶部 7.18m 厚度中挤入堵剂 800m³，未能起压，堵后获得了很好效果，初期日产油从 8.0t 增至 48.4t，含水从 95% 降至 59.4%。此次堵水增油效果衰减较快。

该井从潜山顶面厚度重复堵水 8 次均能获得效果，说明该井油层顶部确实存在生产潜力，同时也证明了特高含水期从油层顶部挤堵工艺的正确性。

（五）实例五：任七山头任 368 井

该井 2000 年 3 月和 7 月曾对该井进行补孔、注水泥、酸化，顶部堵水（射孔厚 3.5m，裸眼厚 3.11m）等综合措施，使该井日产油从 8.9t 提高到 11.0t 以上，含水从 93.7% 最低降至 78.2%，实现了稳油降水，控制了产量递减，至 2000 年 12 月底，累计增油 451t，降水 20976m³，目前日产油 10t 仍继续有效。

（六）实例六：任 459 井

该井 2000 年 12 月对顶部补孔的含油性较好的油斑角砾岩，井段 3340 ～ 3360m 厚 20m 挤入有机堵剂 110m³，挤堵压力从 7MPa 升至 18.0MPa，堵后初期日产油从 5.7t 升至 36t，含水从 94% 降至 56.3%，获得很好效果。

五、油层顶部堵水对堵剂的选择

在油井特高含水期，从油层顶部厚度堵水，对堵剂的选择应考虑以下几点。
（1）堵剂的价格；
（2）堵剂的强度；
（3）堵后有效期的长短；
（4）现场施工的安全性。
依据以上要求对两类堵剂的优缺点对比如下：

（一）有机堵剂

（1）能够达到较高的挤入量。
（2）价格较高，对甲方来说将会增大措施成本乙方来说风险太大。
（3）在水淹程度很高的情况下，堵剂易于水解。因此堵水的有效期短。
（4）堵剂的强度不够，堵后不适应提液生产。

（二）无机堵剂

（1）堵剂的价格较低。
（2）堵剂的强度比较大。
（3）堵剂不发生水解，因此有效期较长。
（4）由于无机物质的颗粒直径较大，因此挤入量较低，封堵半径较小。
根据以上两类堵剂的优缺点综合分析，我认为应以发展无机堵剂为主要对象，当前发展无机堵剂的主要途径是：需要进一步减小颗粒直径，目前加工条件下，颗粒直径可以达到 400 目（32μm），需要进一步减小至 600 ～ 800 目，这样有利于封堵石灰岩油藏 50μm 以上的水淹中裂缝，就目前而言，可根据每口油井缝洞发育的情况，分别选用有机和无机堵剂。

六、特高含水阶段油井顶部厚度堵水对封堵半径的分析

块状底水油藏，特别是裂缝性块状底水油藏，在原始含油高度很大的条件下，油藏进入特高含水阶段，水淹高度很大，剩余可动油分布的范围很小。因此，在这一开发阶段油井的堵水应重点放在"桥接堵水"工艺技术上，在这种思路的指导下，在高角度裂缝发育的地质条件下，对挤堵量有以下看法：

（1）采用很大的挤入量进行堵水（例如任 11 井挤堵 800m³）是没有必要的，因为这样做将会使大量的堵剂进入水体裂缝而作无用功，相反的将会造成堵水成本大幅地提高。

（2）特高含水阶段油井堵水成败的关键，是在目前油层顶部的可动剩余油段与下部水淹裂缝段之间形成有一定高度（20m 左右），不易水解，而且强度很大的桥接段。这种做法可以减少挤入量，降低堵水成本，确保堵水效果。如果将堵剂挤入水体裂缝的较深部位，而在"桥接段"由于堵剂度不够发生水解，这样也会造成堵水效果的很快下降。

（3）裂缝性块状底水油藏，从油层顶部挤入堵剂条件下，封堵距离的初步预测。

裂缝性块状底水油藏，从油层顶部厚度挤入堵剂，堵剂沿高角度裂缝向下推进，其封堵距离的近似计算公式如下：

$$R = \sqrt{\frac{V}{h \cdot m \cdot \pi}}$$

式中　R——平均封堵距离，m；

　　　V——堵剂总挤入量，m³；

　　　h——挤堵段厚度，m；

　　　m——裂缝孔隙度，m。

按上述公式计算结果见表 3。

表 3　裂缝性块状底水油藏堵剂封堵距离预测

挤堵厚度 m	裂缝孔隙度 %	堵剂挤入量 m³	平均封堵距离 m
5.0	1.0	10.0	7.98
5.0	1.0	20.0	11.29
5.0	1.0	30.0	13.82
5.0	1.0	40.0	15.96
5.0	1.0	50.0	17.8
5.0	1.0	100.0	25.2
5.0	1.0	200.0	35.7
5.0	1.0	500.0	56.4
5.0	1.0	800.0	71.4
10.0	1.0	10.0	5.64
10.0	1.0	20.0	7.98

挤堵厚度 m	裂缝孔隙度 %	堵剂挤入量 m³	平均封堵距离 m
10.0	1.0	30.0	9.77
10.0	1.0	40.0	11.28
10.0	1.0	50.0	12.62
10.0	1.0	100.0	17.84
10.0	1.0	200.0	25.24
10.0	1.0	500.0	39.90
10.0	1.0	800.0	50.47

从表 3 可以看出，在堵剂封堵强度很大的情况下，堵剂用量 40 ~ 100m³，封堵距离 11 ~ 25m 即可满足堵水要求。若易于水解的堵剂，即使挤入量高达 800m³，封堵距离达到 50 ~ 70m 也很难获得较长的有效期。

七、特高含水阶段，油层顶部厚度堵水的地质工艺要求

（1）在裸眼厚度中，已经注水泥而且裸眼厚度很小的油井，对这类油井若吸水能力高或较高可直接进行顶部堵水；若吸水能力低或较低，则可采用酸化后再进行挤堵，酸化时用酸量可适当大一些，酸化压力亦可降得多一些。

（2）目前裸眼厚度较大的油井，可依据油层顶部原始含油状况和缝洞发育情况选井，采用先注水泥，注水泥后的裸眼厚度应控制在 10 ~ 20m 范围内，并依据其吸水能力确定酸化和堵水。

（3）若选用有机堵剂，则挤堵量应控制在 200m³ 以内，挤堵量不宜过大，若选用无机堵剂，颗粒直径目前应达到 400 目（直径 32μm），挤堵量最低保持在 30m³ 以上。

（4）为了确保堵水后能保持一定液量并正常生产，因此挤堵压力不宜过高，一般不超过 10 ~ 15MPa。

裂缝性块状底水油藏的开发与治理❶
（提　纲）

刘仁达

（2006 年 6 月）

一、油藏的基本特征

（1）具有统一的油水界面（3510m）。

（2）具有统一的压力系统，压力 p 与井深 H 呈线性关系（图1）。

（3）储渗系统具双重界质，这两种系统的储集空间、渗透率、孔隙及驱油机理极不相同。基质岩块（不含油）和裂缝（含油）两种储渗系统构成如图2所示。

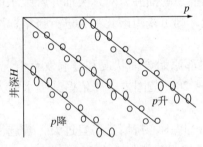

图1　p 与 H 关系曲线

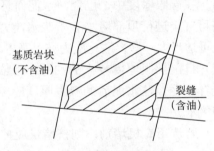

图2　储渗系统构成

大裂缝：缝宽大于 100μm；

中裂缝：缝宽 50 ～ 100μm；

小裂缝：缝宽小于 10 ～ 50μm。

①裂缝系统：具有低孔隙度（＜2%），高渗透率（几百至几千毫达西），缝宽下限 10μm 与其连通的溶洞。水驱油主要靠外部压力梯度作用，毛管力作用可忽略不计。水驱过程接近活塞式驱动，重力作用明显。

②岩块系统：被裂缝切割，缝宽小于 10μm 的小裂缝及与其连通的粒间、晶间孔隙与溶蚀小孔洞基质所组成。

岩块系统的驱油是主要的驱油机理。自吸排油——对亲水岩块，毛管自吸作用。

①裂缝系统与岩块系统之间的流动压力梯度使注入水进入岩块排油；

②亲水毛管力作用吸入岩块排油；

③岩块内外油水重力分离排油。

---

❶本文由韩连彰依据刘仁达 2006 年 6 月笔记记述，刘勇参加整理。

（4）饱和压力低，原始气油比低的属低饱和油藏，开发过程中不存在脱气问题（油层）。原始饱和压力 13.4atm，原始气油比 4m³/t。

（5）边底水的天然能量充足或比较充足，开发过程中，水浸量比较大。

二、开发过程中的油水运动

（一）底水锥进

对油井来说主要表现为底水锥进，如图 3 所示。

1. 水锥的高度

水锥的高度与油层的渗透性和孔隙结构类型、采油强度等有关。高角度发育的——水锥高度最大（任十一山头 150～200m）；水平发育的——水锥高度最小(任七山头南块任六山头南块 20～30m)；低渗透缝洞——水锥高度小。此外，在同样地质条件下，它与采油强度等有关。

2. 水锥的形态及其变化

不同开发时期其形态是不同的。开发初期水锥的宽度窄而尖，后期水锥短而胖，高度低、宽度大。见均质地层模拟图 4。

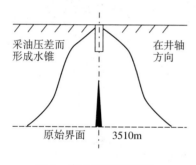

图 3　底水锥进示意图

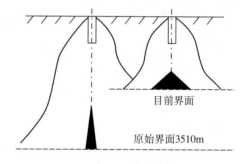

图 4　均质地层模拟

3. 水锥的控制

水锥理论是对均质油藏而言的，对于非均质油藏水锥就复杂得多了。水锥贯穿油藏开发的始终。开发过程中对水锥的调控，在初期和中期效果比较明显。后期很难看出效果。调整水锥的主要办法是：控制单井的采油强度。效果表现：可以延长无水期，可以控制含水上升速度，但控制的效果是暂时的。

4. 水锥高度的计算

油井见水时油藏的油水界面（或相邻观察井的油水界面）减去井底深度。

5. 关于水锥理论的认识

开发后期油井与油井之间，而所谓的锥间到底还有多大的潜力问题见井间水锥示意图 5。

裂缝性块状底水油藏，按照均质理论，在开发过程中，在目前油水界面以上，锥间始终存有纯油部分（模拟结果）。而在开发实践中，在非均质严重的情况下，在目前油水界面以上，主要裂缝系统已基本水淹，它已不存在锥间潜力问题。例如，任七山头北部计三站，任斜 15 井侧钻资料。任平 1 井资料。任斜 15 井和任平 1 井投产后采油曲线如图 6、图 7 所示。

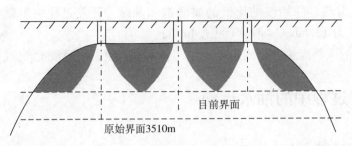

图5 井间水锥示意图

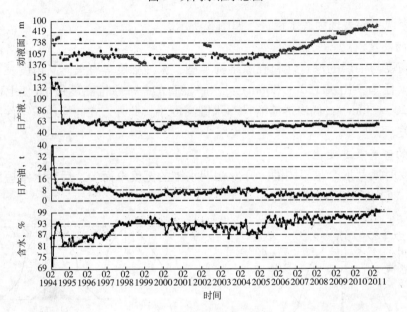

图6 任斜15井采油曲线

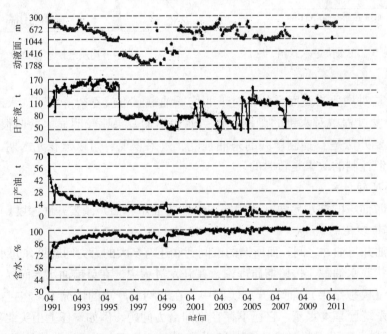

图7 任平1井采油曲线

（二）油藏的油水界面

（1）油水界面的规则。主要靠观察井定期测试油水界面。

①对观察井的要求：观察井要选在生产油井之间，钻穿原始油水界面，全井替换成轻质油长期关井，每一断块要有观察井控制。

②油水界面的测试：涂料法，DDC-Ⅲ测试。

（2）在原始状态下油水界面是统一的，基本是一致的，随着油藏开发，累计产油量的增加，油水界面不断抬升，但是油水界面的抬升是不均匀的。其主要的控制因素是：

①厚度比较大的低渗透泥质白云岩的分隔作用（任丘雾迷山二台阶的发现）；

②低渗透区块，累计产油量比较小，界面比较低；

③油藏边部的局部隆起（图8），出现油水界面低值区。

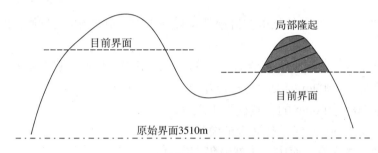

图8　油藏边部局部隆起

（三）油井含水上升

（1）油井见水使水锥抬升到井底（射孔底部），这和层状油藏是完全不同的；

（2）无水期就是稳产期，油井一旦见水就进入递减期；

（3）渗透性不同含水上升规律不同。

①低渗透油井，见水后含水上升速度缓慢，产油量递减速度亦慢（图9）。

②高渗透油井，见水后含水快速上升到80%以上后处于缓慢期，产油量也快速递减，随着含水上升缓慢下来，产油量递减速度减缓（图10）。

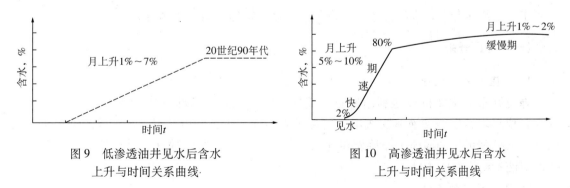

图9　低渗透油井见水后含水
上升与时间关系曲线

图10　高渗透油井见水后含水
上升与时间关系曲线

③特高渗透油井，见水后含水直线上升到80%以上后才开始减缓（图11）。

（4）不同含水期油水变化：

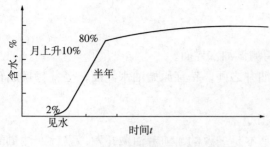

图 11　特高渗油井见水后含水上升与时间关系曲线

① 无水期：含水小于 1%，是气水油；

② 中低含水期：含水 1% ～ 60%，是油带水；

③ 高含水期：含水 60% ～ 90%，是水带油；

④ 特高含水期：含水 90% 以上，是水洗油；目前主要裂缝系统已处于水洗油阶段，此阶段洗的水越多，洗出的油也越多。

三、油藏潜力的分布

（1）油藏的生产潜力主要分布在目前油水界面以上的井段中，目前油水界面以下主要是靠自吸排油。

（2）在裂缝系统中，存在大裂缝对中、小裂缝的干扰，从取心资料中发现：

① 裂缝宽度大于 100μm 的大裂缝已经见水；

② 裂缝宽度 50 ～ 100μm 的中裂缝发生水浸；

③ 裂缝宽度小于 50μm 的小裂缝含油较好。

即，大裂缝基本水淹，而中、小裂缝仍有潜力。

（3）裸眼井段较长的油井，在生产过程中有明显的层间干扰，油井生产剖面测试证实，出油剖面很不均衡。底部（下部）出水裂缝对上部渗透性较低的含油裂缝存在干扰现象，使得上部含油裂缝的潜力得不到发挥。

（4）油藏边部的局部隆起。

（5）油藏有隔层条件下，上倾方面的高部位（即棱上）。

（6）油藏低渗透井区和油水界面低值区。

四、油藏的挖潜措施

主要是降压开采，提液开采，钻调整井，堵水措施，酸化措施等。

（一）降压开采

1. 降压开采的机理

降压开采的主要机理是利用岩石及流体的弹性能量采出部分剩余原油，提高采收率。水淹区块靠岩石压缩和液体膨胀出来的油进入裂缝，并在重力作用下向油藏顶部聚集而被采出。从机理可见油藏压力下降幅度越大，效果越显著，实驱数据：油层压力下降 1MPa，弹性泄油量约为 60×10^4 t。

2. 降压开采的条件

（1）生产方式的转变，自喷井转为抽油井能不能平稳过渡。

（2）地层压力能否有比较大的下降。边底水天然能量不能满足采油速度的需要，也就是说，不能保注采平衡，油层的压力才能逐渐下降，只有地层压力下降较多，才有可能获得较好的效果。如果边底水的天然能量充足，水源有补借，而且与其他潜山的水体沟通，即使不注水，不回注污水，地层压力下降的幅度很小或者初期压一下。以后逐渐稳定下来，达不到连续大幅度降压的要求。如留北潜山。

（3）污水的排放能不能解决。污水不能回注，必须有外排的可能性。

3. 降压开采的效果（任丘雾迷山）

（1）Δp 总 2.41MPa ↘ 7.13MPa，阶段压降 4.72MPa。月压降速度 0.053MPa。

（2）降压开采实施 7 年来的效果：

①自然产量递减速度明显减缓，降压前产量月递减 2.74%，降压后是 1%，少递减 96.8×10⁴t。

②含水上升速度明显减缓，自然产水量降压前是 0.32%，降压后是 0.01%，少产水 136.3×10⁴m³。

③充分发挥了底水的天然能量，大幅度降低了人工注水量。底水进浸量增加 5207×10⁴m³，减少注水 3059×10⁴m³。

④油水界面上升速度明显减缓，降压前油水界面月上升速度是 0.71m，降压开采后稳定。

⑤提高水驱波及程度，增加水驱可采储量 117×10⁴t，水驱采收率提高 0.31%。

（二）提液开采

对砂岩油藏开发后期提液开采，效果是肯定的，是好的。然而对裂缝性石灰岩油藏中、高含水期提液问题，存在着很大的争论。童宪章院士多次提出任丘应提液开采，但始终未能全面实施，只是选了一些井点作试探性试验，获得的主要认识如下：

（1）缝洞发育的油井在中、高含水期单一提液效果不好。增加液量后主要是增加产水量，油量增加很少，而且很快递减了；降低开发指标，水驱曲线上提；污水排放量大，影响经济效益。

（2）低渗透油井（缝洞发育）提液效果比较好。含水上升不多；油量增加较多；有效期比较长。

（3）提液效果与含水阶段有关，在相同的地质条件下，特高含水期提液效果比中、高含水期好。

（4）高渗透油井堵水后提液效果比较好。

①能够充分发挥堵水效果，因为堵后一般产液量下降较多，若堵后能保持或提高产液量，控水稳油效果好。也就是说增加压差，发挥中低裂缝潜力。

②出水的大裂缝能得到有效的控制。

（三）补钻调整井

在油田开发过程中，不断补钻调整井是油田开发的必然规律。

（1）开发初期井网井距一般比较大，控制程度比较低，初期对油层和油水运动的认识是粗浅的。

（2）随着油田开发认识的加深，为了油田稳产的需要，分期分批补钻调整井，使井网密度加大，井距变小是必然规律。例如，任丘井距，1000m → 500m → 250m。

（3）油田开发后期如何钻调整井?

钻调整井的依据是：①井网的密度；②油井的动态反映（含水的高低，含水上升的快慢，井间的干扰）；③油水运动的规律（低界面锥间）；④三维地震资料。

调整井井位的选择：①局部隆起；②低渗透井区；③油水界面低值区（二台阶）；④低渗分隔的上倾高部位。如图 12 所示。

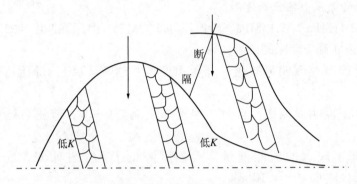

图 12　调整井井位选择

（四）堵水措施

主要是解决油层纵向上的剖面调整。提高波及厚度（动用程度、控水、稳油、增油）。

（1）堵剂的类型：可分为有机堵剂和无机堵剂，不同类型的堵剂其特点也不同。

①有机堵剂的特点：是化学物质，整体胶联，强度相对较小，成本高，易水解，施工安全。

②无机堵剂的特点：是颗粒物质，强度大，成本低，不水解，施工要求安全。

（2）开发初期和中期堵水：开发初中期堵水采用全井堵水可以有效地封堵下部，解决纵向上的非均质（层间矛盾）主要出水裂缝段，增大生产压差，发挥上部油层潜力。

（3）堵水要和酸化、提液相结合，才能充分发挥堵水效果，采用堵酸或堵抽。

（4）堵水和酸化相结合实现裂缝系统内部的调整。

经过试验，较大裂缝要堵得牢，要耐酸，配合大压差工艺才能发挥小孔小缝的生产潜力。这是后期开发应解决的主要问题。因为生产层也是主要出水段（图 13），这一主力层见水和含水上升，必然对上部含油层段产生干扰，使得上部层段不出油或出油很少，通过堵水控制主产层的出水量，增大压差，发挥窝部潜力（图 14）。

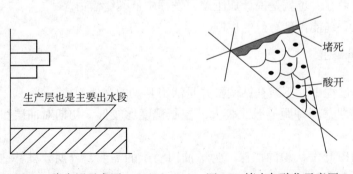

图 13　生产层示意图　　　　图 14　堵水与酸化示意图

(5) 堵驱：在砂岩油藏已有先例，多在注水井挤入堵剂，剂量大。裂缝性石灰岩油藏，在油井搞堵驱我还没有见过，因为堵驱要求堵剂在油层里能够流动，不整体胶联，不胶联大裂缝的水怎能堵住呢？是今后研究的问题。

（五）酸化措施

酸化措施是改进油层的重要措施，主要是提高油层的渗透性，把低产变高产。

(1) 酸液的选择：

①盐酸。钙质胶结为主。

②土酸。泥质胶结为主，氢氟酸。

(2) 酸化种类：

①全井酸化。井壁污染，孔洞不发育产量低。

②分段酸化。下分隔器，酸化产液底层段。

③暂堵酸化。先堵后酸，有效期短。

(3) 裂缝性油藏开发后期，酸化的主要对象，应是含油的微细裂缝和小孔洞，要解决这个难题，首先要堵死主要出水裂缝，要求堵剂固化后能耐酸。

五、油藏开发存在的主要问题

(1) 油藏开发的时间比较长，从1976年4月投入开发至2006年底，已开发30余年。

(2) 采出程度高，已采出地质储量32.73%，采出可采储量102.1%。

(3) 剩余可动储量少，主要裂缝系统剩余可动油呈窝量分布。

(4) 油藏水淹面积大，水淹程度高，油藏综合含水已高达94.8%，水淹体积达97%，油藏进入水洗油阶段。

(5) 油井已多次采取各类综合治理措施，治理效果越来越差，治理难度也越来越大。

(6) 油藏曾在20世纪90年代进行过三维地震工作，发现的高部位，山梁带断棱高部位等已补钻了较多的调整井，并获得了很好的效果，但再寻找这样的有利地带难度很大。

六、分带治理尚需探讨研究的几个问题

(1) 分带治理的地质基础和动态依据，尚需进一步深入研究。

(2) 风化壳带储层性质加强研究，进一步找出这个带内剩余油的富集区，可动富集井。

(3) 深入研究有效封堵内幕裂缝带的工艺技术。

(4) 采用静动结合进一步搞清低渗透缝洞带分布的构造部位和层位及挖潜工艺技术。

(5) 内幕裂缝带油井大幅度提液的工艺技术。

任丘雾迷山组油藏开发晚期生产潜力研究❶

刘仁达

（2008 年 12 月）

　　这项研究工作是以碳酸盐岩裂缝性块状底水油藏开发的基础理论做指导，生产实践为主要依据，采用地质静态、生产动态、工艺措施紧密结合的方法，深入研究油藏开发晚期剩余油的分布及挖潜的工艺措施。

　　油藏的潜力主要从两个方面着手研究：一方面研究油井的生产潜力在纵向上分布在哪里？采取哪些措施把这部分潜力挖掘出来；另一方面是研究油藏生产潜力在平面上分布的规律，找出在什么部位钻调整井能获得较好的效果。

　　不论油井在纵向上及平面上的生产潜力，通过大量静态与动资料的综合研究，建立潜力分布的基本地质模式以指导挖潜工作的顺利开展。

一、油井生产潜力在纵向上的分布规律

（一）水淹带内油井生产潜力存在的可能性很小

　　目前油水界面以下的水淹带内，油井生产潜力存在的可能性很小。

　　众所周知，裂缝性块状底水油藏在开采过程中底水运动的基本规律是：底水自下而上使油井依次见水和水淹。底水的运动包括两个部分，即油井水锥及油藏底水的托进。油藏开采过程中，随着开发时间的延续和累计采油量的增加，底水不断的托进，使得油藏水淹的高度越来越大，油层被淹部分底水浸泡的时间将越来越长。根据观察井油水界面资料计算，油藏的水淹高度已达 400 ~ 700m。据任 9 井、观 2 井历年油水界面统计，3100m 以下深度底水浸泡的时间长达 15 ~ 29 年之久，而且越往油井深部底水浸泡的时间就越长。见表 1、表 2。

　　根据理论分析，水淹带的驱油机理主要是靠油层的自吸排油将岩块小溶洞及微细裂缝的剩余可动油驱替出来。据任 28 井雾迷山组油层岩心实验资料，锥状叠层石细晶云岩小溶洞发育并有少量裂缝，岩心孔隙度 2.93% ~ 4.35%，渗透率 1.48 ~ 0.8mD。实验结果自吸排油的半衰期 8 ~ 10 个月，整个自吸排油的完成时间为 3 ~ 7 年。见表 3。

---

　　❶参加人：赵海军、田润平。

表1 任9井不同时间水淹高度及水淹年限表

阶段	油水界面			累计水淹年限，a				说明
	阶段末 m	水淹高度 m	阶段上升高度 m/a	1985 年底	1992 年底	1999 年底	2007 年底	
1978—1979	3389.83	120.17	59.19	7	14	21	29	
1979—1980	3336.68	173.32	53.15	6	13	20	28	
1980—1981	3286.75	223.25	49.93	5	12	19	27	
1981—1982	3230.45	279.55	56.30	4	11	18	26	
1982—1983	3193.61	316.39	36.84	3	10	17	25	
1983—1984	3161.41	348.59	32.20	2	9	16	24	
1984—1985	3137.63	372.37	23.78	1	8	15	23	
1985—1986	3141.35	368.65	−3.72	0	7	14	22	
1986—1987	3142.58	367.42	−1.25	0	6	13	21	
1987—1988	3136.78	373.22	5.80	0	5	12	20	
1988—1989	3135.78	374.22	1.00	0	4	11	19	
1989—1990	3126.23	383.77	9.55	0	3	10	18	
1990—1991	3120.88	389.12	5.35	0	2	9	17	
1991—1992	3126.03	383.97	−5.15	0	1	8	16	
1992—1993	3116.70	393.30	11.33	0	0	7	15	
1993—1994	3112.38	397.62	4.32	0	0	6	14	油水界面选用9月份资料
1994—1995	3070.22	439.78	42.16	0	0	5	13	
1995—1996	3027.56	482.44	42.66	0	0	4	12	
1996—1997	3012.85	497.15	14.74	0	0	3	11	
1997—1998	3009.10	500.90	3.75	0	0	2	10	
1998—1999	3010.10	499.90	−1.00	0	0			
1999—2000	3037.00	473.00	26.90	0	0	0		
2000—2001	3035.80	474.20	1.20	0	0	0		
2001—2002	3035.70	474.30	0.10	0	0	0		
2002—2003	3038.30	471.70	−2.60	0	0	0		
2003—2004	3035.80	474.20	−0.50	0	0	0		
2004—2005	3036.70	479.30	5.10	0	0	0		
2005—2006	3037.60	472.40	−6.90	0	0	0		
2006—2007	3037.30	472.70	0.30	0	0	0		

注：2000—2007 年油水界面资料按稳定计算。

表2 观2井不同时间水淹高度及水淹年限表

阶段	油水界面			累计水淹年限，a				说明
	阶段末 m	水淹高度 m	阶段上升高度 m/a	1985年底	1992年底	1999年底	2007年底	
1978—1979	3376.62	133.38	42.40	7	14	21	29	
1979—1980	3312.00	197.10	63.72	6	13	20	28	
1980—1981	3279.61	230.39	33.29	5	12	19	27	
1981—1982	3230.86	279.14	48.75	4	11	18	26	
1982—1983	3202.56	307.41	28.27	3	10	17	25	
1983—1984	3169.82	340.18	32.77	2	9	16	24	
1984—1985	3143.89	366.13	25.95	1	8	15	23	
1985—1986	3111.68	398.32	32.19	0	7	14	22	
1986—1987	3108.67	401.33	30.10	0	6	13	21	
1987—1988	3101.72	408.28	6.95	0	5	12	20	
1988—1989	3100.87	409.13	0.87	0	4	11	19	
1989—1990	3090.72	419.80	10.67	0	3	10	18	
1990—1991	3095.47	414.53	−5.27	0				
1991—1992	3093.47	416.53	2.00	0	1	8	16	
1992—1993	3088.86	421.14	4.61	0	0	7	15	
1993—1994	3086.10	423.90	2.76	0	0	6	14	1
1994—1995	3088.45	421.55	−2.35	0	0			
1995—1996	3082.68	427.32	5.77	0	0	4	12	
1996—1997	3082.10	427.80	0.48	0	0	3	11	
1997—1998	3081.50	428.50	0.30	0	0	2	10	
1998—1999	3078.00	432.00	3.50	0	0	1	9	
1999—2000	3080.90	429.10	−2.90	0	0	0		
2000—2001	3078.40	431.60	2.50	0	0	0	7	
2001—2002	3077.80	432.20	0.60	0	0	0	6	
2002—2003	3075.50	434.50	2.30	0	0	0	5	
2003—2004	3073.60	436.40	1.90	0	0	0	4	
2004—2005	3074.90	435.10	−1.30	0	0	0		
2005—2006	3074.80	435.20	0.10	0	0	0	2	
2006—2007	3076.00	434.00	−1.20	0	0	0		

注：累计水淹年限是指阶段高度的水淹年限。

表3 任28井岩心实验资料

岩心编号	岩性特征	岩心直径 × 长度 cm×cm	孔隙度 %	渗透率 mD	自吸排油半衰期 月	自吸排油完成时间 a
3	锥状迭层石，细晶云岩，小溶洞发育，有裂缝	4.4×7.85	2.93	1.48	8.4	2.9
4	细晶云岩，溶洞发育，有裂缝	4.55×7.54	4.33	0.8	10.5	7.17

从以上分析得出，油藏开发晚期由于水淹带底水浸泡的时间已经很长，油层自吸排油早已结束，因此在这个带内挖掘生产潜力的可能性很小。这一结论在近年来的5口井的试油资料进一步得到证实。见表4。

（二）水锥带内中小裂缝是油井挖潜的主攻方向

目前油水界面以上的水锥带内，中小裂缝是油井挖潜的主攻方向。

油水界面以上的水锥带是指目前油藏的剩余含油高度。由于油藏非均质严重，在这个带内裂缝系统油水的分布及水淹状况十分复杂。要搞清3个基本概念：裂缝系统的组成、裂缝级别的划分和裂缝系统的渗流特征。

根据华北油田开发研究院的研究成果，裂缝系统是由缝宽 10μm 及以上的裂缝与其连通的溶洞组成的裂缝系统网络。裂缝系统内缝宽可划分为4个等级：

（1）大裂缝：缝宽大于 100μm；

（2）中裂缝：缝宽 10 ～ 100μm；

（3）小裂缝：缝宽 1 ～ 10μm；

（4）微裂缝：缝宽小于 1μm。

裂缝系统的驱油过程主要是压差的作用。流动条件符合达西定律，水驱过程接近活塞式推进，驱油效率可高达95%。

不同裂缝级别渗透率差异很大，裂缝的渗透率与其宽度成三次方关系。缝宽 100μm 的裂缝渗透率为 50μm 裂缝的 8 倍；缝宽 50μm 裂缝的渗透率为 10μm 裂缝的 125 倍；缝宽 10μm 的渗透率为 1μm 裂缝的 1000 倍。如图1所示。

在油田开发过程中，不同宽度的裂缝渗透率差异很大，因此在不同开采阶段所发挥的作用相差也很大。在油田开发中期，油井的见水和含水的快速上升主要反映了底水沿大裂缝锥进的特点（图2）。根据当时雾迷山组

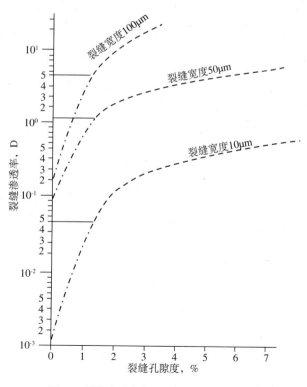

图1 裂缝渗透率与裂缝孔隙度关系曲线

表4 2006—2008年水淹低渗透层段试油数据表

井号	射孔井段				试油结果					底水淹没射孔顶时间 a	至2007年累计水淹时间 a	备注
	进山深度 m	井段 m	厚度 m	距潜山顶 m	日期	工作制度	日产油 t	日产水 t	含水 %			
检7	3066.0	3273～3280 3256～3258	9.0	190～214	2006.6—11	日抽64次 (1050～1200m)	0	14.4	100	82	26	
		3153～3159	6.0	87～93	2006.11—12	日抽26次 (700～900m)	2.45	45.3	96.0	85	23	
任387	3061.0	3316.6～3322.4	5.4	255.6～261.4	2007.12	日抽53次 (1600～1750m)	0	8.29	100.0	80	28	
		3195～3209	14.0	134～148	2008.1	日抽34次 (800～1050m)	0.66	33.32	98.0	84	24	
		3413.6～3420.0	6.4	288.1～294.5	2008.1—2	日抽72次 (1440～1550m)	0	17.27	100.0	79	29	
观6	3125.5	3201～3207.0	6.0	75.5～81.5	2008.3—4	日抽36次 (500～650m)	0	19.62	100.0	83	25	酸后求产
		3132～3153	21.0	6.5～27.5	2008.6	日抽32次 (740～890m)	0.8	12.72	94.1	85	23	酸后求产
任9	2955.0	3300～3360	60.0	395～405	2008.5	5.5m/4次，φ44mm× 2049.62m	0	40.7	100.0	81	27	2008.5开井进站
任364	3039.0	3385～3420	35.0	364～381	2008.6	5.0m/6次， φ44mm×1745.84m	0.1	31.0	99.6	80	28	2008.5开井进站

油层大直径密闭取心现场观察，大裂缝已经水淹，缝中水洗很干净，而且留有水洗后的盐霜；中裂缝的含油状况还比较好但已发生水浸；小裂缝含油仍很饱满尚未动用。这就是油藏开发后期裂缝系统逐级水淹的重要地质基础。

油藏开发中后期，通过大量的治理措施，油井的产量已逐步从大裂缝向中裂缝过渡，中裂缝成为产量接替的主力。随着开发时间的延续，中裂缝的含水又逐渐上升直至水淹。这就是裂缝系统中不同级别裂缝水淹过程的必然趋势和客观规律（图3、图4、图5）。

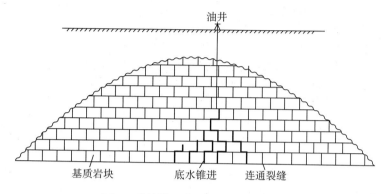

图2　裂缝性油藏底水锥进模型实验

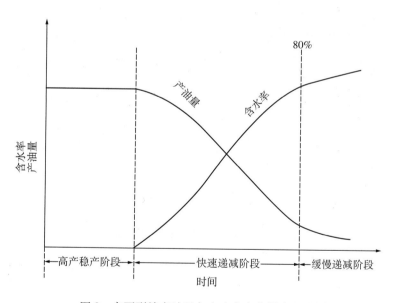

图3　主要裂缝产油量与含水率变化模式曲线

下面我们就以油井的生产实例说明。

例一，任370井。该井揭开雾七组上部油层，裸眼井段3003.5～3060.0m，厚56.5m。电测曲线显示主要裂缝发育但纵向上差异较大。1994年6月由于主要裂缝水淹，含水高达89.2%。同月对该井进行有机堵水，挤入堵剂132m³，挤堵起始压力零，爬坡压力16MPa。堵后初期含水降至32.6%，日产油增至102.8t，动液面从井口降至791m。堵水后的生产变化反映了主要水淹裂缝被有效封堵后发挥了次要裂缝的接替作用。但是从堵后至1997年2月在2年7个月的有效期内，在动液面低而稳定的条件下，含水又逐渐升至85.5%，反映出接替缝洞水淹过程。该井堵水效果见表5。

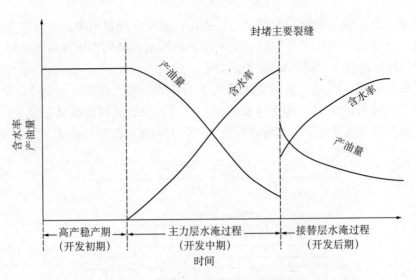

图 4 主力层和接替层水淹过程模式曲线

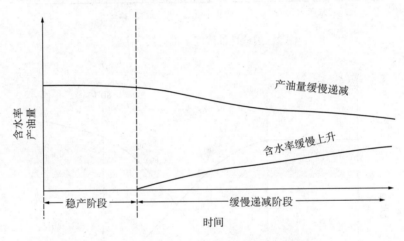

图 5 低渗透油井产油量含水率变化模式曲线

表 5 任 370 井堵水效果对比表

对比阶段		工作制度			效果对比				
阶段	日期	生产 方式	排量 m³	泵深 m	日产液 t	日产油 t	日产水 t	含水率 %	动液面 m
堵前	1994.6	电泵	250	559.85	323.3	34.8	288.5	89.2	井口
堵后	1994.8	电泵	200	1015.37	152.5	102.8	49.7	32.6	791
堵后	1994.9	电泵	200	1015.37	164.8	81.1	83.7	50.8	755
堵后	1994.10	电泵	200	1015.37	161.9	65.0	96.9	59.9	856
堵后	1994.11	电泵	200	1015.37	145.9	49.9	96.0	65.8	618
堵后	1994.12	电泵	200	1015.37	129.7	40.3	89.4	68.9	690
堵后	1995.3	电泵	200	1172.16	216.2	72.9	143.3	66.3	891

对比阶段		工作制度			效果对比				
阶段	日期	生产方式	排量 m³	泵深 m	日产液 t	日产油 t	日产水 t	含水率 %	动液面 m
堵后	1995.6	电泵	200	1172.16	225.4	48.1	177.3	78.2	1146
堵后	1995.12	电泵	200	1166.03	275.2	43.6	231.6	83.0	1137
堵后	1996.6	电泵	200	1207.77	249.4	40.3	208.9	83.8	1011
堵后	1996.12	电泵	200	1010.78	257.6	38.6	219.0	85.0	1067
堵后	1997.2	电泵	200	1010.78	243.5	35.2	208.3	85.5	1050

例二，任检 10 井。该井 1987 年 4 月投产至 1994 年 6 月含水升至 95.2%，产油量降至 4.9t，动液面 154m，反映了大裂缝的水淹状况。1994 年 7 月注水泥堵水后裸眼井段 2963.5～3002.63m，厚 39.13m，生产层位雾四油组。堵后初期含水降至 50.2%，产油量增至 62.8t，动液面降至 777m，下降 623m。堵后的生产变化反映出中等缝洞接替产量的特征。在 5 年的有效期内至 1999 年 11 月含水又逐步升至 91.6%，产油量降至 4.4t，反映出中等缝洞接替层的水淹过程。堵水前后生产情况见表 6。

表 6　任检 10 井堵水效果对比表

对比阶段		工作制度			效果对比				
阶段	日期	冲程/冲次	泵径 mm	泵深 m	日产液 t	日产油 t	日产水 t	含水率 %	动液面 m
堵前	1994.6	2.6m/8 次	70	802.6	102.8	4.9	97.9	95.2	154
堵后	1994.7	2.6m/8 次	83	808.21	105.5	62.8	42.7	50.2	777
堵后	1994.12	2.6m/8 次	83	808.21	59.6	29.5	30.1	50.5	821
堵后	1995.12	2.6m/8 次	83	810.0	95.1	30.5	64.6	67.9	796
堵后	1996.6	3.0m/7 次	83	810.0	90.6	21.3	69.3	76.5	620
堵后	1996.12	3.0m/7 次	83	810.0	99.9	21.5	78.4	78.4	740
堵后	1997.3	3.0m/7 次	83	810.0	97.9	20.8	77.1	72.7	760
堵后	1997.9	3.0m/7 次	83	810.0	87.0	15.1	71.9	82.7	752
堵后	1997.12	3.0m/7 次	83	810.0	87.2	12.5	74.7	85.6	750
堵后	1998.12	4.8m/3 次	83	871.69	42.6	6.5	35.7	84.7	653
堵后	1999.11	4.8m/3 次	83	1171.69	51.9	4.4	47.5	91.6	620

例三，任 245 井。该井揭开雾六组地层，裸眼井段 3245.25～3310.83m，厚 65.58m，生产层位于油组下部，裂缝段之间有明显差异。1993 年 4 月采用有机堵水，挤入堵剂 200m³，起始压力零，爬坡压力 4.0MPa。堵后初期产油量从 14.5t 上升至 56t，含水率从 90% 下降到 58.1%，动液面从 195m 降至 539m。堵水后的生产变化反映了次要裂缝段的产

量接替作用。在 4 年 4 个月的有效期内，动液面较低的条件下，含水率又从中含水末期升至高含水末期，进一步反映出接替缝洞逐渐水淹的过程。堵水前后生产变化见表 7。

表 7　任 245 井堵水效果对比表

对比阶段		工作制度			效果对比				
阶段	日期	冲程 / 冲次	泵径 mm	泵深 m	日产液 t	日产油 t	日产水 t	含水率 %	动液面 m
堵前	1993.3	2.6m/8 次	83	606.28	144.6	14.5	130.1	90.0	195
堵后	1993.4	2.6m/8 次	83	798.78	134.0	56.0	78.0	58.1	539
堵后	1993.6	2.6m/8 次	83	798.78	137.6	55.2	82.4	59.9	457
堵后	1993.9	2.6m/8 次	83	798，78	137.9	41.8	96.1	69.7	491
堵后	1993.12	2.6m/8 次	83	798.78	129.8	42.8	87.0	67.0	510
堵后	1994.12	2.6m/8 次	83	798.78	119.2	41.7	77.5	65.0	512
堵后	1995.12.	2.6m/8 次	83	777.55	128.1	46.1	82.0	64.0	702
堵后	1996.6	2.6m/8 次	83	777.55	136.7	46.6	90.1	65.9	728
堵后	1996.12	2.6m/8 次	83	777.55	124.2	39.3	84.9	68.3	769
堵后	1997.3	2.6m/8 次	83	777.55	123.8	23.2	100.6	81.3	794
堵后	1997.6	2.6m/8 次	83	856.0	137.7	19.0	118.7	86.2	631
堵后	1997.11	2.6m/8 次	83	845.2	130.7	14.2	116.5	89.1	648

综上所述，碳酸盐岩裂缝性块状底水油藏，在开采过程中不同裂缝级别依次见水和水淹是这类油藏开发的客观规律。在裂缝网络中，大裂缝渗透率很高，它的水淹过程就是油藏产量的快速递减阶段。大裂缝水淹后通过堵水、注水泥进行油层纵向上的剖面调整，在一定时期内可以实现次一级裂缝产量的部分接替。由于接替层逐渐水淹，致使油藏产量仍继续递减。

在目前大裂缝水淹和中裂缝部分水淹的条件下，中小裂缝则是当前挖潜的方向和重点。中小裂缝在整个裂缝网络中的分布很复杂。

1. 低渗透缝洞纵向上分布形式

主要有三种分布方式：

第一种，油井揭开油层全部是低渗透缝洞层段。例如任斜 362 井，揭开雾六—雾七[1]油组，厚 37m。1995 年 4 月投产，初期日产油 7.9t，含水 2.6%，动液面 1594m。目前日产油 5.2t，含水 24.4%，动液面 2356m。

第二种，大中裂缝位于裸眼段下部，中小裂缝集中分布在裸眼段上部。例如任 50 井，该井揭开雾一—雾二组油层，裸眼厚 122.14m，主要裂缝发育段集中分布在下部 2949 ~ 2984m，中小缝洞则分布在顶部 2877 ~ 2900m。又如任 370 井，该井揭开雾七组上部油层，裸眼厚 56.5m，主要裂缝段分布在下部 3027 ~ 3060m，低渗透缝洞分布在顶部 3003.5 ~ 3018.0m。以上这种分布形式通过堵水（留水泥塞）和酸化综合措施，能够有效地封堵主要出水裂缝，发挥中小缝洞的生产潜力。

第三种，在裂缝网络中，大中小裂缝呈不规则状态，小缝洞被夹持在大中裂缝切割的岩块中。这种分布形式在目前工艺技术条件下难以挖掘其潜力。

2. 低渗透率油层的生产特点

为了进一步认识中小缝洞的生产特点，我们统计了属低渗透的 11 口任 4xx 字号新井。从这些井投产初期的生产情况可以看出以下特点：

（1）产液量低，平均单井日产液 22.4t；

（2）含水率低，平均单井含水率 28.5%；

（3）动液面低，平均单井动液面 1428m，最低可达 1900m；

（4）产油量较高，平均单井日产油 9.9t。

单井情况见表 8。

表 8　低渗透井投产初期生产情况表

井号	裸眼井段 m	厚度 m	日期	日产液 t	日产油 t	含水率 %	动液面 m
任斜 456	3192.57 ~ 3221.0	28.43	1999.6	27.5	22.2	19.3	1260
任斜 465	3011.99 ~ 3050.0	38.01	1997.6	23.2	18.4	20.8	1571
任新 469	3240.09 ~ 3268.0	27.91	1999.8	5.9	3.6	37.8	1840
任 440	3043.4 ~ 3100	56.6	1996.1	15.3	8.2	46.3	1900
任 437	2975.97 ~ 3040	64.03	1995.8	24.1	19.5	18.9	1590
任斜 477	3136.4 ~ 3224	87.6	1998.10	24.0	22.0	8.7	1187
任斜 485	2959.4 ~ 3006	46.6	1999.10	23.7	13.9	41.2	1180
任斜 478	2669.51 ~ 2717	47.49	1999.8	12.4	5.3	57.6	1328
任斜 491	2838 ~ 2873	35.0	2001.9	37.5	22.0	41.3	1124
任斜 490	2921.7 ~ 2959.0	35.3	2001.2	11.7	11.7	0	1385
任斜 472	2705.95 ~ 2745	39.05	1998.9	41.0	32.0	22.0	1344

从这 11 口低渗透新井的投产初期的生产资料可以清楚地看出，虽然它们含油还较好但已明显发生了水浸，充分证明油藏已进入了开发晚期。

3. 开发过程中不同裂缝不同阶段水淹演变

不同开采阶段各类裂缝水淹状况见表 9。

表 9　不同开采阶段各类裂缝水淹状况表

裂缝级别	含油状况		
	开发初期	开发中期	开发晚期
大裂缝	含油饱满	基本水淹	水淹
中裂缝	含油饱满	发生水浸	基本水淹
小裂缝	含油饱满	含油饱满	发生水浸

4. 目前油井生产特点

根据雾迷山组油藏 2008 年 6 月的生产资料统计，开井 163 口，统计 139 口，占开井数的 85%。其生产特点是：

(1) 产液量较高，单井平均日产液 91.9t；

(2) 含水率高，单井平均含水率 96.3%；

(3) 动液面较高，单井平均动液面 591m；

(4) 产油量低，单井平均日产油 3.96t。

当前大多数油井的生产特点，明显反映出大中裂缝水淹后的开采状况，低渗透缝洞的生产潜力未得到发挥。各山头情况见表 10。

表 10　油井生产状况表

山头	开井数 口	统计井数		单井平均 日产液 t	单井平均 日产油 t	单井平均 含水率 %	单井平均 动液面 m
		井数 口	占比 %				
任十一	28	22	78.5	115.0	6.7	94.3	681
任七	86	79	91.8	87.5	3.5	96.9	574
任六	24	18	75.0	104.7	4.0	96.3	547
任九	25	20	80.0	72.6	2.5	96.2	600
合计	163	139	85.0	91.9	3.96	96.3	591

5. 要在剩余厚度中寻找生产潜力

中小缝洞的生产潜力必须在目前剩余含油厚度中寻找，那么目前有多少油井还有剩余厚度呢？据 183 口油井统计，目前油水界面淹过潜山顶油井共 77 口，占 42.1%。目前还有剩余厚度的油井 106 口，占 57.9%。其中剩余厚度 50～100m 油井 38 口，大于 100m 的油井 21 口。剩余含油厚度大于 50m 的共 59 口井，这些井将是今后挖潜的重点。各山头情况见表 11。

表 11　各山头油井水淹状况统计表

山头	统计 井数 口	油水界面淹过潜山顶井数，口				有剩余含油高度的井数，口			
		0～50m	50～100m	>100m	小计/比例	0～50m	50～100m	>100m	小计/比例
任十一	36	2	3	7	12/33.3	6	8	10	24/66.7
任七	92	22	10	9	41/44.6	30	11	10	51/55.4
任六	26	5	6	1	12/46.2	4	9	1	14/53.8
任九	29	4	6	2	12/41.4	7	10	0	17/58.6
合计	183	33	25	19	77/42.1	47	38	21	106/57.9

注：①任七山头二台阶油井因无油水界面资料故未统计。

②套管变形油井未进行统计。

③水平井未进行统计。

（三）油井进山顶部存在底水波及程度较差的低渗透潜力层段

从 1989 年至 2008 年，20 年来的开发实践中，不断地发现在油井水淹严重的情况下，进山顶部仍然存在底水波及程度很差的低渗透含油层段，下面我们就举例说明之。

例一，任 323 井。该井揭开潜山厚度 63.47m，生产层位为雾四组油层。1985 年 9 月自喷投产，1986 年 3 月水锥见水，水锥高度 127.3m。见水前日产油 344t，至 1989 年 1 月含水升至 84.1%，日产油量降至 11t。同月对该井进行无机堵水封堵下部主要出水段，堵后灰面深度 2949.66m，剩余裸眼厚度只有 3.13m，钻井录井资料显示，进山顶面 2943～2948m，厚 5m，岩性为褐灰色油斑硅质白云岩，具含油岩屑，综合解释为油层。堵水后于 1989 年 2 月转抽生产，初期日产油 42t，含水最低降零。堵水前后生产变化见表 12。

表 12　任 323 井堵水效果对比表

对比阶段		工作制度			效果对比				
阶段	日期	方式	泵径 mm	泵深 m	日产液 t	日产油 t	日产水 t	含水率 %	动液面 m
堵前	1989.1	油 10mm/ 套 10mm	—	—	71.0	11.0	60.0	84.1	井口
堵后	1989.2	2.6m/7 次	56	1283.56	46.0	42.0	4.0	9.5	1070
堵后	1989.3	2.6m/7 次	56	1283.56	38.0	37.0	1.0	1.4	1067
堵后	1989.4	2.6m/7 次	56	1283.56	30.0	30.0	0	0	1098
堵后	1989.5	2.6m/7 次	56	1283.56	26.0	25.0	1.0	2.5	1110
堵后	1989.9	2.6m/7 次	56	1283.56	24.0	24.0	0	0.27	1112
堵后	1989.12	2.6m/7 次	57	1591.39	33.0	32.0	1.0	0.69	1583
堵后	1990.12	2.6m/7 次	57	1591.39	22.0	17.0	5.0	23.6	1677
堵后	1991.4	2.6m/7 次	57	1591.39	26.0	19.0	7.0	27.7	1498

该井堵水前后的生产资料证实，主力层水淹后进山顶部还存在未被底水波及的低渗透含油层段。

例二，任 347 井。该井裸眼厚度 51.5m，生产雾四组油层。1983 年 12 月投产，1987 年 3 月水锥见水，见水前套管 ϕ 12mm 生产，日产油 530t，见水后含水上升很快，至 1990 年 10 月含水率高达 93.7%，日产油降至 7t，油井停喷。1991 年 1 月使用无机堵剂堵水，堵后灰面深度 3072.07m，剩余裸眼厚度 7.57m。钻井录井资料显示，进山顶部 3061.5～3066，厚 4.5m，为油斑白云岩，荧光级别 7～9 级，具含油岩屑，综合解释为油层；3070.6～3077m，厚 6.8m，为荧光白云岩，荧光 7～8 级，解释为油层。

该层段酸洗后下泵生产，初期日产油 193t（连抽带喷），含水率降至 5.3%。此次堵水（包括提液）有效期 7 年，总累计增油 71307t。

该井堵水时观 5 井油水界面 3098.53m，剩余含油高度 37.03m，油水界面已淹过井底 17.47m，水淹裸眼厚度比例达 33.9%。通过该井堵水资料证实，在油井主力层水淹很严重的条件下，进山顶面仍然存在波及程度较低的油层。堵水前后对比见表 13。

表 13　任 347 井堵水效果对比表

对比阶段		工作制度			效果对比				
阶段	日期	方式	泵径或排量	泵深 m	日产液 t	日产油 t	日产水 t	含水率 %	动液面 m
堵前	1990.10	油 10mm/ 套 10mm	—	—	100.0	7.0	93.0	93.7	井口
堵后	1991.1	3.0m/8 次	83mm	605.55	204.0	193.0	11.0	5.3	井口
堵后	1991.11	油 6mm	—	—	71.0	53	18.0	28.4	井口
堵后	1992.12	3.0m/8 次	83mm	605.11	189.7	36.8	152.9	80.6	42
堵后	1993.12	3.0m/8 次	110mm	506.7	226.6	34.1	192.5	84.9	146
堵后	1994.12	电泵	200m³	1100.85	193.7	24.6	169.1	87.3	507
堵后	1995.12	电泵	200m³	1100.85	260.7	36.8	223.9	85.9	272
堵后	1996.12	电泵	200m³	1080.12	156.5	21.0	135.5	86.6	408
堵后	1997.12	电泵	200m³	907.53	259.1	16.4	242.7	93.7	609

　　例三，任 345 井。该井裸眼厚度 46.77m，生产雾五油组，1984 年 4 月投产，1987 年 2 月水锥见水。见水前套管 ϕ 13mm 生产，日产油 612t，至 1991 年 1 月含水升至 91.3%，日产油降至 18t，油井停喷。1991 年 2 月使用无机堵剂堵水，堵后灰面深度 3083.65m，剩余裸眼厚度 5.36m。钻井录井资料显示，进山顶部 3075～3083m，厚 8.0m，为荧光白云岩，荧光 7～9 级，电测解释Ⅲ级裂缝段油层。堵后转抽生产，初期日产油 53t，含水降至 15.9%。此次堵水增油有效期 1 年 3 个月，累计增油 7170t，降水有效期却很长。该井堵水时观 5 井油水界面 3099.93m，剩余含油高度 24.93m，油水界面淹过井底 25.07m（主产层已被水淹），水淹裸眼厚度比例 53.6%。上述资料证实，在油井水淹很严重的情况下，进山顶部泥质含量较高的中小缝洞底水波及程度仍然很低。堵水前后生产变化见表 14。

表 14　任 345 井堵水效果对比表

对比阶段		工作制度			效果对比				
阶段	日期	方式	泵径 mm	泵深 m	日产液 t	日产油 t	日产水 t	含水率 %	动液面 m
堵前	1991.1	油套 13mm	—	—	203.0	18.0	185.0	91.3	井口
堵后	1991.2	2.6m/8 次	57	1476.35	63.0	53.0	10.0	15.9	86
堵后	1991.3	2.6m/8 次	57	1476.35	57.0	44.0	13.0	23.4	293
堵后	1991.4	2.6m/8 次	57	1476.35	59.0	37.0	22.0	37.7	179
堵后	1991.5	2.6m/8 次	57	1476.35	53.0	34.0	19.0	36.1	356
堵后	1991.6	2.6m/8 次	83	805.68	117.0	55.0	62.0	53.0	612
堵后	1991.7	2.6m/8 次	83	805.68	128.0	50.0	78.0	60.9	672
堵后	1991.8	3.0m/8 次	83	805.68	136.0	58.0	78.0	57.3	750
堵后	1991.12	3.0m/8 次	70	958.79	87.0	33.0	54.0	62.2	960
堵后	1992.4	3.0m/8 次	70	1110.27	65.8	24.4	41.4	61.9	823

例四，任 240 井。该井揭开厚度 93.64m，生产层位雾五油组中下部及雾六组地层。1979 年 9 月投产，1985 年 11 月水锥见水，水锥高度 53.9m，见水时日产油 366t。至 1989 年 5 月含水升至 91.5%，日产油降至 20t，同月对该井进行无机堵水实验，后因事故关井。1990 年 10 月大修后转抽恢复生产，灰面深度 3081.78m，裸眼厚度 7.07m，钻井录井显示，3073～3076m，厚 3.0m，为油斑白云岩，荧光 14 级，具含油岩屑，综合解释为油层。该层段生产初期日产油 34t，含水降零。动液面 1457m，属低渗透油层。至 1991 年 11 月由于生产能力下降，日产油降至 6t，但仍不含水。1991 年 12 月为提高生产能力对该层段进行酸化，酸后与下部水淹裂缝沟通，开井后含水高达 80.6%。

从该井电测、产液剖面和生产动态资料看出，主产层在雾五油组底部的顺层溶解带，深度 3108～3140m。在主产层水淹的条件下，留灰面封堵后在进山顶部仍存有尚未被底水波及的低渗透含油层段。该井措施前后生产变化见表 15。

表 15   任 240 井堵水效果对比表

对比阶段		工作制度			效果对比				
阶段	日期	方式	泵径 mm	泵深 m	日产液 t	日产油 t	日产水 t	含水率 %	动液面 m
堵前	1989.5	油套 10mm	—	—	236.0	20.0	1	91.5	井口
堵后	1990.10	2.6m/9 次	56	1497.44	36.0	34.0	0	6.59	—
堵后	1990.12	2.6m/9 次	56	1497.44	25.0	25.0	0	0	1457
堵后	1991.4	2.6m/9 次	56	1497.44	22.0	22.0	0	0	1494
堵后	1991.8	2.6m/9 次	56	1469.02	6.0	6.0	0	0	1607
堵后	1991.11	2.6m/9 次	56	1469.02	6.0	6.0	0	0	—
酸后	1991.12	2.6m/9 次	70	1002.72	122.0	24.0	98.0	80.6	井口

例五，任 370 井。该井揭开层位雾六组下部及雾七组上部油层，生产井段 3003.5～3060m，厚 56.5m。1987 年 5 月投产，同年 10 月底水锥进见水，水锥高度 48m，见水前日产油 534t。1994 年 8 月进行有机堵水，效果较好。1998 年 4 月再次堵水以及同年 6 月注水泥上移生产段（3003.5～3034.29m，厚 30.79m）均无效果。至 1998 年 10 月含水高达 99.4%，日产油降至 0.6t，水淹关井。2000 年 1 月对该井采用填泥球酸化顶部低渗透层段的措施，泥面深度 3010m，剩余裸眼厚度 6.5m。录井资料显示，3003～3010m，厚 7.0m 为油斑泥质白云岩，含油岩屑 5～9 颗，荧光 10～13 级，综合解释为油层。该层段酸化后初期日产油 67t，含水 35%。本次措施至 2008 年 6 月已有效 8 年 6 个月，总累计增油 24426t。

例六，任观 6 井。该井原是任九山头的测压观察井，进山深度 3125.5m，完钻井深 3560.36m，揭开雾四至雾七组油层。2008 年对该井下 $4\frac{1}{2}$in 尾管，深度 2982.69～3519m，自下而上进行分段射孔试油，寻找油井潜力。试油情况如下：

第一射孔段井深 3413.6～3420m，厚 6.4m（油水界面淹过射孔顶深 381.7m）试油求产，日产水 17.27t，含水 100%。

第二射孔段井深 3201～3207m，厚 6.0m（油水界面淹过射孔顶深 163.7m），试油求产，日产水 19.62t，含水 100%。

第三射孔段井深 3132～3153.0m，厚 21m（油水界面淹过射孔顶深 94.7m）。该层段位于进山顶部，电测资料显示为泥质含量较高的低渗透层段。酸化后试油求产，日产油 0.8t，日产水 12.72t，含水 94%。

2008 年 8 月 5 日开井生产，初期日产液 52t，日产油 13t，含水率 75%。实践证明部位较低的进山顶部仍具一定的低产潜力。该层段由于投产前进行过酸化，因此投产后含水上升很快，仅生产 10 天，含水率高达 90%，日产油降至 2.4t。

例七，任 459 井。该井是任七山头二台阶的生产井。1997 年 3 月揭开雾四、雾五组油层投产。至 1998 年 12 月日产油降至 2t，含水高达 98%。1999 年 1 月注水泥将雾迷山油层封堵（灰面深度 3363.2m）后，射开沙四段含油底砾岩，射孔井段 3340～3360m，厚 20m。

根据钻井录井资料，3336.6～3363.6m，厚 27.0m 为油斑角砾岩，含油岩屑 15%～50%，综合解释为油层。该层段投产初期日产油 80.4t，含水最低降至 1.1%，动液面 340m。生产资料证实该井沙四段底砾岩为一高产油层，累计产油 2.8×10⁴t。

根据地质资料统计，具有沙四段底砾岩的油井还有 4 口（任 210、任 447、任 442、任斜 225 井）；具有龙山组油层的还有 2 口（任 210、任 493 井）。这些油层都具有一定潜力。

在油井水淹十分严重的条件下，油井进山顶部的低渗透层段仍然存在一定的生产潜力，证明了底水对它的波及是很差的。这绝非是一种偶然现象，应该说这是在特定条件下（顶部油层渗透性低，全井生产时没有产液量）非均质油层底水锥进的规律，我们将利用这一规律为油藏开发晚期寻找潜力。

潜山顶面的低渗透潜力主要包括三个部分：
（1）油井进山顶面被套管封住的含油层段；
（2）油井套管鞋以下裸眼的低渗透含油层段；
（3）潜山剥蚀面上被套管封住的沙四段含油的底砾岩。

根据钻井录井资料的初步统计，油井进山顶面存在潜力的油井共有 69 口，总厚度 418.9m，平均单井厚度 6.07m，其中套管鞋以上厚 180.93m，平均单井厚度 2.62m；套管鞋以下厚 237.97m，平均单井厚 3.45m。单井资料详见表 16～表 20。

油井纵向上潜力分布模式如图 6～图 9 所示。

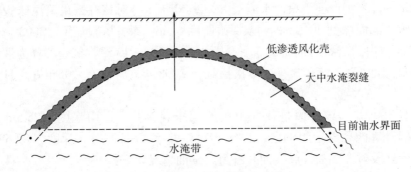

图 6　低渗透风化壳潜力分布模式

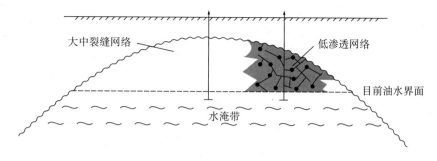

图 7　低渗透井潜力分布模式图（示意）

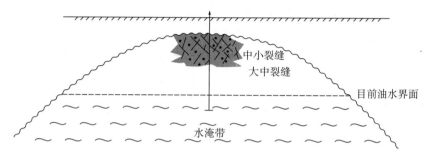

图 8　低渗透层段潜力分布模式

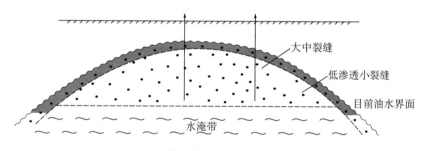

图 9　低渗透缝洞潜力分布模式

表 16　任七山头油井剩余含油高度统计表

序号	井号	潜山顶面深度 m	观察井		剩余油高度 m	水淹高度 m	备注
			井号	油水界面 m			
1	检 10	2960.50	观 2	3070.50	+110.0	439.5	
2	斜 15	2960.00	观 2	3070.50	+110.5	439.5	
3	任 223	2944.00	观 2	3070.50	+126.5	439.5	
4	任 222	2868.00	观 2	3070.50	+202.5	439.5	
5	任 321	2916.00	观 2	3070.50	+154.5	439.5	
6	任 322	2946.00	观 2	3070.50	+124.5	439.5	
7	任 325	2966.50	观 2	3070.50	+104.0	439.5	

序号	井号	潜山顶面深度 m	观察井		剩余油高度 m	水淹高度 m	备注
			井号	油水界面 m			
8	任 435	2955.00	观2	3070.50	+115.5	439.5	
9	任 436	2968.00	观2	3070.50	+102.5	439.5	
10	任 214	3009.00	观5	3077.00	+68.0	433.0	
11	任 221	3007.00	观2	3070.50	+63.5	439.5	
12	任 239	3009.50	观5	3077.00	+67.5	433.0	
13	任 320	3018.00	观2	3070.50	+52.5	439.5	
14	斜 332	3007.00	观2	3070.50	63.5	439.5	
15	任 370	3003.00	观2	3070.50	+67.5	439.5	
16	任 371	2975.00	观2	3070.50	+95.5	439.5	
17	任 395	3013.00	观2	3070.50	+57.5	439.5	
18	任 466	2988.00	观2	3070.50	+82.5	439.5	
19	任 375	2990.00	观2	3070.50	+80.5	439.5	
20	任 217	3051.00	观2	3070.50	+19.5	439.5	
21	任 219	3034.00	观2	3070.50	+36.5	439.5	
22	斜 225	3043.00	观2	3070.50	+28.5	439.5	
23	任 316	3033.00	观2	3070.50	+37.5	439.5	
24	任 328	3058.00	观2	3070.50	+12.5	439.5	
25	任 330	3034.01	观2	3070.50	+36.49	439.5	
26	斜 331	3036.00	观2	3070.50	+34.5	439.5	
27	任 337	3045.00	观2	3070.50	+25.5	439.5	
28	任 347	3061.50	观5	3077.00	+15.5	433.0	
29	任 348	3055.00	观2	3070.50	+15.5	439.5	
30	任 368	3047.00	观2	3070.50	+23.5	439.5	
31	任 377	3033.00	观2	3070.50	+37.5	439.5	
32	任 401	3037.50	观2	3070.50	+33.0	439.5	
33	任 471	3060.00	观5	3077.00	+17.0	433.0	
34	任 473	3034.00	观2	3070.50	+36.5	439.5	
35	检 1	3063.00	观2	3070.50	+7.5	439.5	
36	检 7	3066.00	观2	3070.50	+4.5	439.5	

序号	井号	潜山顶面深度 m	观察井		剩余油高度 m	水淹高度 m	备注
			井号	油水界面 m			
37	任 49	3070.00	观 5	3077.00	+7.0	433.0	
38	任 240	3073.00	观 5	3077.00	+4.0	433.0	
39	斜 336	3074.00	观 5	3077.00	+3.0	433.0	
40	任 345	3075.00	观 5	3077.00	+2.0	433.0	
41	任 378	3063.00	观 2	3070.50	+7.5	439.5	
42	任 355	3032.00	观 2	3070.50	+38.5	439.5	
43	任 383	3065.00	观 5	3077.00	+12.0	433.0	
44	任 386	3067.00	观 5	3077.00	+10.0	433.0	
45	任 387	3061.00	观 5	3077.00	+16.0	433.0	
46	任 226	3051.00	观 2	3070.50	+19.5	439.5	
47	任 238	3069.00	观 5	3077.00	+8.0	433.0	
48	任 318	3058.00	观 2	3070.50	+12.5	439.5	
49	任 333	3066.50	观 2	3070.50	+4.0	439.5	
50	斜 324	2956.00	观 2	3070.50	+114.5	439.5	补充前面剩余厚度大于 100m
51	任 216	2990.50	观 2	3070.50	+80.0	439.5	补充前面剩余厚度 50～100m
52	新 27	3185.00	观 2	3070.50	−114.5	439.5	
53	任 245	3241.00	观 5	3077.00	−164.0	433.0	
54	任 354	3185.50	观 5	3077.00	−108.5	433.0	
55	任 342	3218.00	观 5	3077.00	−141.0	433.0	
56	斜 392	3198.00	观 5	3077.00	−121.0	433.0	
57	任 443	3216.50	观 5	3077.00	−139.5	433.0	
58	任 454	3285.00	观 5	3077.00	−208.0	433.0	
59	斜 464	3230.00	观 2	3070.50	−159.5	439.5	
60	任 467	3205.00	观 2	3070.50	−134.5	439.5	
61	任 32	3143.50	观 2	3070.50	−73.0	439.5	
62	任 227	3167.00	观 2	3070.50	−96.5	439.5	
63	任 231	3139.00	观 2	3070.50	−68.5	439.5	
64	任 314	3161.00	观 2	3070.50	−90.5	439.5	
65	任 343	3155.00	观 5	3077.00	−78.0	433.0	

序号	井号	潜山顶面深度 m	观察井		剩余油高度 m	水淹高度 m	备注
			井号	油水界面 m			
66	任 380	3130.00	观 5	3077.00	−53.0	433.0	
67	任 441	3151.00	观 2	3070.50	−80.5	439.5	
68	任 457	3148.00	观 2	3070.50	−77.5	439.5	
69	任 398	3130.00	观 2	3070.50	−59.5	439.5	低产关井
70	任 447	3136.00	观 2	3070.50	−65.5	439.5	低产关井
71	任 7	3099.50	观 2	3070.50	−29.0	439.5	
72	斜 27	3116.40	观 2	3070.50	−45.9	439.5	
73	任 56	3071.00	观 2	3070.50	−0.5	439.5	
74	任 213	3105.00	观 2	3070.50	−34.5	439.5	
75	任 228	3118.00	观 2	3070.50	−47.5	439.5	
76	任 234	3095.00	观 5	3077.00	−18.0	433.0	
77	任 243	3109.00	观 5	3077.00	−32.0	433.0	
78	任 329	3114.00	观 2	3070.50	−43.5	439.5	
79	任 335	3090.00	观 5	3077.00	−13.0	433.0	
80	任 338	3113.00	观 5	3077.00	−36.0	433.0	
81	斜 339	3078.00	观 5	3077.00	−1.0	433.0	
82	任 340	3081.00	观 5	3077.00	−4.0	433.0	
83	任 341	3123.50	观 5	3077.00	−46.5	433.0	
84	任 350	3092.00	观 2	3070.50	−21.5	439.5	
85	任 379	3090.00	观 2	3070.50	−19.5	439.5	
86	任 384	3080.00	观 5	3077.00	−3.0	433.0	
87	任 385	3107.00	观 5	3077.00	−30.0	433.0	
88	斜 393	3072.00	观 2	3070.50	−1.5	439.5	
89	任 215	3104.50	观 2	3070.50	−32.0	439.5	
90	任 233	3095.00	观 2	3070.50	−24.5	439.5	
91	任 313	3081.00	观 2	3070.50	−10.5	439.5	
92	任 334	3116.00	观 5	3077.00	−39.0	433.0	

表 17 任六山头油井剩余含油高度统计表

序号	井号	潜山顶面深度 m	观察井		剩余油高度 m	水淹高度 m	备注
			井号	油水界面 m			
1	斜 465	3005.00	观 8	3109.20	+104.2	400.8	
2	任 235	3042.00	观 8	3109.20	+67.2	400.8	
3	任 369	3050.00	观 8	3109.20	+59.2	400.8	
4	斜 1—4	3027.73	观 8	3109.20	+81.47	400.8	
5	斜 1—3	3047.93	观 8	3109.20	+61.27	400.8	
6	斜 1—2	3055.07	观 8	3109.20	+53.13	400.8	高含水低产关井
7	斜 1—5	3048.38	观 8	3109.20	99.2	400.8	高含水低产关井
8	斜 1—7	3046.00	观 8	3109.20	+63.2	400.8	
9	任 455	3010.00	观 8	3109.20	+99.2	400.8	
10	任 458	3024.00	观 8	3109.20	+85.2	400.8	
11	任 248	3060.00	观 8	3109.20	+49.2	400.8	
12	任 246	3075.50	观 8	3109.20	+33.7	400.8	
13	斜 1—1	3078.66	观 8	3109.20	+30.54	400.8	
14	斜 444	3108.00	观 8	3109.20	+1.2	400.8	
15	斜 469	3226.00	观 8	3109.20	−206.8	400.8	停产井
16	任 17	3168.50	观 8	3109.20	−59.3	400.8	
17	任 247	3188.00	观 8	3109.20	−78.0	400.8	
18	任 391	3175.00	观 8	3109.20	−65.8	400.8	
19	任 422	3180.00	观 8	3109.20	−70.8	400.8	
20	任 423	3198.00	观 8	3109.20	−88.8	400.8	
21	任 388	3180.00	观 8	3109.20	−70.8	400.8	
22	任 4	3151.50	观 8	3109.20	−42.3	400.8	
23	任 39	3118.00	观 8	3109.20	−8.8	400.8	
24	斜 254	3158.00	观 8	3109.20	−48.8	400.8	
25	任 482	3158.00	观 8	3109.20	−48.8	400.8	
26	斜 456	3147.00	观 8	3109.20	−37.8	400.8	

表 18　任九山头油井剩余含油高度统计表

序号	井号	潜山顶面深度 m	观察井		剩余油高度 m	水淹高度 m	备注
			井号	油水界面 m			
1	任 69	3020.50	任 9	3037.30	+52.8	472.7	
2	任 93	2950.00	任 9	3037.30	+87.3	472.7	
3	任 257	2974.50	任 9	3037.30	+62.8	472.7	
4	斜 362	2965.00	任 9	3037.30	+72.3	472.7	
5	斜 356	2939.68	任 9	3037.30	+97.62	472.7	
6	任 437	2974.00	任 9	3037.30	+63.3	472.7	
7	任 436	2961.00	任 9	3037.30	+76.3	472.7	
8	斜检 8	2956.00	任 9	3037.30	+81.3	472.7	
9	任 9	2955.00	任 9	3037.30	+82.3	472.7	又由观察井改潜山井
10	任 260	2959.60	任 9	3037.30	+77.7	472.7	关井
11	任 51	3075.50	任 9	3037.30	+0.5	472.7	
12	任 262	2997.00	任 9	3037.30	+40.3	472.7	
13	任 263	3022.00	任 9	3037.30	+15.3	472.7	
14	任 266	3032.00	任 9	3037.30	+5.3	472.7	
15	任 358	3002.00	任 9	3037.30	+35.3	472.7	
16	斜 479	3009.00	任 9	3037.30	+28.3	472.7	
17	任 487	3024.00	任 9	3037.30	+13.3	472.7	
18	任 25	3222.50	任 9	3037.30	−185.2	472.7	
19	任 434	3183.00	任 9	3037.30	−145.7	472.7	
20	任 258	3108.00	任 9	3037.30	−70.7	472.7	关井
21	任 259	3111.00	任 9	3037.30	−73.7	472.7	
22	任 264	3136.00	任 9	3037.30	−98.7	472.7	
23	任 365	3125.00	任 9	3037.30	−87.7	472.7	
24	斜 477	3121.20	任 9	3037.30	−83.9	472.7	
25	斜 480	3107.00	任 9	3037.30	−69.7	472.7	
26	任 364	3039.00	任 9	3037.30	−2.0	472.7	
27	斜 363	3040.00	任 9	3037.30	−2.7	472.7	
28	任 440	3040.00	任 9	3037.30	−2.7	472.7	
29	新 60	3066.50	任 9	3037.30	−29.2	472.7	

表 19 任十一山头油井剩余含油高度统计表

序号	井号	潜山顶面深度 m	观察井		剩余油高度 m	水淹高度 m	备注
			井号	油水界面 m			
1	任 11	2637.50	观 1	2771.50	+134.0	738.5	
2	任 40	2658.00	观 1	2771.50	+113.5	738.5	
3	任 109	2627.50	观 1	2771.50	+144.0	738.5	
4	任 202	2626.50	观 1	2771.50	+145.0	738.5	
5	任 311	2645.00	观 1	2771.50	+126.5	738.5	
6	斜 478	2627.00	观 1	2771.50	+144.5	738.5	
7	斜 472	2590.00	观 1	2771.50	+181.5	738.5	
8	斜 489	2659.00	观 1	2771.50	+112.5	738.5	
9	斜 491	2625.30	观 1	2771.50	+146.2	738.5	
10	斜 492	2667.80	观 1	2771.50	+103.7	738.5	
11	任 48	2676.00	观 1	2771.50	+95.5	738.5	
12	任 203	2710.50	观 1	2771.50	+61.0	738.5	
13	任 204	2684.00	观 1	2771.50	+87.5	738.5	
14	任 301	2681.00	观 1	2771.50	90.5	738.5	
15	任 303	2678.00	观 1	2771.50	93.5	738.5	
16	斜 484	2683.00	观 1	2771.50	+85.5	738.5	
17	斜 485	2706.00	观 1	2771.50	+65.5	738.5	
18	斜 494	2687.63	观 1	2771.50	+83.87	738.5	
19	观 9	2765.00	观 1	2771.50	+6.5	738.5	
20	任 308	2757.00	观 1	2771.50	+14.5	738.5	
21	任 310	2743.00	观 1	2771.50	+28.5	738.5	
22	任 312	2732.00	观 1	2771.50	+39.5	738.5	
23	斜 490	2725.00	观 1	2771.50	+46.5	738.5	
24	斜 493	2767.50	观 1	2771.50	+4.0	738.5	
25	任 50	2876.00	观 1	2771.50	−104.5	738.5	
26	任 66	2979.00	观 1	2771.50	−207.5	738.5	
27	任 210	2950.00	观 1	2771.50	−178.5	738.5	
28	任 306	2959.50	观 1	2771.50	−188.0	738.5	
29	任 438	2934.00	观 1	2771.50	−162.5	738.5	

序号	井号	潜山顶面深度 m	观察井		剩余油高度 m	水淹高度 m	备注
			井号	油水界面 m			
30	斜72-1	3123.00	观1	2771.50	-351.5	738.5	
31	任394	2824.00	观1	2771.50	-52.5	738.5	
32	斜486	2840.50	观1	2771.50	-69.0	738.5	
33	任209	2796.00	观1	2771.50	-24.5	738.5	
34	斜476	2806.00	观1	2771.50	-34.5	738.5	
35	斜检3	2834.00	观1	2771.50	-62.5	738.5	
36	任79	3027.00	观1	2771.50	-255.5	738.5	

二、油藏生产潜力在平面上的分布规律

（一）油藏老井之间，潜山高部位、油层内幕高、油水分布受断块控制的断块高部位、低渗透井区存在一定的生产潜力

为了研究油藏开发晚期生产潜力在平面上的分布规律，我们重点对老井侧钻井和任4xx字号新井，在井距加密到200～250m的条件下，投产初期的生产情况与相邻老井同期的水淹状况对比，从而研究老井在500m井距下锥间的含油状况及其规律。我们共对16口老井的侧钻及能够形成较完善井网的18口任4xx字号新井共计34口井进行了综合分析，对老井间剩余油的分布得出以下几点看法。

（1）所钻新井（或侧钻井）的位置比相邻老井高，老井已基本水淹，而锥间高部位的新井仍含油较好。

例一，任473井。它与临近老井任331、任333、任329井的生产层位均为雾七组油层，揭开厚度31.4～72m。任473井的进山深度比相邻老井高34.0～80m。该新井1998年3月投产时含水仅1.1%，日产油56.6t，而同时期相邻老井的含水率已高达85.2%～98.3%。井位分布如图10所示，生产情况对比见表21。

例二，任斜331井。该井是任331井的侧钻井，它与邻近老井的主产层均为雾七油组。任斜331井的进山深度较331井高57.0m，与其他邻近老井高27.0～59.0m。任斜331井1998年12月投产时含水仅0.2%，日产油48.9t，而同时期相邻老井含水已高达92.3%～97.8%。井位分布如图11

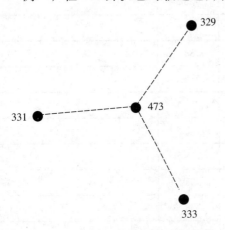

图10 任473井与临井分布

表 20 潜山顶面可动用油层综合统计表

序号	井号	雾迷山顶面深度 m	油层套管深度 m	潜山顶面录井油气显示 井段 m	厚度 m	岩性及含油级别	含油岩屑	荧光级别	综合解释	油层厚度, m 套鞋以上	套鞋以下	合计	备注
1	检 1	3060.0	3641.29	3063.0~3070.0	7.0	油浸白云岩	2~14颗	—	油层	7.00	0.00	7.00	射孔完成井
2	检 7	3066.0	3490.93	3066.0~3070.0	4.0	荧光白云岩	—	8~9	可疑层	4.00	0.00	4.00	射孔完成井
3	检 10	2960.5	2963.5	2963.0~2972.0	6.9	油斑白云岩	3~4颗	7~8	油层	0.50	8.50	9.00	射孔完成井
4	观 6	3125.5	2982.69~3519.0	3132.0~3138.0	6.0	油斑白云岩	2%~6%	5~7	—	6.00	0.00	6.00	射孔完成井
5	新 27	3185.0	3187.5	3185.0~3191.0	6.0	油斑白云岩	—	—	油层	2.50	3.50	6.00	
6	任 50	2876.0	2877.0	2876.0~2880.0	4.0	油斑白云岩	—	7~8	可疑层	1.00	3.00	4.00	
7	任 66	2979.0	2979.99	2979.0~2987.0	7.0	油斑白云岩	—	—	—	0.99	7.01	8.00	
8	任 240	3073.0	3074.71	3073.0~3076.0	3.0	油斑白云岩	5%	14	含油层	1.71	1.29	3.00	
9	任 209	2796.0	2798.04	2796.0~2799.0	3.0	油斑白云岩	1~5颗	—	含油层	2.04	0.96	3.00	
10	任 210	2950.0	2952.57	2947~2950 2950~2955	3.0 5.0	油斑角砾岩 油斑白云岩	5%~25% 35%~60%	12 12	可疑层 油层	3.0 2.57	0 2.43	3.0 5.0	Es$_{2+3}$底砾岩
11	任 215	3104.5	3106.01	3104.5~3108.0	3.5	油斑白云岩	20%	15	油层	1.51	1.99	3.50	
12	任 217	3051.0	3052.33	3051~3054 3055~3064	3.0 9.0	荧光白云岩	8	9	差油层	1.33	10.67	12.00	
13	任 219	3034，0	3036.0	3034~3037	3.0	油斑白云岩	少量	黄色	油层	2.00	1.00	3.00	
14	任 220	3029.0	3031.33	3030~3034	4.0	油斑白云岩	5%~20%	13	油层	1.33	2.67	4.00	
15	任 223	2944.0	2946.0	2947~2953	6.0	荧光白云岩	—	7	含油层	0.00	6.00	6.00	
16	斜 225	3055.0	3057.13	3043~3055	12.0	油斑角砾白云岩	25%~35%	—	差油层	12.00	0.00	12.00	Es$_{2+3}$底砾岩含油
17	任 227	3167.0	5" 3173.5	3168~3179.2	11.2	硅质白云岩	—	8~9	次要裂缝	5.30	5.70	11.00	
18	任 228	3118.0	3119.5	3119~3124	5.0	油斑硅质白云岩	1~3颗	8~9	差油层	0.50	4.50	5.00	3126~3129m 3.0m油斑白云岩 荧光9~8级，3130~3132.0m 2.0m油斑白云岩荧光8级

序号	井号	雾迷山顶面深度 m	油层套管深度 m	潜山顶面录井油气显示						油层厚度, m			备注
				井段 m	厚度 m	岩性及含油级别	含油岩屑	荧光级别	综合解释	套鞋以上	套鞋以下	合计	
19	任234	3095.0	3098.2	3094.5~3103	8.5	油斑白云岩	少量	10	次要裂缝	3.70	4.80	8.50	
20	任236	3150.0	3152.0	3150~3154	4.0	油斑白云岩	2%	6~9	油层	2.00	2.00	4.00	
21	任245	3241.0	3245.2	3241~3250 3250~3254	9.0 4.0	荧光白云岩荧光泥质白云岩	10%	4~6	次裂缝	4.2 0	4.8 4.0	9.0 4.0	
22	任248	3060.0	3060.18	3060~3064	4.0	油斑白云岩	5%~10%	10	含油层	0.18	3.82	4.00	
23	任257	2974.5	2977.18	2982~2990	8.0	荧光白云岩	—	8~9.5	含油层	0.00	8.00	8.00	
24	任303	2678.0	2680.10	2682~2687	5.0	荧光白云岩	—	7~10	致密层	0.00	5.00	5.00	
25	任306	2595.5	2596.42	2597~2601	4.0	白云岩	5%~10%	8	差裂缝	0.00	4.00	4.00	
26	任308	2757.0	2758.5	2760~2762 2769~2770	2.0 1.0	油斑白云岩	5%~15%	12 9	差裂缝	0.00	3.00	3.00	
27	任314	3161.0	3169.32	3161~3164	3.0	油斑白云岩	5~15颗	9	可疑层	3.00	0.00	3.00	
28	任316	3033.0	3036.15	3033~3038	5.0	油斑白云岩	5%~20%	12	致密层	3.15	1.85	5.00	
29	任318	3058.0	3060.44	3058~3063	5.0	油斑白云岩	5%~15%	黄色	裂缝段	2.44	2.56	5.00	
30	任327	3175.0	3180.51	3175~3179	4.0	荧光白云岩	—	8~10	油层	4.00	0.00	4.00	
31	任333	3066.5	3068.55	3068~3073	5.0	油斑白云岩	5~10颗	6~10	含油层	0.55	4.45	5.00	
32	任334	3116.0	3118.97	3116~3124	8.0	油斑白云岩	5%	8~10	—	2.97	5.03	8.00	
33	任335	3090.0	3092.95	3090~3097	7.0	油斑白云岩	5%	—	差油层	2.95	4.05	7.00	
34	任341	3123.5	3126.49	3129.4~3134	4.6	油斑白云岩	5~8颗	浅黄	Ⅲ级裂缝	0.00	4.60	4.60	
35	任322	2946.0	2949.5	2949~2951	2.0	油斑白云岩	3~4颗	13	差油层	0.50	1.50	2.00	
36	任325	2966.5	2969.92	2966.5~2971	4.5	油斑白云岩	2~8颗	7	油层	3.42	1.08	4.50	
37	任342	3218.0	3220.16	3218~3221	3.0	油斑白云岩	2~7颗	—	油层	2.18	0.84	3.00	

序号	井号	雾迷山顶面深度 m	油层套管深度 m	潜山顶面录井油气显示						油层厚度, m			备注
				井段 m	厚度 m	岩性及含油级别	含油岩屑	荧光级别	综合解释	套管以上	套管以下	合计	
38	任345	3075.0	3078.23	3075~3083	8.0	荧光白云岩	—	7~9	含油层	3.23	4.77	8.00	
39	任347	3061.0	3064.5	3061.5~3066	4.5	油斑白云岩	5%	7~9	油层	3.00	1.50	4.50	
40	任349	3119.0	3121.03	3119~3121	3.0	油斑白云岩	2%	—	裂缝段	3.00	0.00	3.00	
41	任348	3055.0	3057.95	3055~3059	4.0	油斑白云岩	4~11颗	7	油层	2.95	1.05	4.00	
42	任350	3092.0	3095.0	3092~3093 3094~3095 3096.4~3097.6	1.0 1.0 1.2	油斑白云岩	3~7颗	7	差油层	2.00	1.20	3.20	
43	任355	3032.0	3034.17	3032~3039	7.0	油斑白云岩	1~3颗	—	含油层	2.17	4.83	7.00	
44	任357	2989.0	5″ 3038.0	2989~2993	4.0	荧光白云岩	—	7~8	含油层	4.00	0.00	4.00	
45	任360	3007.0	3009.5	3007~3010	3.0	荧光白云岩	—	11~13	含油层	2.50	0.50	3.00	3100~3020 10m 荧光白云岩 荧光11~12级
46	任361	3042.0	3043.89	3044~3052	8.0	油斑白云岩	2%	—	油层	0.00	8.00	8.00	
47	斜363	3081.0	3083.8	3086~3091	5.0	荧光泥质细砾岩	—	7~8	油水层	0.00	5.00	5.00	
48	任370	3003.0	3003.5	3001~3003	2.0	油斑细砾岩	5颗	—	油层	3.00	0.00	3.00	
49	任372	3130.0	3105.8	3103~3106	3.0	油斑白云岩	3~5颗	—	含油层	2.80	0.20	3.00	
50	任377	3033.0	3035.58	3036~3046	10.0	荧光白云岩	—	7~8	含油层	0.00	10.00	10.00	
51	任380	3130.0	3133.0	3136~3147	11.0	荧光白云岩	—	6~8	含油层	0.00	11.00	11.00	
52	任381	3118.0	3121.33	3118~3134	16.0	油斑白云岩	1~10颗	—	油层	3.33	12.67	16.00	
53	斜393	3113.0	3116.0	3116~3121.4	5.4	油斑白云岩	10%	—	油层	0.00	5.40	5.40	
54	任394	2824.0	2826.74	2829~2891	2.0	荧光白云岩	—	7	油层	0.00	2.00	2.00	
55	任398	3130.0	3133.01	3130~3134	4.0	油斑白云岩	0.5%~10%	—	油层	3.01	0.99	4.00	

序号	井号	雾迷山顶面深度 m	油层套管深度 m	潜山顶面录井油气显示						油层厚度，m			备注
				井段 m	厚度 m	岩性及含油级别	含油岩屑	荧光级别	综合解释	套鞋以上	套鞋以下	合计	
56	任438	2934.0	2938.64	2934～2940	6.0	油斑白云岩	20%	—	油层	4.64	1.36	6.00	
57	任439	3330.0	3332.44	3326～3330 3330～3340	4.0 9.0	油斑角砾岩 荧光白云岩	3～4棵 3～5颗	— 9	油层 差油层	4.0 0	0 6.0	4.0 6.0	Es$_{2+3}$ 底砾岩
58	任440	3040.0	3043.4	3040～3044	4.0	油斑白云岩	最高25%	暗荧	油层	3.40	0.60	4.00	
59	任441	3210.0	3212.6	3210～3218	8.0	荧光白云岩	—	7	油层	2.60	5.40	8.00	
60	任442	3309.0	3311.97	3300～3308 3309～3313	8.0 4.0	油斑角砾岩 油斑白云岩	20% 20%	— —	油层 差油层	8.0 5.0	0 0	8.0 5.0	Es$_{2+3}$ 底砾岩
61	任443	3216.5	3218.05	3216.5～3228	11.5	荧光白云岩	—	7～8	油层	1.45	10.05	11.50	
62	任447	3136.0	3138.04	3130.5～3136	5.5	油斑角砾岩	—	7～8	差油层	5.00	0.00	5.00	
63	任455	3010.0	3012.0	3010～3013	3.0	油斑白云岩	17%～24%	—	—	2.00	1.00	3.00	Es$_{2+3}$ 底砾岩
64	任459	3363.5	3364.46	3366.0～3372.0	6.0	油斑白云岩	10%～20%	—	致密层	0.00	6.00	6.00	
65	任467	3205.0	3206.96	3205～3210.4	5.4	荧光白云岩	—	10	致密层	1.96	3.44	5.40	
66	任478	2668.0	2669.51	2668～2675	7.0	油斑白云岩	5%～40%	暗黄	裂缝段	1.51	5.49	7.00	
67	任482	3158.0	3163.58	3158～3169	7.0	油斑白云岩	2～3颗	—	油层	5.58	1.42	7.00	
68	任493	2930.5	2915.35	2913～2921.4	8.4	荧光白云岩	—	10	油层	8.40	0.00	8.40	长龙山组油层
69	任494	2813.0	2814.88	2813～2818.4	5.4	荧光白云岩	—	8～9	致密层	1.88	3.52	5.40	

所示，生产情况对比见表 22。

表 21　任 473 井组生产情况对比表

井号	潜山顶深 m	生产层位	日期	日产液 t	日产油 t	含水率 %	动液面 m	备注
任 473	3034.0	7^2	1998.4	57.2	56.6	1.1	307	1998 年 3 月投产
任 333	3068.0	7^{1-2}	1998.4	73.4	5.7	92.2	864	
任 331	3093.0	7^2	1998.4	46.0	6.8	85.2	392	
任 329	3114.0	7^1	1998.4	89.8	1.5	98.3	551	

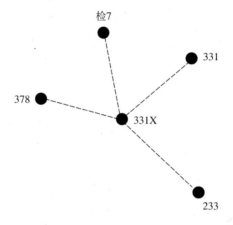

图 11　任斜 331 井与临井分布

表 22　任斜 331 井组生产情况对比表

井号	潜山顶深 m	生产层位	日期	日产液 t	日产油 t	含水率 %	动液面 m	备注
任斜 331	3036	7^2	1998.12	49.0	48.9	0.2	565	1998 年 11 月投产
任 331	3093	7^2	1998.8	78.6	5.9	92.5	891	1998 年 8 月停产侧钻
任 233	3095	7^{2-8}	1998.12	115.9	2.8	97.6	640	
任 378	3063	7^{2-8}	1998.12	56.9	3.0	94.7	886	
任检 7	3066	7^2	1998.12	77.5	1.7	97.8	779	

潜力分布模式如图 12 所示。

（2）油藏的内幕高是目前剩余油富集的主要地区之一。

内幕高是由于雾六组和雾八组泥质白云岩集中段，在地层上倾方向未被断层破坏的条件下，它对底水运动的分隔作用而形成的。生产实践证明雾六和雾八组地层对底水运动的分隔作用十分明显。为了分析此类剩余油潜力，落实新的潜力位置，本次沿油藏西部边界断层自南向北依次编制过井油藏剖面图（图 13）。

例如任 260 井，它是一口射孔完成井。1986 年 5 月生产层位为雾七油组，油管 ϕ 10mm 生产，日产液 265t，日产油 54t，含水率 79.7%。1986 年 6 月注水泥上返生产雾五油组，日产液 135t，日产油 4t，含水率 97.3%。该资料证明上部雾五油组水淹严重而下部

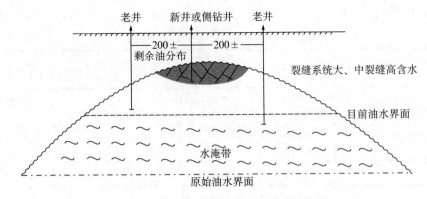

图 12　潜山高部位锥间剩余油分布示意图

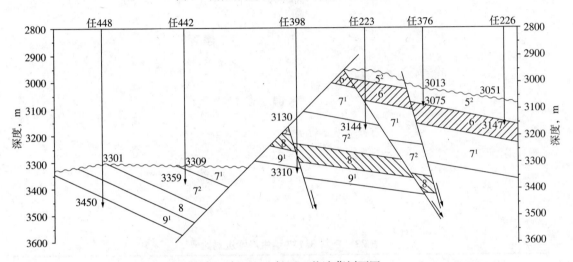

图 13　任 448—任 226 井油藏剖面图

的雾七油组产油量还较高，含水率要低 17.6%。说明该井厚 71m 的雾六组泥质白云岩对底水运动的分隔作用明显。注水泥前后生产情况见表 23。

表 23　任 260 井注灰前后生产情况表

日期	层位	工作制度			生产情况			
		冲程/冲次	泵径 mm	泵深 m	日产液 t	日产油 t	含水率 %	动液面 m
1986.5	雾七	油管 10mm	—	—	265	54	79.4	井口
1986.6	雾五	3.0m/9 次	70	789.84	135	4	97.3	井口

注：1986 年 6 月注水泥，水泥面深度 3066.74m（雾六组）。

又例如任 398 井。该井揭开雾七至雾九油组上部地层。1988 年 5 月 16 日套管 ϕ10mm 投产（全井生产），同日水淹关井。后下封隔器卡水，卡点深度 3228.42m，卡后油管生产雾九段油层，油管 ϕ8mm 自喷生产，日产油 124t，含水率 30.9%。6 月 21 日至 23 日开套管放喷（雾七段）产水 180m³，无油。证明该井厚 68m 的泥质白云岩段对底水运动的分隔作用也是十分明显的（图 13）。卡水前后生产情况见表 24。

表 24　任 398 井卡水前后生产情况对比表

日期	生产层位	油嘴 mm	生产情况			备注
			日产液 t	日产油 t	含水率 %	
1988.5	雾七、雾八、雾九	套管 10	—	—	—	16 日投产，同日水淹关井
1988.6	雾九	油管 8	180.0	124.0	30.9	套管放喷，雾七段产水 180m³
1991.4	雾九	油管 8	107.0	19.0	82.0	
1991.7	雾九	油管 8	42.0	19.0	55.3	
1991.9	雾九	油管 8	33.0	26.0	22.2	

由于这两个厚层低渗透段的分隔作用，在雾七油组和雾九油组常形成内幕高含油带，新井或侧钻井钻遇内幕高均获得较好的效果。

例如任斜 27 井。该井是任七山头任 27 井的侧钻井，生产层位为雾九油组，潜山顶深 3116.4m（垂深）与原 27 井和相邻的生产雾九油组的新 27、任 381 井对比，位置高 40.6 ~ 68.6m。1994 年 7 月任斜 27 井投产，日产液 47.2t，日产油 23.9t，含水 49.3%。而相邻采同层位的老井含水已达 76.3% ~ 87.6%。相反的，位置比任斜 27 井高 71.4 ~ 83.4m 的相邻的任 377、任 337 井，由于主产层为雾七油组，含水率却高达 85.8% ~ 94.5%。证明任斜 27 井为该井区雾九油组的内幕高。井位分布如图 14 所示，生产情况对比见表 25。

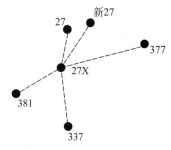

图 14　任斜 27 井与邻井分布

表 25　任斜 27 井组生产情况对比表

井号	潜山顶深 m	生产层位	日期	日产液 t	日产油 t	含水率 %	动液面 m	备注
任斜 27	3116.4	雾九¹	1994.7	47.2	23.9	49.3	1031	1994 年 7 月投产
任 27	3157.0	雾九¹⁻²	—	—	—	—	—	1988 年 5 月因井塌停产
新任 27	3185.0	雾九¹	1994.7	208.2	25.8	87.6	888	
任 381	雾九¹顶 3169.0	雾八—雾十¹	1994.7	159.0	37.0	76.3	449	主产层雾 9 段
任 377	3033.0	雾七²—雾八	1994.7	266.4	37.9	85.5	288	
任 337	3045.0	雾七²—雾八	1994.7	124.1	6.8	94.5	481	

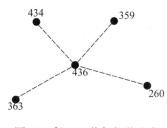

图 15　任 436 井与邻井分布

又如任 436 井。该井是任九山头的新井。1995 年 4 月投产，初期日产油 68t，含水率 12.1%。主产层雾七油组，与邻近的同层位老井任 363、任 434 对比，位置高 83.4 ~ 204.4m，同期对比此两口老井的含水率已高达 94.8% ~ 94.9%。生产层位为雾五油组的任 260 井，其位置较任 436 井还高 19.0m，含水却高达 89.5%。任 359 井主产层为雾六组下部地层，无对比意义。因此认为任436井为该井区雾七组内幕高。井位分布如图15所示，生产情况对比见表26。

表26　任436井组生产情况对比表

井号	潜山顶深 m	生产层位	日期	日产液 t	日产油 t	含水率 %	动液面 m	备注
任436	7^1顶2978.6	雾六—雾七^1	1995.4	70.0	68.0	12.1	495	1995年4月投产，主产层7
任363	3062.0	雾七^2	1995.4	105.5	5.3	94.9	798	
任434	3183.0	雾七^2—雾九^1	1995.4	130.6	6.8	94.8	286	出产层雾七^2
任260	2959.6	雾五$^{1-2}$	1995.4	85.6	9.0	89.5	573	1986年6月封雾七
任359	2934	雾五^1—雾七^1	1995.4	8.4	7.3	13.0	1813	主产层雾六底部低渗透层

内幕高地质模式如图16所示。

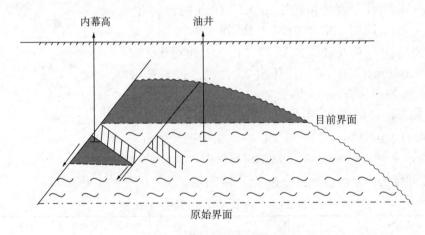

图16　内幕高地质模式示意图

（3）部位较高、渗透性较高的老井高含水，部位较低的低渗透老井含油较好，它们之间所钻的部位较高的中低渗透新井含油仍较好。

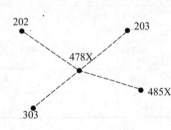

图17　任斜478井与邻井分布

例如任斜478井。该井是任十一山头的新井。雾迷山组顶深2627.0m，生产层位雾一油组，1999年11月投产，日产油19.1t，含水率38.8%。该井区内部位较高，渗透性较高的任202井同期含水率高达96.9%，而比任斜478井低83.5m的任203井和低79m的任斜485井由于渗透性低，同期含水只有35.7%～27.5%。井位分布如图17所示，生产情况对比见表27。

表27　任斜478井组生产情况对比表

井号	潜山顶深 m	生产层位	日期	日产液 t	日产油 t	含水率 %	动液面 m	备注
任斜478	2627.0	雾一	1999.11	31.2	19.1	38.8	588	1999年8月投产
任203	2710.5	雾一—雾二	1999.11	56.8	36.5	35.7	1920	

井号	潜山顶深 m	生产层位	日期	日产液 t	日产油 t	含水率 %	动液面 m	备注
任斜 485	2706.0	雾一	1999.12	19.7	14.3	27.5	1180	1999 年 12 月投产
任 202	2626.5	雾一—雾二	1999.11	119.2	3.7	96.9	832	
任 303	2678.0	雾一—雾二	1999.11	44.5	4.8	89.2		

地质模式如图 18 所示。

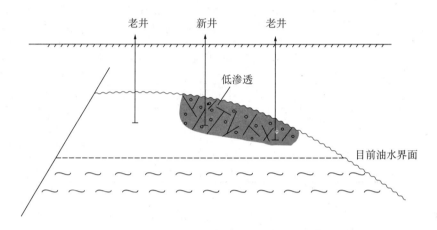

图 18　地质模式示意图

（4）渗透性相对较低的油组，邻近老井在高度相近的条件下，其井间所钻的新井含油较好。

例如任斜 466 井。该井是任七山头北块的新井。该井区共 4 口渗透性较低的油井，它们的生产层位均为雾三、雾四油组，新井和老井的进山深度相近，只相差 2 ～ 21m。老井含水率 73.2% ～ 93.4%，而新井任斜 466 同期对比只有 37.5%，证明锥间含油较好。井位分布如图 19 所示，生产情况对比见表 28。

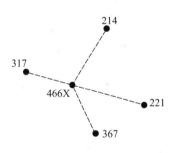

图 19　任斜 466 井与邻井分布

表 28　任斜 466 井组生产情况对比表

井号	潜山顶深 m	生产层位	日期	日产液 t	日产油 t	含水率 %	动液面 m	备注
任斜 466	2988.0	雾三$^{2-3}$	1997.7	43.7	27.3	37.5	702	1997 年 7 月投产
任 221	3007.0	雾三$^{2-3}$	1997.7	243.8	16.0	93.4	983	
任 214	3009.0	雾三^2—雾四^1	1997.7	94.1	14.2	84.9	883	
任 317	2995.0	雾四$^{1-2}$	1997.7	155.6	41.7	73.2	1117	
任 367	2990.0	雾三$^{2-3}$	1997.7	37.4	9.5	74.5		

（5）井区内井网不完善，在某一方向或两个方向无生产井或老井长期停产关井。在这

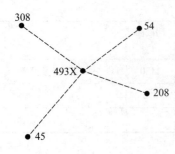

图 20 任斜 493 井与邻井分布

种特殊情况下井间所钻新井效果较好。

例如任斜 493 井。该井是任十一山头的新井。雾迷山组顶深 2767.5m，生产层位雾一油组。2003 年 1 月投产，含水率 45.4%。与邻近老井对比，在生产层位均为雾一、雾二油组，进山深度接近的情况下，新井含水率较任 308、任 208 井低很多。分析其主要原因是该井区内两口老井（任 45、任 54 井）长期停产所致。井位分布如图 20 所示，生产情况对比见表 29。

表 29 任斜 493 井组生产情况对比表

井号	潜山顶深 m	生产层位	日期	日产液 t	日产油 t	含水率 %	动液面 m	备注
任斜 493	2767.5	雾一	2003.1	48.8	26.6	45.4	544	2003 年 1 月投产
任 308	2757.0	雾一	2002.12	43.9	4.5	89.8	1440	
任 208	2795.0	雾一—雾二	2002.12	115.7	14.2	87.7	1265	
任 45	2735.0	雾一—雾二	—	—	—	—	—	1999 年 11 月转注水
任 54	2750.0	雾一—雾二	—	—	—	—	—	1987 年 9 月长期关井

（6）油水分布受断块控制，新井位于断块的较高部位，含油较好。

例如任 438 井。该井进山深度 2934m，生产层位雾一、雾二油组。1995 年 8 月投产，日产油 91.9t，含水 12.2%，动液面 154m，是一口渗透性较高的高产油井。该井与任 66 井同属一断块，其位置较任 66 井高 45m，同期对比任 66 井日产油 46t，含水率 68.2%。

该井与北面断块的相邻老井对比，任 394 井的位置比任 438 井高 110m 而同期含水却高达 85.5%。由此可见任 438、任 66 断块的油水分布与相邻北部的断块差异很大，任 438 井位于此断块较高部位，因此含油较好。井位分布如图 21 所示，生产情况对比见表 30。

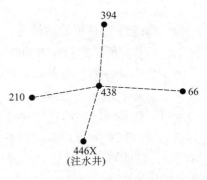

图 21 任 438 井与邻井分布

表 30 任 438 井组生产情况对比表

井号	潜山顶深 m	生产层位	日期	日产液 t	日产油 t	含水率 %	动液面 m	备注
任 438	2934.0	雾一—雾二	1995.8	104.6	91.9	12.2	154	1995 年 8 月投产
任 66	2979.0	雾一—雾二	1995.8	144.4	46.0	68.2	902	
任 394	2824.0	雾一—雾二	1995.8	71.7	11.0	85.5	345	
任 210	2950.0	雾一—雾二	1995.8	247.0	43.1	82.5	899	

油水分布受断块控制如图 22 所示。

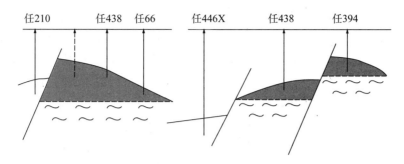

图 22　油水分布受断块控制示意图

（7）部位较高和部位较低的老井均为高含水，在渗透性相近的条件下，它们之间所钻调整井效果不好。

例如任斜484井。该井为任十一山头的新井。该井区油井的生产层位均为雾一、雾二组油层。从雾迷山组顶深对比，较任斜484井高25.0～95.5m的任40、任11、任302井含水率88.8%～95.6%；较任斜484井低78m的任308井同期含水93.4%；与任斜484井高度相近的任303、任204井同期含水88.0%～91.6%。它们之间所钻的任斜484井1999年10月投产含水高达93.4%。井位分布如图23所示，生产情况对比见表31。

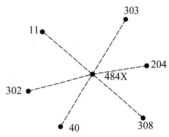

图 23　任斜484井组井位分布图

表31　任斜484井组生产情况对比表

井号	潜山顶深 m	生产层位	日期	日产液 t	日产油 t	含水率 %	动液面 m	备注
任斜484	2683.0	雾一—雾二	1999.10	65.4	4.3	93.4	595	1999年10月投产
任40	2658.0	雾一—雾二	1999.10	221.9	24.8	88.8	906	电泵生产
任11	2637.5	雾一—雾二	1999.10	157.8	7.0	95.6	497	
任302	2587.5	雾一—雾二	1999.10	59.0	6.3	89.3	826	
任308	2757.0	雾一	1999.10	67.5	4.4	93.4	538	
任303	2678.0	雾一—雾二	1999.10	45.1	3.8	91.6	—	
任204	2684.0	雾一—雾三	1999.10	53.3	6.4	88.0	—	

井间油水分布如图24所示。

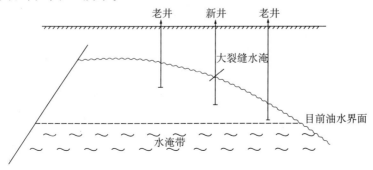

图 24　裂缝系统水淹模式图

（8）新井或测钻井的位置比相邻老井高，而且钻遇大缝洞，其效果不好。

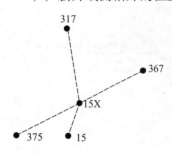

图 25　任斜 15 井与邻井分布

例如任斜 15 井。该井位于任七山头北块，是任 15 井的侧钻井。该井区内油井的生产层位为雾三或雾四油组。任斜 15 井的进山深度较原老井和相邻老井（任 375、任 317、任 367 井）高 20.5～35.0m，老井含水率 69.2%～96.0%。老井之间侧钻的任斜 15 井在侧钻过程中钻遇大缝洞，漏失严重。任斜 15 井 1994 年 2 月投产时含水高达 83.6%。证明锥间大裂缝已经水淹。井位分布如图 25 所示，生产情况对比见表 32。

表 32　任斜 15 井组生产情况对比表

井号	潜山顶深 m	生产层位	日期	日产液 t	日产油 t	含水率 %	动液面 m	备注
任斜 15	2960.0	雾三[1]	1994.2	154.0	21.0	83.6	646	1994 年 2 月投产
任 15	2980.5	雾三—雾四	1993.8	121.8	4.8	96.0	井口	1993 年 8 月停侧钻
任 375	2987.0	雾四	1994.2	96.2	17.7	81.6	井口	
任 317	2995.0	雾四	1994.2	111.1	20.4	81.7	791	
任 367	2990.0	雾三	1994.2	42.6	13.1	69.2	972	

（9）新井的位置比相邻老井低，老井含水率较高，新井的效果很差。

例如任斜 475 井。该井进山深度 2977m（垂深），与相邻老井任 222、任 371 井对比要低 102～109m。老井含水已高达 80.3%～96.9%，新井 1998 年 6 月投产时含水 90.7%。井位分布如图 26 所示，生产情况见表 33。

又如任斜 486 井。该井是任十一山头的新井。雾迷山组顶深 2840.5m（垂深），生产层位雾一、雾二油组。1999 年 11 月 28 日投产，12 月日产液 67.5t，日产油 1.3t，含水 98.0%，动液面 544m，2001 年 9 月含水 100%，水淹关井。该井与相邻老井任 394、任 310 井对比，位置要低 16.5～97.5m，因此效果不好。井位分布如图 27 所示，生产情况对比见表 34。

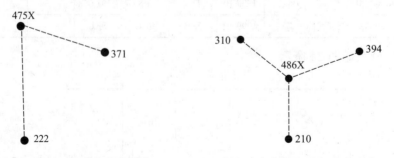

图 26　任斜 475 井与邻井分布　　　　图 27　任斜 486 井与邻井分布

油藏开发晚期对老井之间油水分布规律的研究，初步得出以下看法：井距从 500m 加密至 250m 的条件下，在油藏的高部位，断块的高部位，内幕高、渗透性低的部位，以及井网不完善的井区存在一定的生产潜力，在这些地区还可以钻少量的调整井。

表 33　任斜 475 井组生产情况对比表

井号	潜山顶深 m	生产层位	日期	日产液 t	日产油 t	含水率 %	动液面 m	备注
任斜 475	2977.0	雾五²	1998.6	67.2	6.6	90.2	908	1998 年 6 月投产
任 222	2868.0	雾五²	1998.6	77.4	2.4	96.9	867	
任 371	2875.0	雾四⁴—雾五¹	1998.5	62.6	12.3	80.3	689	1998 年 6 月生产不正常

表 34　任斜 486 井组生产情况对比表

井号	潜山顶深 m	生产层位	日期	日产液 t	日产油 t	含水率 %	动液面 m	备注
任斜 486	2840.5	雾一—雾二	1999.12	67.5	1.3	98.0	544	1999 年 11 月 28 日投产
任 310	2743.0	雾一—雾二	1999.12	116.8	9.4	92.0	751	
任 394	2824.0	雾一—雾二	1999.12	101.9	5.8	94.3	828	
任 210	2950.0	雾一—雾二	1999.12	199.2	29.9	85.0	—	属另一断块

（二）油藏在任七山头北部和东部边缘及任九山头东部边缘地区存在一定生产潜力

任九山头东部边缘的任斜 495 井，任七山头北部边缘的任 467 井、任平 5 井；东部边缘的任平 3 井，钻探资料证实这些井区属无井控制的边缘地区，油层的渗透性一般较低，边底水的波及程度很差，存在一定的生产潜力。

例一，任斜 495 井。该井进山深度 3395m（垂深 3280.25m），完钻井深 3518m（垂深 3396.48m），揭开雾三、雾四组油层，厚 123.0m。该井与任 258、任 259 井进山深度对比低 172.25～169.25m。任 259 井目前含水已高达 95.7%，日产油 4.4t，任 258 井早已水淹关井。任斜 495 井 2008 年 11 月投产，日产液 9.6t，日产油 8.8t，含水 7%，动液面 2000m。生产情况见表 35。

表 35　任斜 495 井生产情况对比表

井号	进山深度 m	生产井段 m	厚度 m	生产情况对比				
				日期	日产液 t	日产油 t	含水 %	动液面 m
任斜 495	3280.25	3397.98～3518.0	120.02	2008.11	9.6	8.8	7.0	2000
任 259	3111.0	3130.0～3242.73	112.73	2008.10	103.0	4.4	95.76	559
任 258	3108.0	3111.8～3160.0	48.2	1999.11	72.6	1.6	97.8	757

注：任 258 井 1999 年 12 月水淹关井。

例二，任 467 井。该井生产井段 3206.9～3262.0m，厚 55.1m，揭开层位雾二油组，进山深度对比较任 447 井低 69m。任 467 井 1997 年 7 月投产，日产液 43.2t，日产油 41.1t，含水 4.9%，动液面 198m。同期对比任 447 井含水已高达 93.08%，日产油只有 5.8t。生产情况对比见表 36。

表 36 任 467 井生产情况对比表

井号	进山深度 m	生产井段 m	厚度 m	生产情况对比				
				日期	日产液 t	日产油 t	含水 %	动液面 m
任 467	3205.0	3206.9 ~ 3262	55.1	1997.7	43.2	41.1	4.9	198
任 447	3136.0	3138.04 ~ 3175	36.96	1997.7	83.9	5.8	93.1	502

例三，任平 5 井。该井原始裸眼井段 3260.04 ~ 3466m，水平段长 201.96m，揭开地层程序见表 37。

表 37 任平 5 井潜山地层层序及岩性表

深度 m	厚度 m	层位	岩性及油气显示	综合解释
3244 ~ 3297.5	53.5	雾迷山组	灰白色荧光硅质白云岩，荧光 7 ~ 9 级，具含油岩屑	差油层
3297.5 ~ 3340.0	42.5	龙山组	紫红色泥岩夹薄层灰绿色泥岩	
3340 ~ 3432.0	92.0	雾迷山组	3340 ~ 3375.5m 荧光白云岩，荧光 7 ~ 9 级，具含油岩屑	差油层
3432 ~ 3466	34.0	龙山组	灰白色石英砂岩	

该井完井后经测试油层不吸水。用 ϕ 140mm 通井规通井，在井深 3296.86m 遇阻，改用 ϕ 110mm 喇叭口通井，在井深 3292.53m 遇阻，证实油井水平段已经垮塌，目前裸眼井段 3264.04 ~ 3292.53m，厚 32.49m。

揭开地层程序的错乱可能与钻遇断层有关。如图 28 所示。

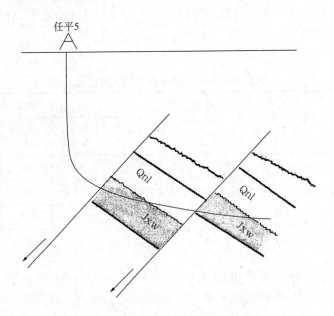

图 28 任平 5 井地质剖面示意图

该井投产前曾用 15% 浓度的盐酸 70m³ 进行酸化，酸化压力 13.0MPa 升至 31MPa。酸化后 2008 年 4 月投产，逐月生产情况见表 38。

表 38 任平 5 井逐月生产情况表

日期	工作制度			生产情况			
	冲程/冲次	泵径 mm	泵深 m	日产液 t	日产油 t	含水 %	动液面 m
2008.4	4.8m/4 次	56	1200.84	51.3	43.1	15	171
2008.5	4.8m/4 次	56	1200.84	52.7	51.2	2.8	132
2008.6	4.8m/4 次	56	1200.84	57.0	55.7	2.2	114
2008.7	4.8m/4 次	56	1200.84	57.43	56.04	2.4	198
2008.8	4.8m/4 次	56	1200.84	56.96	55.63	2.33	104
2008.9	4.8m/4 次	56	1200.84	57.28	55.98	2.27	104
2008.10	4.8m/4 次	56	1200.84	57.36	55.47	3.29	107

例四，任平 3 井。该井是任七山头北块东部边缘的水平井。进山深度 3461m（垂深 3335m），完钻井深 4006m（垂深 3389m），水平段距离 531.47m，揭开层位雾二油组，水平段位于潜山顶部。

该井 2007 年 1 月 19 日投产，初期日产液 78.8t，日产油 51.8t，含水率 33.7%，动液面 1813m。生产资料证明雾二油组在潜山顶面水平段内为低渗透油层，虽然部位较低但含油仍然较好。

该井投产后由于动液面很低，生产压差大，导致下部裂缝的底水上窜使得含水上升很快。至 2008 年 5 月，投产仅 5 个月含水升至 90%，产油量降至 5.4t，后经酸化，油井水淹。

综上所述我们认为，任九山头东部边缘地区可动剩余油存在的主要原因是油层渗透率低，边底水波及程度差所致。任七山头北部和东部边缘地区可动剩余油存在的原因可能与受断层控制、无井控制和低渗透控制有关。

三、油藏挖潜工艺技术措施的研究

（一）油井化学堵水的研究

任丘雾迷山组油藏开发 30 多年来油井化学堵水的生产实践使我们认识到，油藏在含水开采阶段化学堵水一直是油井控水增油实现产量接替的有效措施之一。这一项措施经过总结和研究初步分析如下：

1. 裂缝性块状底水油藏化学堵水的作用

（1）实现油井裸眼井段中纵向上产液剖面的调整。在油井裸眼井段中油井的见水和水淹是自下而上依次进行的。因此通过化学堵水能够有效地封堵裸眼段下部的主要出水层段，发挥上部层段的生产潜力实现产量接替。

例如任 377 井。该井裸眼井段 3035.58 ～ 3160.0m，厚 124.42m，揭开雾七组和雾八组地层。根据电测曲线分析，主产层位于雾七组底部的顺层溶蚀带，深度 3110 ～ 3120m。

1988 年 11 月对该井进行无机堵水，堵水时观 2 井油水界面 3118.38m，已淹进主产层，油井含水已进入高含水末期。堵水后发挥了上部油层的潜力，含水从 85.7% 降至 0.38%，产油量从 30t 升至 155t，实现了油井纵向上的剖面调整和产量接替。此次堵水有效期 6 年 4 个月，总累计增油 8.9×10⁴t。堵水前后效果对比见表 39。

表 39　任 377 井堵水效果对比表

对比阶段		工作制度			效果对比			
阶段	日期	方式	泵径或排量	泵深 m	日产液 t	日产油 t	含水率 %	动液面 m
堵前	1988.11	套 10mm/ 油 8mm	—	—	209.0	30.0	85.7	井口
堵后	1988.12	油 7mm	—	—	156	155	0.38	井口
堵后	1989.12	3.0m/8 次	70mm	998.09	180.0	81.0	54.9	井口
堵后	1990.12	电泵	250m³	983.1	323	93	71.1	井口
堵后	1991.12	电泵	250m³	983.1	314	71	77.4	井口
堵后	1992.12	电泵	250m³	983.1	308.8	64.7	79.0	147
堵后	1993.12	电泵	250m³	983.1	280.2	41.4	85.1	207
堵后	1994.12	电泵	250m³	933.98	243.7	38.0	84.4	363
堵后	1995.3	电泵	250m³	933.98	246.8	33.3	86.5	381

(2) 封堵水锥，在一定时间内实现控水增油。主力层位于潜山顶部的油井，其堵水主要是通过对主力层的挤堵来控制水锥从而实现增油降水的目的。

例如任 325 井。该井裸眼井段 2969.92～3021m，厚 51.08m。根据电测和生产测试资料，主产层位于进山顶部雾五组底部的顺层溶蚀带。该井 1983 年 12 月投产，1986 年 10 月见水，见水前自喷生产，日产油 618t，见水时水锥高度 135m。1987 年 3 月第一次使用有机堵剂堵水，挤入溶胶、凝胶 89.7m³，挤堵压力 2～3MPa，堵水性质属控制主力层水锥。此次堵水增油有效期三个多月，累计增油量 1912t。由于堵后大幅度降低了产液量，因而控水效果比较好。堵水前后效果对比见表 40。

表 40　任 325 井堵水效果对比表

对比阶段		效果对比					
阶段	日期	油嘴 mm	日产液 t	日产油 t	日产水 t	含水率 %	流压 MPa
堵前	1987.3	套管 13	400	87.0	313	78.2	28.97
堵后	1987.3	套管 13	244	139	205	43.0	27.86
堵后	1987.4	套管 13	212	108	104	49.1	27.73
堵后	1987.5	套管 13	197	92	105	53.3	27.88
堵后	1987.6	套管 13	190	87.0	103	54.1	27.85

2. 2000 年以来油井堵水效果分析

2000 年至 2008 年油藏共进行化学堵水 27 口井 40 井次。根据堵水前后生产资料统计，堵水有效 27 井次，有效率 67.5%，无效 13 井次，无效率 32.5%。开井初期对比，有效井平均单井次日产油从 6.0t 增至 10.9t，日增油 4.9t，增幅为 81%。含水率从 93.5% 降至 86.2%，下降 7.3%。有效期和累计增油量差异悬殊，有效期最短的只有 14 天，最长达 7 年，多数在 2～5 个月。累计增油量最高 7059t，最低只有 20t。总体来说堵水效果有明显变差趋势，其原因初步分析如下：

（1）油藏水淹状况日趋严重，油层纵向上剖面调整的余地很小，接替条件变差，复堵效果变差；

（2）剩余含油厚度中裂缝系统的油水分布十分复杂，堵水控制水锥的作用越来越小；

（3）大、中裂缝依次水淹的条件下，油藏的生产潜力主要存在于小裂缝之中，这类裂缝渗透性低，不进行改造很难发挥其生产能力；

（4）堵剂种类繁多，堵剂的强度普遍较低，有些堵剂和配料（如体膨剂、驱油剂）的使用缺乏科学依据。单井堵水资料详见表 41～表 43。

3. 油藏开发晚期对化学堵水的要求

根据对油藏近 30 年来化学堵水的综合研究，堵水成败的关键取决于三个主要因素，即地质选井、堵剂的选择、工艺技术的应用。现将这三个问题分析如下。

（1）地质选井。在目前油藏水淹严重的情况下，地质选井的原则是：

①油井进山顶部具有动用程度低的低渗透含油层段（包括被套管封住的含油层段）是选井的主要对象之一。

②油水界面以上剩余含油高度在 50m 以上而且裸眼段下部裂缝发育，上部渗透性低的油井。

③低渗透井区所钻的新井，投产后因酸化改造而使得含水上升快又从未进行过堵水的油井。

④新投产的中渗透油井，投产后从未进行过堵水的油井。

⑤渗透性较好，供液充足，投产后曾进行过堵水但由于堵剂使用不合理造成效果差的油井。

⑥投产即高含水产油量很低，具一定供液能力而且从未进行措施的油井。

（2）堵剂的选择。堵剂的选择要依据油井的地质条件以及油藏不同开采阶段对治理的需要而确定。

在油藏开发晚期在堵剂类型的选择上应使用无机堵剂，停止使用有机堵剂。不再使用有机堵剂的理由是：

①在特高含水阶段有机堵剂容易发生水解。

②有机堵剂胶联后的强度相对较小。

③有机堵剂不耐酸，酸易解。

选用无机堵剂的理由是：

①无机堵剂初凝后可板结或固化，封堵强度大。

②无机堵剂与水淹裂缝长期接触不发生水解。

③无机堵剂可选用耐酸材料适应酸化改造。

表 41 任丘雾迷山组油藏任七山头堵水效果统计表（2000—2008 年）

序号	井号	裸眼井段 深度 m	厚度 m	堵水日期	堵剂名称	挤入总量 m³	起始压力 MPa	爬坡压力 MPa	对比阶段 阶段	日期	工作制度 方式	泵径 mm	泵深 m	生产情况 日产液 t	日产油 t	日产水 t	含水率 %	动液面 m	有效期	累计增油 t
1	检 10	2963.5～3002.63	39.1	2002.11	凝胶	200	0	13	堵前	2002.10	4.8m/2.7次	83	941.76	76.3	8.20	68.1	89.2	662	5 个月	251
									堵后	2002.11	4.8m/4次	70	1250.07	40.5	10.80	29.7	72.7	1656		
2	斜 225	3043.5～3091.8	48.3	2001.1	ZR-D	170	2	24	堵前	2001.1	4.8m/6次	56	1545.42	59.9	7.90	52.0	86.7	729	4 个月	332
									堵后	2001.2	4.8m/6次	56	1493.15	91.2	13.20	78.0	85.5	1123		
3	任 245	3245.25～3310.83	65.6	2002.6	有机	300 封口 15	0	15	堵前	2002.6	4.0m/5次	83	847.35	127.7	5.30	122.4	95.8	668	0	0
									堵后	2002.7	4.0m/5次	70	1173.43	87.2	5.30	64.0	93.9	635		
4	任 322	2949.5～3026.0	76.5	2003.4	碳乳	50	0	0	堵前	2003.4	电泵	250	678.33	357.4	8.50	348.9	97.6	557	1 个月	50
									堵后	2003.5	5.0m/4次	70	1204.26	86.8	10.10	76.7	88.4	1141		
5	任 333	3065.55～3078.09	9.54	2000.11	有机	235 封口 5	3	11	堵前	2000.10	2.6m/8次	70	1000.58	88.5	5.20	77.7	93.7	672	0	0
									堵后	2000.11	2.6m/8次	56	1383.12	63.9	1.70	62.2	97.4	1046		
6	任 370	3003.5～3034.29	30.8	2002.12	有机	145	0	16.0	堵前	2002.11	5.0m/5次	83	884.43	124.4	9.40	115.0	92.4	652	0	0
									堵后	2002.12	5.0m/5次	—	—	94.1	8.17	85.4	90.8	991		
7	斜 393	3116.0～3136.32	20.3	2002.10	凝胶	320	0	5	堵前	2002.9	4.0m/5次	83	879.91	122.3	10.50	111.8	91.4	696	3 年 5 个月	4923
									堵后	2002.10	4.0m/6次	70	1200.17	104.4	18.60	85.5	83.8	1020		
8	任 401	3039.5～3080.39	40.9	2003.6	有机无机	160	0	15	堵前	2003.5	电泵	200	1142.35	352.1	7.90	344.2	97.8	689	2 个月	341
									堵后	2003.6	3.0m/4次	70	1215.07	170.0	17.00	153.0	90.0	642		
9	任 439	3326.0～3344.71	18.7	2000.5	碳乳	50	0	5	堵前	2000.5	5.0m/6次	70	1014.47	148.0	8.40	139.6	94.2	482	2 个月	77
									堵后		5.0m/6次	70	1503.7	84.8	11.40	73.4	86.6	1058		

序号	井号	裸眼井段 深度 m	裸眼井段 厚度 m	堵水日期	堵剂名称	挤入总量 m³	起始压力 MPa	爬坡压力 MPa	对比阶段 阶段	对比阶段 日期	工作制度 方式	工作制度 泵径 mm	工作制度 泵深 m	生产情况 日产液 t	生产情况 日产油 t	生产情况 日产水 t	生产情况 含水率 %	生产情况 动液面 m	有效期	累计增油 t
10	任442	3311.97~3359.0	47	2006.7	TDG膨润土	150 50	0	10	堵前	2006.6	5.0m/6次	70	907.51	115.2	5.20	110.0	95.5	673	0	0
									堵后	2006.7	5.0m/6次	70	1202.84	74.6	2.60	72.0	96.6	1182		
11	任449	3324.1~3361.0	36.9	2002.1	凝胶	360 封口15	0	9.5	堵前	2001.12	5.5m/5次	56	1359.5	84.3	8.60	75.7	89.8	418	12个月	1513
									堵后	2002.1	5.5m/5次	56	1503.25	70.8	22.90	47.9	67.7	891		
12	任449	3324.1~3361.0	36.9	2003.1	有机	240	8	13	堵前	2003.9	5.5m/5次	70	1188.47	59.2	3.20	56.0	94.5	619	10个月	1764
									堵后	2003.10	5.5m/5次	56	1479.8	60.3	16.70	43.6	72.4	882		
13	任449	3324.1~3361.0	36.9	2006.11	有机	544	18	27	堵前	2006.10	5.5m/5次	56	1948.09	72.9	3.80	69.1	94.8	784	4个月	308
									堵后	2006.11	5.5m/5次	56	1948.09	55.8	4.00	51.8	92.9	764		
14	任453	3429.37~3460.0	30.6	2001.8	体膨剂 非离子共聚物	200 400	4	6	堵前	2001.7	5.0m/6次	70	1238.35	123.5	5.00	118.5	95.9	457	2个月	231
									堵后	2001.8	5.0m/6次	70	1243.14	118.7	8.50	110.2	92.8	544		
15	斜457	3203.93~3247.0	43.1	2005.4	Tc938 驱油剂	30 90	0	28	堵前	2005.3	5.0m/4次	70	83.0	4.60	78.4	94.5	751		0	0
									堵后	2005.4	5.0m/4次	70	1207.83	36.8	2.80	34.0	92.4	1198		
16	任459	3340.0~3360.0	射20	2000.12	有机	110	0	17	堵前	2000.12	5.0m/6次	70	806.85	96.6	5.7	90.9	94.1	504	14个月	1646
									堵后	2001.1	5.0m/6次	56	1402.8	86.4	28.2	58.2	67.3	1166		
17	任463	2972.54~3048.0	75.5	2001.4	有机	380 封口15	12	8	堵前	2001.3	5.5m/6次	70	1505.74	139.5	6.3	133.2	95.4	597	0	0
									堵后	2001.4	5.0m/4次	70	1550.8	34.6	5.8	28.8	83.1	1597		
18	任466	2990.4~3028.0	37.6	2002.6	凝胶	160 封口8	0	13	堵前	2002.5	5.0m/4.5次	56	1547.66	57.3	1.5	55.8	97.4	497	14天	20
									堵后	2002.6	5.0m/4.5次	56	1583.51	42.3	2.9	39.4	93.1	1476		

序号	井号	裸眼井段 深度 m	裸眼井段 厚度 m	堵水日期	堵剂名称	挤入总量 m³	起始压力 MPa	爬坡压力 MPa	对比阶段 阶段	对比阶段 日期	工作制度 方式	工作制度 泵径 mm	工作制度 泵深 m	生产情况 日产液	生产情况 日产油	生产情况 日产水	生产情况 含水率 %	生产情况 动液面 m	有效期	累计增油 t
19	任467	3206.96～3262.0	55.1	2002.1	凝胶	350 封口15	0	2	堵前	2001.12	4.8m/6次	56	1306.95	75.5	9.2	66.3	87.8	400	3个月	171
									堵后	2002.2	4.8m/6次	56	1416.25	80.4	13.7	66.7	92.9	420		
20	任473	3041.81～3098.0	56.2	2002.4	有机	80	0	25	堵前	2002.4	4.8m/4次	70	886.93	142.2	6.6	135.6	95.4	650	15个月	1291
									堵后	2002.5	4.8m/4次	70	1154.92	57.0	10.4	46.6	81.7	1138		

表 42 任丘雾迷山组油藏任十一山头堵水效果统计表（2000—2008 年）

序号	井号	裸眼井段 深度 m	裸眼井段 厚度 m	堵水日期	堵剂名称	挤入总量 m³	起始压力 MPa	爬坡压力 MPa	对比阶段 阶段	对比阶段 日期	工作制度 冲程/冲次	工作制度 泵径 mm	工作制度 泵深 m	生产情况 日产液	生产情况 日产油	生产情况 日产水	生产情况 含水率 %	生产情况 动液面 m	有效期	累计增油 t
1	任11	2636.0～2643.18	7.18	2000.11	有机	800 封口30	0	0	堵前	2000.10	3.0m/8次	83	727.82	162.7	5.6	157.1	96.6	440	6个月	1022
									堵后	2000.11	3.0m/8次	70	1097.25	119.2	48.4	70.8	70.8	450		
2	任11	2636.0～2643.18	7.18	2001.9	有机	730 封口20	0	0	堵前	2001.8	3.0m/8次	70	1097.25	119.0	6.6	112.4	94.4	398	0	0
									堵后	2001.9	3.0m/8次	70	1078.18	104.3	0.1	104.2	99.9	443		
3	任11	2636.0～2643.18	7.18	2004.11	有机	868	0	0	堵前	2004.8	2.6m/7.5次	70	1078.18	89.0	0.8	88.2	99.1	490	10个月	2365
									堵后	2004.11	2.6m/7.5次	83	951.00	120.5	19.4	101.1	83.9	499		
4	任11	2636.0～2643.18	7.18	2005.12	有机	1006	0	0	堵前	2005.12	2.6m/7.5次	83	759.51	108.5	4.4	104.1	95.9	554	0	0
									堵后	2006.1	2.6m/7.5次	56	1352.09	42.4	0.1	42.3	99.8	603		
5	任11	2636.0～2643.18	7.18	2006.3	有机	216	0	0	堵前	2006.2	2.6m/7.5次	56	1352.09	45.9	0.0	45.9	100.0	568	0	0
									堵后	2006.3	2.6m/7.5次	70	1005.67	58.9	0.0	58.9	100.0	573		

序号	井号	裸眼井段深度 m	裸眼井段厚度 m	堵水日期	堵剂名称	挤入总量 m³	起始压力 MPa	爬坡压力 MPa	对比阶段	日期	冲程/冲次	泵径 mm	泵深 m	日产液 t	日产油 t	日产水 t	含水率 %	动液面 m	有效期	累计增油 t
6	任48	2679.06～2694.14	15.1	2001.7	有机	600 封口15	0	6	堵前	2001.7	2.6m/8次	83	804.52	108.1	6.1	102.0	94.4	546	7年1个月	7059
									堵后	2001.8	2.6m/8次	83	900.90	57.9	12.8	45.1	77.9	560		
7	任394	2628.74～2865.94	39.2	2001.3	有机	450 封口15	0	19.5	堵前	2001.2	3.0m/8次	70	953.94	100.8	3.5	97.3	96.5	533	1个月	53
									堵后	2001.3	4.8m/4次	56	1606.90	86.8	7.7	79.1	91.3	1728		
8	斜489	2884.34～2918.3	34	2004.3	有机	200	0	2	堵前	2004.3	3.8m/4次	70	1407.57	40.0	15.8	24.2	60.5	477	3个月	576
									堵后	2004.4	4.8m/5次	70	1407.57	66.2	20.1	46.1	69.6	447		
9	斜489	2884.34～2918.3	34	2005.1	有机 无机	624 封口30	0	0	堵前	2004.12	4.8m/5次	70	1047.59	74.9	5.1	69.8	90.8	498	8个月	613
									堵后	2005.2	4.8m/5次	70	1045.26	76.8	6.5	70.3	91.5	502		
10	斜489	2884.34～2918.3	34	2006.1	有机	966	0	0	堵前	2005.12	4.8m/5次	70	1045.26	75.2	8.1	67.1	89.2	498	0	0
									堵后	2006.1	4.8m/5次	70	1045.26	73.8	3.8	70.0	94.9	591		

表43 任丘雾迷山组油藏任六、任九山头堵水效果统计表（2000—2008年）

序号	井号	裸眼井段深度 m	裸眼井段厚度 m	堵水日期	堵剂名称	挤入总量 m³	起始压力 MPa	爬坡压力 MPa	对比阶段	日期	冲程/冲次	泵径 mm	泵深 m	日产液 t	日产油 t	日产水 t	含水率 %	动液面 m	有效期	累计增油 t
1	任422.	3181.0～3188.35	7.35	2002.1	有机	640 封口15	0	0	堵前	2001.12	5.0m/6次	83	828.75	163.6	5.1	158.5	96.9	571	0	0
									堵后	2002.1	5.0m/5次	70	1095.40	118.9	3.3	115.6	96.2	663		
2	任422	3181.0～3188.36	7.35	2004.12	有机 无机 驱油剂	860 / 600	0	4.6～12.5	堵前	2004.12	5.0m/4次	70	901.34	58.4	1.5	56.9	97.4	929	3个月	343
									堵后	2005.1	5.0m/4次	70	1156.29	77.8	7.5	70.3	90.4	884		

续表

序号	井号	裸眼井段 深度 m	裸眼井段 厚度 m	堵水日期	堵剂名称	挤入总量 m³	起始压力 MPa	爬坡压力 MPa	对比阶段 阶段	对比阶段 日期	工作制度 冲程/冲次	工作制度 泵径 mm	工作制度 泵深 m	生产情况 日产液 t	生产情况 日产油 t	生产情况 日产水 t	生产情况 含水率 %	生产情况 动液面 m	有效期	累计增油 t
3	斜456	3192.57~3221.0	28.4	2000.9	体膨剂凝胶	210 封口30	0	0	堵前	2000.9	5.0m/6次	83	905.07	170.1	8.0	162.1	95.3	459	2个月	120
									堵后	2000.10	5.0m/6次	70	1011.40	130.8	11.7	119.1	91.1	498		
4	任456	3192.57~3221.0	28.4	2001.9	有机	850	0	0	堵前	2001.8	5.0m/6次	70	1011.49	136.2	5.2	131.0	96.6	489	0	0
									堵后	2001.9	5.0m/6次	70	1054.59	145.0	5.0	140.0	96.0	566		
5	任482	3163.85~3196.0	32.2	2001.1	有机	640 封口15	0	12	堵前	2000.12	4.8m/5次	57	1257.94	79.3	5.4	73.9	93.2	407	3年	3128
									堵后	2001.1	4.8m/5次	57	1260.94	69.2	33.5	35.7	51.6	978		
6	任482	3163.85~3196.0	32.2	2004.11	Tc938驱油剂	150 600	9 / 0	2.5 / 9	堵前	2004.11	4.8m/4次	56	1253.70	49.4	4.7	44.7	90.5	775	1个月	180
									堵后	2004.12	4.8m/4次	56	1243.70	41.6	10.5	31.1	74.7	1134		
7	斜479	3022.49~3069.0	46.5	2000.6	体膨剂凝胶	40 封口8	0	16	堵前	2000.6	4.8m/6次	56	1349.71	90.4	7.0	83.4	92.2	468	1个月	31
									堵后	2000.7	4.8m/7次	44	1796.66	58.5	8.1	50.4	86.2	579		
8	斜480	3124.1~3233.0	109	2000.10	有机	300 封口12	6	4	堵前	2000.9	4.8m/5次	56	1409.14	86.4	5.7	80.7	93.4	447	4个月	487
									堵后	2000.11	4.8m/5次	56	1400.10	78.2	11.8	66.4	84.9	732		
9	斜480	3124.1~3233.0	109	2002.6	有机凝胶	360 封口14	10	14	堵前	2002.6	4.8m/5次	70	1123.39	104.5	4.0	100.5	96.1	812	0	0
									堵后	2002.7	4.8m/5次	56	1487.04	51.6	2.4	49.2	95.4	1102		
10	斜480	3124.1~3233.0	109	2000.4	碳乳	24	0	5	堵前	2000.4	4.8m/5次	56	1153.30	73.0	4.4	68.6	94.0	443	2个月	175
									堵后	2000.5	4.8m/5次	56	1409.14	81.8	8.8	74.0	89.4	490		

使用无机堵剂对无机颗粒的细度要求达到 800 目（颗粒直径 16μm），这样才能够顺利封堵 30μm 以上所有的水淹裂缝。

（3）对堵水工艺技术的要求。工艺技术是堵水施工质量和安全的保障。其要求如下：

①必须按照"堵水施工质量标准"严格要求认真执行。

②堵水施工过程中，堵剂的浓度和挤入量必须按照施工设计执行并根据堵水现场挤堵压力的变化及时进行调整。

③为确保施工安全挤堵压力最高不超过 20MPa。

④为了有效封堵水淹大裂缝和次一级水淹裂缝可采用"分级堵水"的方法进行施工。

（二）油井提液开采的研究

裂缝性石灰岩块状底水油藏油井在含水期提高采液量开采的问题，早在 20 世纪 90 年代中国石油天然气总公司的专家就曾提出过建议。我们也在现场进行过一些单井提液实验。当时的看法是：

（1）裂缝比较发育的油井在中高含水期不宜提液生产，因为提液后虽然初期产油量增加较多，但含水上升速度大大加快，提液增油的效果很快衰减，单井的水驱曲线出现上翘趋势，降低了水驱效果。

（2）渗透性较低的油井提液的效果比较好，提液后产油量增加较多而含水上升速度仍较缓慢。

油藏进入高含水期和特高含水期即水洗油阶段后，油井提液的效果到底怎样呢？这就是现在我们要研究的主要问题。为了能说明问题，从正面和反面即提液和降液入手来进行分析。

1. 高含水期和特高含水期降液开采其效果很差

（1）在油井生产过程中由于泵工作不正常造成产液量大幅度下降，产油量也明显降低。

例如任 49 井。该井 1995 年 1 月至 6 月由于电泵工作不正常导致日产液从 105.8t 降至 29.7t，日产油从 28.2t 降至 12.7t，动液面从 1361m 回升至 546m。1995 年 8 月检电泵后日产液增至 111.1t，日产油增至 34.6t。

该井 1996 年 12 月至 1998 年 9 月 100m³ 电泵生产，由于泵漏导致日产液从 90.2t 降至 27.2t，日产油从 30t 降至 10.9t，动液面从 1203m 升至 881m。1998 年 10 月检电泵后日产液增至 72.2t，日产油增至 23.4t。单井生产变化见表 44。

表 44　任 49 井检泵前后生产情况表

日期	工作制度			生产情况			
	方式	泵径 mm	泵深 m	日产液 t	日产油 t	含水率 %	动液面 m
1995.1	电泵	150	1604.9	105.8	28.2	73.4	1361
1995.2	电泵	150	1604.9	82.1	22.7	72.3	1245
1995.3	电泵	150	1604.9	71.4	22.8	67.9	1092
1995.4	电泵	150	1604.9	65.3	19.1	70.8	1054

日期	工作制度			生产情况			
	方式	泵径 mm	泵深 m	日产液 t	日产油 t	含水率 %	动液面 m
1995.5	电泵	150	1604.9	62.1	21.1	66.0	993
1995.6	电泵	150	1604.9	29.7	12.7	57.3	546
1995.8	电泵	150	1606.6	111.1	34.6	68.8	1257
1995.9	电泵	100	1585.19	113.3	25.5	77.5	840
1995.12	电泵	100	1585.19	94.2	25.5	73.0	1366
1996.12	电泵	100	1456.49	90.2	30.2	66.7	1203
1997.6	电泵	100	1456.49	62.4	21.6	65.4	1134
1997.12	电泵	100	1586.94	43.9	15.5	64.8	1215
1998.9	电泵	100	1586.94	27.2	10.9	60.0	881
1998.10	电泵	100	1599.02	72.2	23.4	67.6	1080

（2）油井堵水后换小泵控制液量生产导致堵水无效。

例如任438井。该井1998年2月堵水，堵后泵径从ϕ70mm换为ϕ56mm生产，日产液从92t降至52.8t，日产油从20.2t降至14.7t，致使堵水无效。1998年4月将产液量提至84.2t，日产油增至23.2t，含水72.5%，反映出堵水有效。详见表45。

表45　任438井堵水后降液和提液效果对比表

日期	工作制度			生产情况			
	冲程/冲次	泵径 mm	泵深 m	日产液 t	日产油 t	含水率 %	动液面 m
1997.12	5.0m/4次	70	1003.68	92.0	20.2	78.0	435
1998.2	5.0m/4次	56	1457.59	52.8	14.7	72.2	734
1998.4	5.0m/4次	70	1083.52	84.2	23.2	72.5	864
1998.11	5.0m/4次	70	1083.52	42.8	10.8	74.8	540
1998.12	5.0m/4次	83	1061.83	107.3	24.7	77.0	726

（3）油井堵水后由于供液不足换小泵生产致使堵水效果很快衰减。

例如，任394井。该井2001年3月堵水，堵水前后对比，日产液保持在100.8～99.0t，日产油从3.5t增至7.7t，含水从96.5%降至91.3%，动液面从533m降至1728m，堵水有效。2001年4月将泵径改为ϕ44mm，日产液降至23.5t，日产油降至5.6t，至12月日产液降至20.4t，日产油降至2.9t，堵水失效。单井生产情况见表46。

2. 油井高含水期和特高含水期提高液量生产效果普遍较好

例一，任十一山头的任209井。该井1995年1月日产液171.7t，日产油38.6t，含水77.5%。1995年2月日产液提至227t，日产油增至51.7t，含水77.2%。至1998年9月历时3年8个月，在日产液基本保持在184.7～228.9t的条件下，日产油量维持在42.1～51.8t，含水上升缓慢。单井生产情况详见表47。

表46 任394井堵水后降液开采效果对比表

日期	工作制度			生产情况			
	冲程/冲次	泵径 mm	泵深 m	日产液 t	日产油 t	含水率 %	动液面 m
2001.2	3.0m/8次	70	953.94	100.8	3.5	96.5	533
2001.3	4.8m/4次	56	1606.9	99.0	7.7	91.3	—
2001.4	4.8m/4次	44	1955.29	23.5	5.6	76.1	—
2001.5	4.8m/4次	44	1955.29	16.9	3.2	81.1	—
2001.12	4.8m/4次	44	1955.29	20.4	2.9	85.7	1728

表47 任209井提液开采效果对比表

日期	工作制度			生产情况			
	方式	泵径, mm (排量, m³)	泵深 m	日产液 t	日产油 t	含水率 %	动液面 m
1995.1	2.6m/8次	110	546.44	171.7	38.6	77.5	409
1995.2	2.6m/8次	110	541.73	227.0	51.7	77.2	478
1995.8	2.6m/8次	110	533.88	185.1	42.1	77.3	382
1995.10	2.6m/8次	110	531.66	214.7	51.8	75.9	344
1996.3	2.6m/8次	110	532.26	184.7	45.4	75.4	463
1997.2	3.0m/8次	83	627.55	178.0	45.5	74.5	508
1998.4	电泵	(200)	1106.89	228.9	50.1	78.1	797
1998.9	电泵	(200)	1106.89	210.3	42.8	79.6	682

例二，任十一山头的任66井。该井2005年12月，日产液135.3t，日产油8.2t，含水93.9%。至2008年6月日产液保持在185.5～245.0t，日产油保持在14.8～21.4t，获得2年6个月的增产效果。该井生产变化见表48。

表48 任66井提液开采效果对比表

日期	工作制度			生产情况			
	方式	泵径, mm (排量, m³)	泵深 m	日产液 t	日产油 t	含水率 %	动液面 m
2005.12	5.5m/5次	83	905.66	135.3	8.2	93.9	826
2006.6	5.5m/5次	83	905.66	167.1	13.6	91.9	846
2006.12	5.5m/5次	83	949.25	185.5	15.5	91.7	849
2007.2	5.5m/5次	83	949.25	187.4	14.8	92.1	824
2007.3	电泵	(150)	1204.26	241.3	21.0	91.3	906
2008.4	电泵	(150)	1204.26	245.1	21.4	91.3	—
2008.6	电泵	(150)	1204.26	241.0	15.5	93.6	916

例三，任九山头的任 437 井。该井 1996 年 12 月日产液 37.2t，日产油 18.6t，含水率 49.9%。至 1998 年 12 月日产液量提高到 135.9 ～ 150.2t，虽然含水率升至 85.3%，日产油 还保持在 38.2 ～ 24.2t，获得两年的增产效果。该井生产情况见表 49。

表 49　任 437 井提液开采效果对比表

日期	工作制度			生产情况			
	冲程 / 冲次	泵径 mm	泵深 m	日产液 t	日产油 t	含水率 %	动液面 m
1996.12	5.0m/4 次	56	1605.88	37.2	18.6	49.9	415
1997.1	5.0m/4 次	70	1162.96	65.7	30.0	54.4	477
1997.5	5.0m/6 次	70	1162.96	137.7	38.2	72.3	528
1997.9	5.0m/6 次	70	1162.96	150.2	32.5	78.4	672
1997.12	5.0m/6 次	70	1162.96	135.9	30.0	77.9	575
1998.12	5.0m/6 次	70	1148.66	146.3	24.2	83.5	685

例四，任七山头的任 386 井。该井 1995 年 3 月至 1999 年 1 月采用 200m³ 电泵生产， 日产液保持在较高水平 265.1 ～ 290.1t，日产油稳定在 22.2 ～ 20.2t，含水基本稳定，获得 3 年零 11 个月的稳产效果。详见表 50。

表 50　任 386 井提液开采效果对比表

日期	工作制度			生产情况			
	方式	排量 m³	泵深 m	日产液 t	日产油 t	含水率 %	动液面 m
1995.3	电泵	200	1120.45	265.1	22.2	91.6	826
1995.12	电泵	200	1120.45	290.1	22.2	92.3	838
1996.12	电泵	200	1120.45	284.8	37.6	86.8	880
1997.12	电泵	200	1120.45	284.4	21.8	92.3	752
1999.1	电泵	200	1110.26	284.3	20.2	92.9	933

例五，任七山头的任 347 井。该井采用电泵生产，1995 年 1 月至 11 月由于泵漏日产 液从 194.5t 降至 138.3t，日产油从 22.6t 降至 15.9t，含水基本稳定。1995 年 12 月检电泵后 日产液增至 260.7t，日产油增至 36.8t，含水稳定。1996 年 12 月日产液降至 156.5t，日产油 降至 21t。1997 年 1 月检电泵后日产液增至 253.4t，日产油增至 35.9t。由此看出，只要保 持较高的产液量就能稳定产油量。该井生产情况见表 51。

表 51　任 347 井提液开采效果对比表

日期	工作制度			生产情况			
	方式	排量 m³	泵深 m	日产液 t	日产油 t	含水率 %	动液面 m
1995.1	电泵	200	1100.85	194.5	22.6	88.4	527

日期	工作制度			生产情况			
	方式	排量 m³	泵深 m	日产液 t	日产油 t	含水率 %	动液面 m
1995.5	电泵	200	1100.85	198.7	20.7	89.6	631
1995.9	电泵	200	1100.85	177.7	17.7	90.1	397
1995.11	电泵	200	1100.85	138.3	15.9	88.5	383
1995.12	电泵	200	1079.37	260.7	36.8	85.9	813
1996.12	电泵	200	1080.12	156.5	21.0	86.6	408
1997.1	电泵	200	1078.93	253.4	35.9	85.9	625

例六，任七山头的任 377 井。该井 1995 年 1 月至 1997 年 11 月采用 250m³ 电泵生产，日产液保持在 245.7 ~ 330.3t，日产油保持在 28.5 ~ 45.1t，获得近 3 年的稳产。该井生产情况见表 52。

表 52　任 377 井提液开采效果对比表

日期	工作制度			生产情况			
	方式	排量 m³	泵深 m	日产液 t	日产油 t	含水率 %	动液面 m
1995.1	电泵	250	973.98	245.7	35.3	85.6	369
1995.11	电泵	250	973.98	253.1	28.8	88.6	503
1996.2	电泵	250	953.62	326.6	44.9	86.3	449
1996.12	电泵	250	946.34	330.3	45.1	86.0	472
1997.4	电泵	250	924.93	322.8	41.4	87.2	440
1997.11	电泵	250	923.17	305.5	28.5	90.7	546

例七，任 463 井。该井 1999 年 5 月日产液 55.5t，日产油 21.9t，含水 60.5%。1999 年 6 月至 2000 年 2 月换为 ϕ70mm 泵生产，日产液提高并保持在 131.5 ~ 138.6t，虽然含水升至 84.3%，日产油量仍然保持在 39.8 ~ 21.7t，获得 9 个月的增产效果。该井提液后的生产变化见表 53。

表 53　任 463 井提液开采效果对比表

日期	工作制度			生产情况			
	冲程/冲次	泵径 mm	泵深 m	日产液 t	日产油 t	含水率 %	动液面 m
1999.5	5.5m/6 次	56	1504.37	55.5	21.9	60.5	518
1999.6	5.5m/6 次	70	1050.74	131.5	39.8	69.7	838
1999.7	5.5m/6 次	70	1050.74	136.9	32.9	76.1	—

続表

日期	工作制度			生产情况			
	冲程/冲次	泵径 mm	泵深 m	日产液 t	日产油 t	含水率 %	动液面 m
1999.8	5.5m/6次	70	1050.74	136.6	31.2	77.2	—
1999.9	5.5m/6次	70	1050.74	137.7	28.2	79.5	784
1999.10	5.5m/6次	70	1050.74	138.0	29.5	78.6	—
1999.11	5.5m/6次	70	1050.74	135.6	30.6	77.4	—
1999.12	5.5m/6次	70	1050.74	135.5	24.5	81.9	777
2000.2	5.5m/6次	70	1050.74	138.6	21.7	83.4	700

例八，任467井。该井2004年8月日产液85t，日产油10.7t，含水87.4%，动液面474m，同年9月换大泵生产，日产液提至167.7t，日产油增至14.8t，含水91.2%，动液面711m，下降237m。至2006年12月日产液一直保持在153.5～171.6t，获得2年4个月增产效果。该井提液后生产情况见表54。

表54 任467井提液开采效果对比表

日期	工作制度			生产情况			
	冲程/冲次	泵径 mm	泵深 m	日产液 t	日产油 t	含水率 %	动液面 m
2004.8	4.8m/6次	56	1416.25	85.0	10.7	87.4.	474
2004.9	4.8m/6次	83	908.98	167.7	14.8	91.2	711
2004.12	4.8m/6次	83	908.98	171.6	16.0	90.7	707
2005.5	4.8m/6次	83	908.98	170.4	17.9	89.5	713
2005.9	4.8m/6次	83	908.98	169.1	13.0	92.3	654
2005.12	4.8m/6次	83	908.98	153.5	11.3	92.6	644
2006.12	4.8m/6次	83	912.52	163.4	11.8	92.8	541

例九，任473井。该井1999年9月日产液56.8t，日产油14.4t，含水74.6%。同年9月调参后日产液提至85.8～101.0t，日产油保持在25.3～15.1t。2001年1月换大一级泵生产，日产液提至150t，日产油增至20.8t。该井提液获1年7个月的增产效果。提液后生产变化见表55。

表55 任473井提液开采效果对比表

日期	工作制度			生产情况			
	冲程/冲次	泵径 mm	泵深 m	日产液 t	日产油 t	含水率 %	动液面 m
1999.9	4.8m/4次	57	1439.94	56.8	14.4	74.6	—
1999.9	4.8m/6次	57	1439.94	87.7	23.7	72.8	509

续表

日期	工作制度			生产情况			
	冲程/冲次	泵径 mm	泵深 m	日产液 t	日产油 t	含水率 %	动液面 m
1999.10	4.8m/6次	57	1422.46	85.8	25.3	70.5	—
1999.11	4.8m/6次	57	1422.46	88.3	22.9	74.0	—
1999.12	4.8m/6次	57	1422.46	87.7	23.0	73.8	560
2000.3	4.8m/6次	57	1422.46	95.0	16.4	82.7	506
2000.6	4.8m/6次	57	1425.65	101.0	15.1	88.0	541
2000.9	4.8m/6次	57	1425.65	97.6	20.5	79.0	485
2001.1	4.8m/4次	70	886.93	150.1	20.8	86.1	637
2001.3	4.8m/4次	70	886.93	151.9	21.7	85.7	519

例十，任斜331井。该井2000年12月日产液74.4t，日产油14.4t，含水80.7%。2001年1月至11月换大一级泵生产，日产液提至114.4～128.2t，日产油保持在25.5～17.6t，含水77.7%升至86.3%。2001年12月至2002年11月改为150m³电泵生产，日产液209.4～178.1t，日产油32.8～16.7t，含水84.0%～90.6%。该井两次提液获增油有效期达两年之久。该井提液后生产变化见表56。

表56 任斜331井提液效果对比表

日期	工作制度			生产情况			
	方式	泵径,mm (排量,m³)	泵深 m	日产液 t	日产油 t	含水率 %	动液面 m
2000.12	4.8m/6次	56	1410.25	74.4	14.4	80.7	626
2001.1	4.8m/6次	70	1004.99	114.4	25.5	77.7	763
2001.2	4.8m/6次	70	1004.99	116.3	24.0	79.4	800
2001.6	4.8m/6次	70	1004.99	120.0	21.4	82.1	841
2001.11	4.8m/6次	70	1004.99	128.2	17.6	86.3	853
2001.12	电泵	(150)	1491.29	209.4	33.0	84.0	1319
2002.1	电泵	(150)	1491.29	212.8	32.8	85.4	1439
2002.2	电泵	(150)	1491.29	210.6	30.4	85.5	1231
2002.6	电泵	(150)	1491.29	218.6	22.4	89.8	1156
2002.10	电泵	(150)	1491.29	188.6	18.0	90.4	838
2002.11	电泵	(150)	1491.29	178.1	16.7	90.6	855

3. 油井提液需要进一步研究的问题

（1）以上提液资料大部分是在20世纪90年代末取得的，当时油藏还处在高含水末期，

— 191 —

而目前油藏已全面进入特高含水期，在这个阶段内还未进行过大幅度提液的现场试验，因而对提液的效果还认识不透。因此建议选择少数不同类型油井进行大幅度提液（液量达到300～500m³）试验。

（2）为适应特高含水期大幅度提液的需要，特别是中低渗透油井提液的需要，应提前做好提液工具的准备。

（三）油井综合治理措施的应用

油藏开发晚期，高渗透水淹裂缝需要高强度堵剂进行封堵；低渗透缝洞需要酸化改造才能提高生产能力；为了使更多的缝洞发挥生产潜力，需要增大压差提液开采。因此根据油井地质特点和目前生产状况，在同一口油井采取综合治理措施将更有利于发挥其生产潜力。常用的综合措施是：

1. 堵酸措施

油藏开发晚期，要挖掘低渗透的潜力，首先要使用高强度堵剂有效封堵水淹大中裂缝，堵后又必须经过酸化改造发挥其生产能力。因此堵酸措施将成为今后油藏挖潜的重要措施。任50井的堵酸措施就是这类油井治理的典型模式。

该井1992年3月采用无机堵水酸化措施，堵水前裸眼井段2877～2936.76，厚59.76m，堵后灰面深度2901.39m。堵后对顶部裸眼井段2877～2901.39，厚24.39m采用浓度15%的盐酸5m³进行酸化，堵酸前后对比，日产油从11.3t增至56.7t，日增油45.4t，增幅达4倍。含水92.1%降至37.2%，下降55.3%，动液面从井口降至661～953m，此次堵酸有效期长达6年8个月，累计增油量25224t。堵酸前后效果对比见表57。

表57　任50井堵酸效果对比表

对比阶段		工作制度			生产情况			
阶段	日期	冲程/冲次	泵径 mm	泵深 m	日产液 t	日产油 t	含水率 %	动液面 m
堵酸前	1992.2	3.0m/6次	83	400.99	142.5	11.3	92.1	井口
堵酸后	1992.3	3.0m/6次	70	996.09	90.4	56.7	37.2	661
堵酸后	1992.12	3.0m/6次	70	996.09	80.3	31.3	61.0	669
堵酸后	1993.12	3.0m/6次	70	999.51	82.5	24.0	70.9	919
堵酸后	1994.12	3.0m/6次	70	999.51	59.4	17.9	69.9	954
堵酸后	1995.12	3.0m/6次	70	1140.92	46.3	16.4	64.6	531
堵酸后	1996.12	3.0m/6次	70	1140.95	71.3	23.4	672	824
堵酸后	1997.6	3.0m/6次	70	1140.45	75.9	19.8	73.9	657
堵酸后	1998.1	3.0m/6次	70	1140.45	50.0	15.8	68.3	689
堵酸后	1998.11	3.0m/6次	70	1140.45	75.3	16.6	78.0	973

该井堵酸存在的主要问题是：堵水时挤入量过低，只有23.5m³；堵后未能保持液量生产，否则效果将更好。

2. 油井堵水酸化提液

油井堵水后动液面和含水率下降较多，说明堵后生产层的渗透性较低。若及时进行酸化和保持较高的液量开采是发挥其生产潜力的有效措施。

例如任 45 井。该井 1989 年 5 月采用无机堵水，堵前裸眼井段 2736.55 ~ 2814.06m，厚 133.06m，堵后留灰面深度 2793.4m，生产井段 2736.55 ~ 2793.4m，厚 56.85m。该井段电测显示为泥质含量较高的Ⅲ级裂缝段。堵水后换小泵生产，产液量大幅度降低，堵水效果很快衰减。堵水前后对比，日产液从 119t 降至 36t，日产油 12t 增至 15t，含水从 89.7%降至 58.6%，动液从井口降至 968m，至 1990 年 1 月日产液降至 22t，日产油降至 5t，含水升至 78.5%。同月进行酸化改造，酸后换大一级泵生产，日产液提到 112t，日产油增至 33t，含水降至 70.2%，获得较好的效果。该井堵酸前后生产情况见表 58。

表 58 任 45 井堵酸提液效果对比表

对比阶段		工作制度			效果对比			
阶段	日期	冲程／冲次	泵径 mm	泵深 m	日产液 t	日产油 t	含水率 %	动液面 m
堵前	1989.5	2.2m/8 次	83	586.53	119.0	12.0	89.7	井口
堵后	1989.5	2.2m/8 次	56	1476.96	36.0	15.0	58.6	968
堵后	1989.6	2.2m/8 次	56	1476.96	23.0	10.0	57.6	—
堵后	1990.1	2.2m/8 次	56	1476.96	22.0	5.0	78.5	981.4
酸后	1990.1	2.2m/8 次	70	703.25	112.0	33.0	70.2	井口
酸后	1990.2	2.2m/8 次	70	703.25	109.0	29.0	73.6	井口

3. 油井堵水提液

在油井堵水有效的基础上及时进行提液生产有利于发挥堵水效果，获得较长的增产期。

例如任 438 井，该井裸眼井段 2938.64 ~ 3010m，厚 71.36m。1998 年 2 月堵水，堵前φ56mm 管式泵生产，日产液 52.8t，日产油 14.7t，含水 72.2%，动液为 734m。堵后 1998 年 4 月换为φ70mm 泵生产，日产液增至 84.2t，日产油增至 23.2t，含水稳定，堵水有效。后由于泵严重漏失至 1998 年 11 月日产液降至 42.8t，日产油降至 10.8t，动液面回升至 540m。1998 年 12 月检泵并换为φ83mm 泵生产，日产液增至 107.3t，日产油增至 24.7t。至 2005 年日产液量保持在 99.5 ~ 132.3t，日产油维持在 22.1 ~ 15.5t，获 6 年 10 个月的提液效果。任 438 井堵水提液前后生产情况见表 59。

表 59 任 438 井堵水提液前后生产情况

对比阶段		工作制度			效果对比			
阶段	日期	冲程／冲次	泵径 mm	泵深 m	日产液 t	日产油 t	含水率 %	动液面 m
堵水前	1998.2	5.0m/4 次	56	1457.59	52.8	14.7	72.2	734
堵水后	1998.4	5.0m/4 次	70	1083.52	84.2	23.2	72.5	864
堵水后	1998.11	5.0m/4 次	70	1083.52	42.8	10.8	74.8	540

对比阶段		工作制度			效果对比			
阶段	日期	冲程/冲次	泵径 mm	泵深 m	日产液 t	日产油 t	含水率 %	动液面 m
提液后	1998.12	5.0m/4 次	83	1061.83	107.3	24.7	77.0	726
提液后	1999.12	5.0m/4 次	83	1061.83	130.6	25.0	80.3	847
提液后	2000.12	5.0m/4 次	83	1061.83	130.4	22.1	83.1	834
提液后	2001.12	5.0m/4 次	83	1061.83	99.5	15.5	84.4	762
提液后	2002.12	5.0m/4 次	83	1061.83	100.8	15，7	84.5	682
提液后	2003.12	5.0m/4.5 次	83	1061.23	132.3	17.3	86.9	—
提液后	2004.12	4.8m/4.5 次	83	1069.17	125.5	18.5	85.5	757
提液后	2005.9	4.8m/4.5 次	83	1069.17	116.2	19.7	83.1	718

四、对今后油藏挖潜工作的建议

（一）对油藏潜力的评估

对油藏潜力总的认识是：油藏在目前阶段仍具有一定的生产潜力，但潜力不大。挖潜的难度很大，对工艺技术的要求很高。挖潜的方针是：稳扎稳打、摸着石头过河的原则，先选择重点井进行现场试验，待成功后再逐步推广。

（二）挖潜工艺措施

（1）选择 3 口（任 210、任 323、任 325）潜山顶面有潜力的不同类型的井，开展堵水、射孔、酸化试验，具体要求见表 60。

（2）选择 3 口（任 266、任 467、任 473）不同类型油井开展大幅度提液现场试验，具体要求见表 61。

（三）布钻调整井

在油藏边缘稀井网低渗透地区，在油藏高部位、内幕高、断块高部位，油藏内部低渗透井区布钻新井 12 口及大修井 2 口，详见表 62。

表 60 堵水、补孔、酸化综合措施试验井

井号	目前生产井段 井段 m	厚度 m	日产液 t	日产油 t	含水 %	动液面 m	堵水要求 堵水井段 m	堵剂类型	用量 m³	灰面深度 m	补孔要求 补孔井段 m	厚度 m	酸化要求 种类	浓度 %	用量 m³	备注
任210	2952.57 ~ 3083.0	130.43	262.5	17.7	93.3	972	2952.57 ~ 3083	耐酸无机	200	2980	2947 ~ 2952	5.0	HCl	15.0	5 ~ 10	下泵待定
任323	2946.53 ~ 2990	43.47	—	—	—	—	2946.53 ~ 2990	耐酸无机	150 ~ 200	2954	2943 ~ 2946.5	3.5	HCl	15.0	5.0	下泵待定
任325	2967 ~ 2969	2.0	22.1	0.4	98.0	2091	—	—	—	—	—	—	HCl	15.0	5.0	下泵待定

表 61 提液措施试验井

类型	井号	目前生产井段 井段 m	厚度 m	目前工作制度 冲程/冲次	泵径 mm	泵深 m	目前生产情况 日产液 t	日产油 t	含水率 %	动液面 m	提液要求 方式	排量 m³	泵深 m
低渗透	任266	3036 ~ 3042 3060 ~ 3074	6.0 14.0	4.8m/4 次	56	1411.69	47.8	13.3	71.8	686	电泵	100	2000
中渗透	任467	3206.9 ~ 3262.0	55.1	4.8m/6 次	83	912.52	161.7	8.1	94.9	406	电泵	200	1500
中渗透	任473	3041.81 ~ 3098	56.19	4.8m/4 次	70	1154.92	48.9	4.7	90.5	690	电泵	150	1800

注：任 467 无堵水后提液，无机堵剂 150m³。

表 62　新钻井及大修井统计表

地区	钻井位置	层位	井数，口
任七山头北部边缘稀井网区	任 467 井断块高部位	雾二	1
	任平 5 井北断块雾迷山组高部位	雾二	1
任九山头东部边缘低渗透稀井网区	任斜 495 井西南 200m	雾三、雾四	1
任 438 断块	任 438、任 66 断块高部位	雾一、雾二	1
任 71 断块	该断块高部位揭厚 60m	雾一、雾二	1
油藏内幕高	任 398 井雾九组内幕高	雾九	1
油藏内部低渗透	任 480、任 266 以东 200m	雾七	1
油藏高部位 200m 井距	任 9 与任 260 之间局部高，井距 200m	雾五	1
	任 386 与任 387 之间局部高，井距 200m	雾七	1
	任 35 与任 383 之间局部高，井距 200m	雾四	1
	斜 331 与任 473 之间等高部位，井距 200m	雾七	1
	任 214 与任 221 之间高部位平台，井距 250m	雾三	1
大修井	任 381 套变形，雾八组风化壳含油较好	一	1
	任 326 套变形，目前剩余含油高度 110.5m，顶部风化壳含油较好	一	1

任丘雾迷山组油藏开发晚期
剩余油分布地质模式及挖潜措施研究❶

刘仁达

(2009 年 10 月)

任丘雾迷山组油藏虽已进入高含水开发晚期，但产油量仍在继续递减。因此深入研究油藏可动剩余油的分布，挖掘油藏生产潜力，控制含水上升，稳定油藏产量，改善油藏晚期开发效果和提高油藏最终采收率是当前开发的主要任务。

根据对油藏地质静态和开发动态的综合研究，目前可动剩余油相对富集的地区主要分布在：潜山顶面低渗透风化壳，生产井段上部的低渗透层段，全井低渗透油井；潜山构造高部位和油层内幕高；低油水界面区块；油藏东部边缘稀井网区。

在研究油藏潜力分布的基础上，进一步总结出目前可动剩余油分布的基本地质模式并深入研究每类模式的地质基础、动态特点及挖潜措施。

今后油藏开发的重点是：进一步深入研究可动剩余油的分布规律，认真搞好不同剩余油分布模式的挖潜治理，总结经验，不断开拓，力争获得较好的治理效果和晚期的开发效果。

一、油藏开发晚期剩余油分布地质模式及挖潜措施研究

在对油藏纵向上和平面上剩余油分布规律研究的基础上，初步总结出油藏开发晚期剩余油分布的 5 类 10 种基本地质模式及挖潜措施，现分述如下。

（一）潜山剥蚀面 Es_{2+3} 含油底砾岩剩余油分布

1. 地质基础

Es_{2+3} 底砾岩是古近系沉积在雾迷山组油藏潜山剥蚀面上的砾岩层。砾岩的成分与雾迷山油层相同并具有统一的压力系统。砾岩层呈透镜状分布，范围小，含油性差异很大。这类油层在潜山油藏开发过程中由于被油层套管封隔未被动用，具这类潜力的油井较少。地质模式如图 1 所示。

2. 生产动态特点

（1）厚度较大、含油性较好的底砾岩。投产初期产油量较高，但含水上升快，产油量递减快。

（2）厚度较小、含油性较差的底砾岩。经酸化改造后具低产油能力。

---

❶参加人：赵海军、刘宜生、田瑞平。

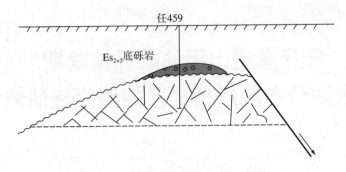

图 1　Es$_{2+3}$ 底砾岩剩余油分布地质模式

3. 挖潜治理措施

（1）缝洞比较发育的雾迷山组油层采用耐酸无机堵剂进行堵水并留灰面至潜山顶面；渗透率低的雾迷山组油层可直接打水泥塞封堵。

（2）用大炮弹射开 Es$_{2+3}$ 含油底砾岩。若射孔后吸水能力低，使用低浓度盐酸进行酸化改造。

（3）产能较高的油层在高含水期采用化学堵水有一定效果。

4. 典型井分析

例一，任 459 井。该井揭开雾四—雾五油组，生产井段 3364.46 ~ 3408.5m，厚 44.04m。1997 年 3 月投产至 1998 年 12 月日产油从 35.4t 降至 2.0t，含水率从 49.9% 升至 98%，含水月上升 7.12%，产油量月递减 7.29%。1999 年 1 月注水泥（灰面 3363.2m）将已水淹的雾迷山组油层封堵后射开 Es$_{2+3}$ 含油底砾岩，射孔井段 3340.0 ~ 3360.0m，厚 20m。根据钻井录井资料：3336.6 ~ 3363.6m，厚 27.0m 为油斑角砾岩，含油岩屑 15% ~ 50%，综合解释为油层。该层段投产初期日产油 80t，含水率最低降至 1.1%，动液面 340m。生产资料证实该砾岩层为高产油层。至停产前总累计产油 2.8×10^{4}t。该井射孔前后生产情况如图 2 所示。

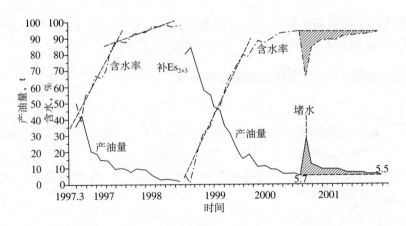

图 2　任 459 井产油量、含水率变化曲线（补孔前后）

该砾岩层进入高含水后于 2000 年 12 月进行有机堵水，挤入 Tc938 110m^3，压力从零升至 17.0MPa，堵水初期日产油从 5.7t 升至 28.2t，含水率从 94.1% 降至 67.3%，动液面从 504m 降至 1166m，有效 14 个月，增油 1646t。堵水前后生产情况见表 1。

表1 任459井砾岩层段堵水效果对比表

对比阶段		工作制度			生产情况			
阶段	日期	冲程/冲次	泵径 mm	泵深 m	日产液 t	日产油 t	含水率 %	动液面 m
堵前	2000.12	5.0m/6次	56	806.58	96.6	5.7	94.1	504
堵后	2001.1	5.0m/6次	56	1402.8	86.4	28.2	67.3	1166
堵后	2001.2	5.0m/6次	56	1402.8	74.6	12.6	83.0	1047
堵后	2001.3	5.0m/6次	56	1402.8	76.3	10.5	86.3	864
堵后	2001.12	5.0m/6次	56	1402.8	78.1	6.8	91.3	1100
堵后	2002.3	5.0m/6次	56	1402.8	77.9	6.0	92.3	1058

例二，任361井。该井1999年8月注水泥（灰面3040.25m）封堵水淹的雾迷山组油层后，射开 Es_{2+3} 底砾岩，射孔井段3022.0～3040m，厚18.0m。该层段录井无显示，综合解释为可疑层。射孔后经酸化改造日产油3.4t，含水85.3%。

（二）低渗透油层剩余油分布

根据低渗透油层在纵向上的分布特点，这类剩余油分布可分为三种类型。

1. 第一种类型：潜山顶面低渗透风化壳剩余油分布

低渗透风化壳主要指的是潜山剥蚀面以下10m范围内的低渗透油层。这类潜力分布较广，但挖潜难度很大。

1）地质基础

（1）潜山形成过程中，潜山面长期受到风化淋滤作用，因而潜山顶部风化壳内溶蚀孔洞比较发育。在沉积古近—新近系时又受到泥质的部分充填，因此油层渗透率一般较低。

（2）潜山顶面部分低渗透层被油层套管封隔，油层套管固井时水泥浆对套管鞋附近的油层会造成部分伤害。

（3）在开发过程中由于潜山顶部油层渗透性变差，因而底水的波及程度较低，存在一定的可动剩余油。潜力分布地质模式如图3所示。

2）生产动态特点

（1）油井生产井段中下部油层缝洞发育，渗透率高，为主产层而且水淹严重。

（2）潜山顶面低渗透风化壳在自然开采条件下，全井生产时无产液能力，必须经酸化改造后才能发挥其生产能力。

3）挖潜治理措施

为了有效地发挥潜山顶面低渗透风化壳的生产潜力，挖潜措施的工艺程序是：

（1）首先必须对生产井段下部的水淹裂缝用超微细高强度耐酸无机堵剂进行堵水并留灰面。产能较低、动液面低的油井可直接打水泥塞封堵。水泥塞的位置最好选择在泥质白云岩或岩性致密的层段。

（2）对潜山顶面被套管封隔的油层，大炮弹射孔。

（3）采用低浓度（15%～20%），小酸量（10～20m³）酸化改造风化壳低渗透油层。

由于油井开发时间较长,套管腐蚀严重,因此在堵水前应下封隔器对套管进行验封,以确保施工安全和达到挖潜目的。

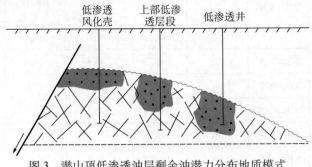

图3 潜山顶低渗透油层剩余油潜力分布地质模式

4）典型井分析

潜山顶部低渗透风化壳的治理,早年就曾在任323井、任347井、任345井、任240井和任370井获得过较好的效果。2008年在油藏水淹十分严重的情况下任观6井获得效果。今年又在任348井获得较好的效果。现以任370井为例说明之。

任370井是任七山头的生产井。该井揭开雾六组底部和雾七组上段油层,生产井段3003.5～3060m,厚度56.5m。1987年5月投产至1998年10月含水高达99.4%,日产油0.6t水淹关井。2000年1月对该井采用填泥球封隔下部水淹段（泥面深度3010m）后对顶部6.5m裸眼段进行酸化。据录井资料显示,3003～3010m,厚度7.0m为油斑泥质岩白云岩,萤光10～13级,综合解释为油层。该层段酸化后初期日产油67t,含水35%。本次措施至2008年6月已有效8年6个月,累计增油24426t,至今仍继续有效。

2. 第二种类型：裸眼段上部低渗透层段剩余油分布

1）地质基础

由于裸眼段上部油层物性变差,缝洞不发育,渗透率低,产能低,底水波及程度差。裸眼段下部油层缝洞发育,渗透率高,是主产层亦是主要水淹层。裸眼段上部油层与下部油层缝洞发育差异很大是此类潜力存在的地质基础。低渗透层段与油层层位有一定的关系。例如雾七组下部油层多数为缝洞不发育的低渗透层段。地质模式如图3所示。

2）生产动态特点

油井全井生产时,上部低渗透层段产能低或无产液能力。因此全井生产主要反映下部高渗透缝洞的生产动态特点。

3）挖潜治理措施

(1) 采用超微细高强度耐酸无机堵剂封堵下部水淹层段并留灰面。

(2) 小酸量低浓度酸化改造上部低渗透油层,提高生产能力。

(3) 供液能力差,并具有一定低产能力的低渗透层段可采用小泵深抽。

4）典型井分析

这种类型油井的治理,早年曾在任50井和任266井进行过措施,都获得较好的治理效果,当时堵剂质量限制（固体物质目数小,不耐酸）其效果受到一定的影响。

例一,任50井。该井生产井段2877～2936.76m,厚度59.4m。根据电测资料分析,2906～2930m油层裂缝发育；2900m以上泥质含量较高,中子伽马值高,裂缝不发育。

1992 年 3 月使用普通无机堵剂全井堵水,灰面留在井深 2901.39m,灰面以上层段采用低浓度小酸量酸化,酸后初期日产油从 11.3t 增到 56.7t,含水率从 92.1% 降至 37.2%,动液面从井口降至 953m。堵酸后保持液量生产有效 6 年 8 个月,增油 25224t。

例二,任 266 井。该井揭开雾七至雾十油组,下套管射孔完成。该井下部油层均为缝洞比较发育的高含水油层,注灰封堵后上部雾七组油层为缝洞不发育的低渗透油层。各层段生产情况见表 2。

表 2 任 266 井各层段生产情况

生产层位	射孔井段, m	生产情况				备注
		日期	日产液 t	日产油 t	含水率 %	
雾七	3036 ~ 3042 3060 ~ 3074	1986.1	25.0	25.0	0	水泥面 3088.57m
雾七、雾八	3036 ~ 3074 3121 ~ 3135 3144 ~ 3152	1985.10	142.0	34.0	76.0	水泥面 3195.36m
雾九	3238 ~ 3241 3241 ~ 3252 3257 ~ 3261	1985.7	259.0	30.0	88.6	水泥面 3290.27m
雾十	3298 ~ 3312 3317.4 ~ 3319.6	1984.6	126.0	6.0	94.9	

该井雾七油组投产后,由于油层渗透率低供液能力不足,产液量下降较快。因此采用小泵深抽获得较好的效果,生产资料见表 3。

表 3 任 266 井采用小泵深抽措施效果

日期	工作制度			生产情况			
	冲程/冲次	泵径 mm	泵深 m	日产液 t	日产油 t	含水率 %	动液面 m
1988.9	3.0m/8 次	56	998.79	10.0	10.0	0	1100.5
1988.10	3.0m/8 次	44	1297.55	41.0	41.0	0	1278.3
1989.1	3.0m/8 次	44	1297.55	17.0	17.0	0	—
1989.2	3.0m/8 次	44	1297.55	10.0	10.0	0	1260.0
1989.8	3.0m/8 次	44	1297.55	11.0	11.0	0	1286.4
1989.9	3.0m/8 次	38	1799.81	21.0	21.0	0	1636.4
1989.10	3.0m/8 次	38	1799.81	20.0	20.0	间	—
1989.11	3.0m/8 次	38	1799.81	20.0	20.0	间	—
1989.12	3.0m/8 次	38	1799.81	18.0	18.0	间	—

该层段的产液量降至 8.0t 时,1994 年 10 月采用浓缩酸酸化又获得较好的效果,措施前后生产情况对比见表 4。

3. 第三种类型:低渗透井剩余油分布

低渗透井指的是揭开厚度中油层缝洞均不发育的油井。

表 4 任 266 井浓缩酸酸化措施效果

日期	工作制度			生产情况			
	冲程/冲次	泵径 mm	泵深 m	日产液 t	日产油 t	含水率 %	动液面 m
1994.10	2.2m/8 次	38	1778.12	8.2	8.1	1.6	—
1994.10	2.2m/8 次	44	1700.05	24.9	21.2	14.8	—
1994.11	2.2m/8 次	44	1706.32	22.7	21.5	5.2	—
1994.12	2.2m/8 次	44	1706.32	17.4	16.8	3.4	—

1）地质基础

这类剩余油分布形成的原因主要是受油层岩性控制，一般出现在泥质含量较高和硅质含量较高的地层。这种油层微细裂缝和小溶蚀孔洞比较发育。因此油井产量低，底水波及程度差。

2）生产动态特点

一般来说油井的生产能力比较低，油井见水后含水上升速度缓慢，生产过程中油井的动液面低（1000～2000m）。但也有的低渗透井经多次酸化沟通了周围渗透性高的水淹裂缝造成含水快速上升。

3）挖潜治理措施

（1）供液能力比较差的低渗透油井应采用酸化提高油井的生产能力。

（2）具有一定供液能力的油井，适当提高液量有利于发挥其生产潜力。

（3）具有一定供液能力的低产井可选用小泵深抽。

（4）经多次酸化改造后，含水上升较快的低渗透油井，可以试验超微细材料堵水或超微细耐酸堵剂堵酸。

（5）揭开厚度比较大、产液量较高的低渗透井在含水升至较高的条件下，可采用超微细材料小剂量堵水并留灰面抬高井底深度。

（6）低渗透、低产、高含水油井如何治理还有待研究。

4）典型井分析

例一，任 203 井。该井揭开雾一、雾二组油层，生产井段 2710.94～2844.0m，厚度 133.06m。1980 年 8 月投产，日产油 45t，含水 8.4%。1981 年 1 月因低产进站困难关井。1987 年 7 月开井至 2008 年 12 月连续生产 21 年 6 个月，含水升至 56%，平均年上升2.28%。产油量降至 12.8t 平均年下降 1.82%。该井生产情况如图 4 所示。

该井提液也曾获得较好的增油效果，见表 5。

表 5 任 203 井提液增油效果对比

日期	对比阶段	工作制度		生产情况			
		方式	泵径，mm（排量，m³）	泵深 m	日产液 t	日产油 t	含水率 %	动液面 m
1997.11	提液前	3.0m/7 次	56	1478.0	33.1	22.0	37.1	1128.0
1998.1	提液后	电泵	(50)	1954.66	58.3	39.7	31.9	1662.0

例二，任 437 井。该井是任九山头的生产井。揭开雾四油组，生产井段 2975.97～3040.0m，厚度 64.03m。1995 年 8 月投产，初期日产油 19.5t，含水率 18.9%，动液面 1590m，属低渗透油层。该井 1995 年 11 月酸化，1997 年 1 月换大泵提液均获得较好效果，见表 6。

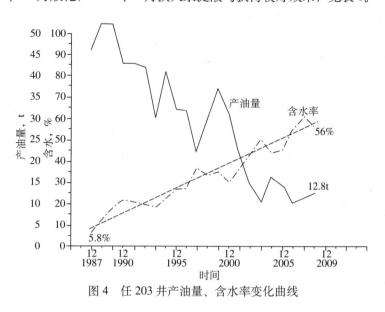

图 4 任 203 井产油量、含水率变化曲线

表 6 任 437 井措施效果对比

日期	对比阶段	工作制度			生产情况			
		冲程/冲次	泵径 mm	泵深 m	日产液 t	日产油 t	含水率 %	动液面 m
1995.10	酸前	5.0m/4 次	56	1609.73	16.9	12.0	29.1	1553
1995.11	酸后	5.0m/4 次	56	1605.88	33.0	22.0	33.2	470
1996.12	提液前	5.0m/4 次	56	1605.88	37.6	18.6	49.9	415
1997.1	提液后	5.0m/4 次	70	1162.96	65.7	30.0	54.4	492

例三，任 478 井。该井是任十一山头的生产井。揭开雾二油组，生产井段 2669.51～2717.0m，厚度 47.49m。1999 年 8 月投产，初期日产液 12.4t，日产油 5.3t，含水率 57.6%，动液面 1328m，属低渗透油层。该井因产能低 1999 年 11 月酸化，2003 年 3 月换大泵提液均获得较好效果，见表 7。

表 7 任 478 井措施效果对比

日期	对比阶段	工作制度			生产情况			
		冲程/冲次	泵径 mm	泵深 m	日产液 t	日产油 t	含水率 %	动液面 m
1999.10	酸前	4.8m/4 次	56	1383.24	13.0	8.1	37.7	1310
1999.12	酸后	4.8m/4 次	44	1678.1	30.5	21.8	27.37	588
2003.3	提液前	4.8m/4.5 次	44	1678.11	28.2	8.1	71.2	598
2003.4	提液后	4.8m/4.5 次	70	1203.02	85.6	23.4	72.7	909

例四，任斜 465 井。该井位于任六山头任 458 井断块的最高部位。生产井段 3011.99 ~ 3050.0m，厚度 38.01m。1997 年 6 月投产，初期日产液 23.2t，日产油 18.4t，含水率 20.8%，动液面 1571m。生产动态反映出低渗透缝洞的特点。该井 1997 年 6 月至 1998 年 2 月共进行过两次酸化，1998 年 4 月换大泵提液，造成含水快速上升。初步分析认为酸化沟通了水淹裂缝所至。这类井应采用无机堵水封堵水淹裂缝，降水增油，继续发挥低渗透缝洞的生产潜力。该井产油量、含水率变化如图 5 所示。

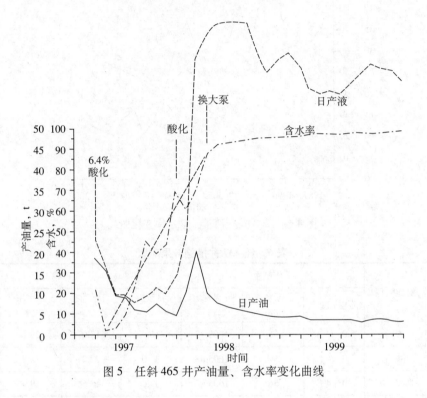

图 5　任斜 465 井产油量、含水率变化曲线

（三）潜山高部位剩余油分布

潜山高部位剩余油分布，根据其形成的地质基础可分为两种类型。

1. **第一种类型：构造高部位剩余油分布**

1）地质基础

在油藏开发过程中，油藏内部由于油水重力分异作用，自然形成潜山高部位剩余油分布比较富集。在油藏开发晚期这类潜力尤为明显。地质模式如图 6 所示。

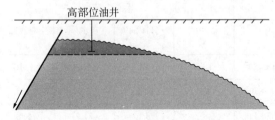

图 6　潜山构造高部位剩余油分布地质模式

2）生产动态特点

（1）高部位油井初期产量一般较高，含水率低，对油藏产量接替起到重要作用。

（2）油井含水上升速度比较快，在含水快速上升期控制产液量压锥效果不明显。

（3）裂缝发育并具有无水期的油井，提高产油量会导致油井提前见水和加快含水上升速度。

3）挖潜治理措施

（1）采用化学堵水具有一定的增油效果。缝洞发育的油井应使用高强度无机堵剂堵水。

（2）油井进入高含水期后提液效果较好。提液的正确操作方法是：先堵水后提液，在堵水有效的前提下提液。

（3）潜山顶部井网相对较稀的部位应补钻少量调整井。

4）典型井分析

例一，任 473 井。该井位于任七山头任 49 井内幕大断层附近潜山的高部位。它与相邻井（任 331、任 333、任 329 井）的生产层位均为雾七油组。任 473 井的进山深度比邻井高 34.0 ~ 80.0m。该井 1998 年 4 月投产，初期日产油 56.6t，含水率 1.1%，动液面 307m。而同时期相邻井的含水率已高达 85.2% ~ 98.3%，日产油只有 1.5 ~ 6.8t。这是一口典型的潜山高部位剩余油集中分布的油井。

该井投产后含水月上升 6.4%，含水率升至 65% 后进入缓慢上升期。1999 年 9 月泵漏检泵并调参提液，提液后增油有效期 7 个月，增油 1355t。提液前后生产情况对比见表 8。

表 8　任 473 井提液前后生产情况对比

日期	对比阶段	工作制度			生产情况			
		冲程 / 冲次	泵径 mm	泵深 m	日产液 t	日产油 t	含水率 %	动液面 m
1999.9	提液前	4.8m/4 次	57	1439.94	56.8	14.4	74.6	509
1999.9	提液后	4.8m/6 次	57	1442.46	87.1	23.7	72.8	—
1999.10	提液后	4.8m/6 次	57	1442.46	85.8	25.3	70.5	—
1999.11	提液后	4.8m/6 次	57	1442.46	88.3	22.9	74.0	—
1999.12	提液后	4.8m/6 次	57	1442.46	87.7	23.0	73.8	560
2000.1	提液后	4.8m/6 次	57	1442.46	90.8	18.3	79.9	—
2000.2	提液后	4.8m/6 次	57	1442.46	92.6	22.2	76.0	—
2000.3	提液后	4.8m/6 次	57	1442.46	95.0	16.4	82.7	—

该井 2002 年 4 月采用有机堵水，堵后日产油从 6.6t 增至 10.4t，含水率从 95.4% 降至 81.7%，有效 15 个月，增油 1291t。任 473 井产油量含水率变化如图 7 所示。

例二，任斜 331 井。该井是任 331 井的侧钻井，它与相邻老井的主产层均为雾七组油层。任斜 331 井的进山深度较任 331 井高 57.0m，比其他相邻老井（任 233、任 378、任检 7 井）高 27.0 ~ 59.0m。任斜 331 井 1998 年 12 月投产，日产油 48.9t，含水率 0.2%。此时相邻老井含水率已高达 94.7% ~ 97.8%，日产油 1.7 ~ 3.0t。这又是一口潜山高部位剩余油富集的实例。

该井进入高含水后曾进行两次提液。2001 年 1 月第一次换大泵提液，日产液从 74.7t 提至 114.4t，日产油从 15.7t 增至 25.5；2001 年 12 月第二次提液，由管式泵改为电泵生产，日产液从 128.2t 提至 209.4t，日产油从 17.6t 增至 33.0t，动液面从 835m 降至 1319m。该井两次提液共增油 3383t，实现了近两年的增产、稳产。两次提液前后生产情况对比见表 9、表 10。

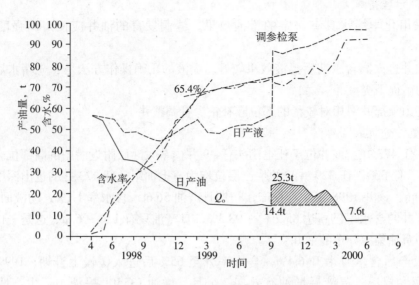

图7 任473井产油量、含水率变化曲线

表9 任斜331井第一次提液前后生产情况对比

日期	对比阶段	工作制度			生产情况			
		冲程/冲次	泵径 mm	泵深 m	日产液 t	日产油 t	含水率 %	动液面 m
2001.1	提液前	4.8m/6次	56	1410.25	74.7	15.7	79.0	763
2001.1	提液后	4.8m/6次	70	1004.99	114.4	25.5	77.7	800
2001.4	提液后	4.8m/6次	70	1004.99	119.4	21.2	82.2	795
2001.6	提液后	4.8m/6次	70	1004.99	120.0	21.4	82.1	841
2001.10	提液后	4.8m/6次	70	1004.99	119.0	16.1	86.4	750
2001.11	提液后	4.8m/6次	70	1004.99	128.2	17.6	86.3	835

表10 任斜331井第二次提液前后生产情况对比

日期	对比阶段	工作制度			生产情况			
		方式	泵径,mm (排量,m³)	泵深 m	日产液 t	日产油 t	含水率 %	动液面 m
2001.11	提液前	4.8m/6次	70	1004.93	128.2	17.6	86.3	835
2001.12	提液后	电泵	(150)	1491.29	209.4	33.0	84.0	1319
2002.1	提液后	电泵	(150)	1491.29	212.8	32.8	85.4	1439
2002.2	提液后	电泵	(150)	1491.29	210.6	30.4	85.5	1231
2002.6	提液后	电泵	(150)	1491.29	218.6	22.4	89.5	1156
2002.10	提液后	电泵	(150)	1491.29	188.6	18.0	90.4	838
2002.11	提液后	电泵	(150)	1491.29	178.1	16.7	90.6	855

任斜 331 井产油量、含水率变化如图 8 所示。

例三，任斜 489 井。该井是任十一山头北部潜山高部位靠近断层的生产井。生产井段 2884.37 ～ 2918.3m，厚 33.93m。该井钻井过程共漏失钻井液 269m³，主要漏失段在雾迷山油层顶部，深度 2882.0 ～ 2893.4m 和油层底部 2911.0 ～ 2916.0m。属缝洞发育油井。2001 年 1 月投产，初期日产油 48t，不含水。2003 年 6 月换大泵生产，日产油提至 78t，2004 年 1 月见水。无水期三年。

该井见水后出现暴性水淹。见水初含水 4.6%，仅 3 个月时间含水升至 69.5%，平均月上升高达 21.6%，是雾迷山组油藏含水上升最快的油井之一。进入高含水后曾进行过三次有机堵水均未堵住水淹裂缝，效果差。目前油井产油量已递减到 1 ～ 2t，含水率高达 98% 以上。从该井动态资料看出：

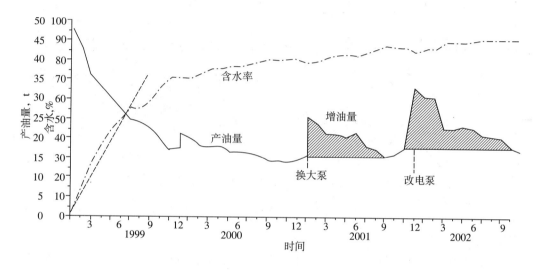

图 8　任斜 331 产油量、含水率变化曲线

（1）该井日产油 45 ～ 75t 保持了三年的高产稳产，说明潜山高部位是目前剩余油分布比较富集的地区。

（2）潜山高部位在目前剩余油高度较小的条件下，提高产油量会导致油井提前见水和快速水淹。

（3）潜山高部位油井，大裂缝水淹后，采用有机堵剂由于封堵强度低很难获效。这类井应使用高强度无机堵剂堵水。任斜 489 井产油量含水率变化如图 9 所示。

2. 第二种类型：油藏内幕高剩余油分布

油藏内幕高是目前剩余油富集的地区之一。这些年来曾在任 398 井雾九油组上部、任斜 27 井雾九油组上部、任 436 井雾七油组顶部及任 463 井雾七油组顶部等找到产量较高的内幕高。

1）地质基础

内幕高是由于油藏内部雾六组、雾八组及雾九油组下部巨厚的泥质白云岩集中段，在油层上倾方向未被断层破坏的条件下，它对底水运动的分隔作用而形成的。油层上、下均被巨厚泥质白云岩集中段封隔的内幕高称为封闭型内幕高；油层只上部被巨厚泥质白云岩集中段封隔的内幕高称为半封闭型内幕高。潜山内幕高剩余油分布地质模式如图 10 所示。

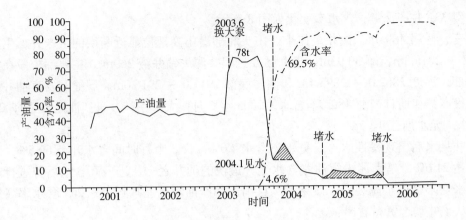

图9 任斜489井产油量、含水率变化曲线

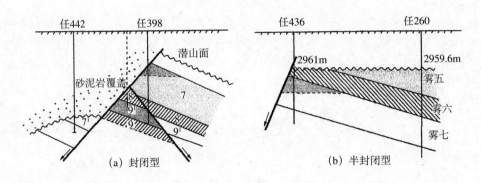

图10 潜山内幕高剩余油分布地质模式

2）生产动态特点

（1）内幕高油井的产量较高，发现并开采内幕高油井对接替油藏产量递减和提高油藏最终采收率具有重要意义。

（2）封闭型内幕高而且只有一口油井生产的条件下，它的动态特点是：见水后含水上升速度比较慢，控制产液量压锥的效果十分明显。

（3）半封闭型内幕高油井的动态特点与构造高部位油井类似，油井见水后含水上升速度快，产油量递减快。

3）挖潜治理措施

（1）寻找内幕高补钻调整井。经研究发现任398井雾九组顶部封闭型内幕高的高部位是目前最有利的调整井位。

（2）封闭型内幕高，控制油井产液量对控制底水锥进有明显的作用。

（3）半封闭型内幕高（中等缝洞），适当提高油井产液量有利于稳产。

（4）封闭型、半封闭型内幕高的油井都应开展化学堵水控制水锥和含水上升速度。

4）典型井分析

例一，任398井。该井揭开雾七至雾九组上部油层。经卡水资料证实，雾七油组已经水淹，雾九油组（上部）为雾八组和雾九组下部巨厚的泥质白云岩集中段封闭的内幕高，该井位于内幕高的边缘地区。封隔器卡水后油管自喷，生产雾九组上部油层，$\phi 8mm$油嘴初期日产油124t，含水率30.9%。生产过程中含水上升速度较慢，月上升2.37%～1.3%。

该井由于含水上升，井口压力降低，自喷能力减弱，造成产液量大幅下降，产液量降低后压锥效果十分明显，含水从 80.4% 快速降至 22.2%，产油量稳定在 20t 左右。产量、含水率变化如图 11 所示。

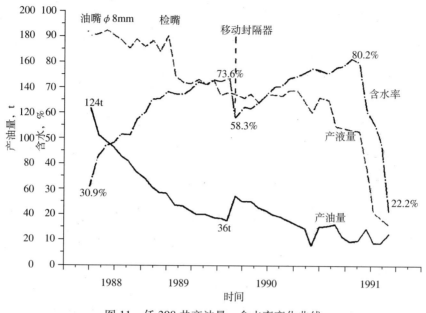

图 11　任 398 井产油量、含水率变化曲线

例二，任 436 井。该井是任九山头雾七油组半封闭型内幕高。主产层雾七组与邻近的同层位油井（任 363、任 434 井）对比其位置高 83.4 ~ 204.4m。该井 1995 年 4 月投产，初期日产油 68t，含水率 12.1%。同期对比，邻近同层位油井的含水率已高达 94.8% ~ 94.9%，日产油 5.3 ~ 6.8t。而邻近生产雾五油组的任 260 井，其主产层比任 436 井高 19.0m 却水淹严重，含水率高达 89.5%。

该井投产时为低含水，投产后含水上升速度快，至 1995 年 9 月含水率升至 65.9%，平均月上升达 10.76%。该井 1997 年 2 月调参和 1998 年 3 月改电泵后产液量提高获得一定的增油效果并保持了油井较长期稳产。任 436 井产量、含水率变化如图 12 所示。

（四）低油水界面剩余油分布

这类剩余油分布根据其成因可分为三种剩余油分布类型。

1. 第一种类型：潜山局部隆起剩余油分布

1）地质基础

由于地表水溶蚀作用而形成具有一定高度的潜山面局部隆起。在油藏形成过程中这种局部隆起被古近系砂泥岩覆盖。开发过程中无油井生产，形成局部低界面死油区。目前已在任七山头东部低部位发现了任 453 井和任 201 井两个局部隆起。地质模式如图 13 所示。

2）生产动态特点

（1）幅度较大的局部隆起，油井具有一定的产油能力和很短的稳产期；幅度小的局部隆起投产即高含水。

（2）具稳产期的油井，底水锥进见水后含水上升速度快，产油量递减快。

（3）堵水控制水锥有一定效果，但一次比一次差。

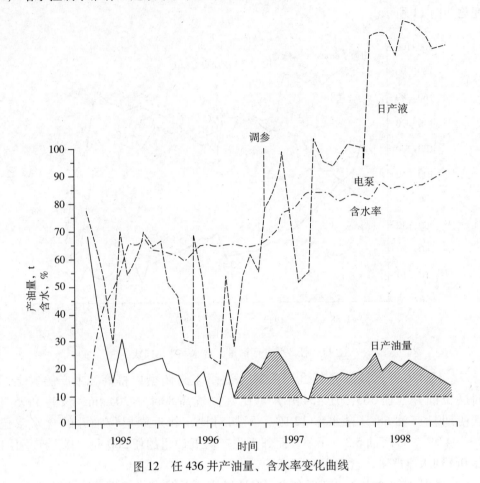

图 12　任 436 井产油量、含水率变化曲线

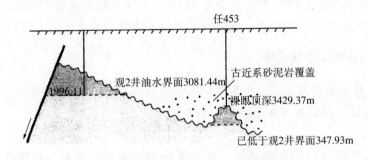

图 13　潜山局部隆起剩余油分布地质模式

3）挖潜治理措施

（1）利用精细解释地震资料继续寻找潜山局部隆起。

（2）已发现的分布范围小、幅度小的局部隆起，不宜补钻调整井。

（3）堵水控制水锥有一定效果。

（4）油井水淹后采用间开方式生产，可多采出部分原油，间开周期有待探索。

4）典型井分析

例一，任453井。该井是任七山头东部边缘局部隆起高部位的生产井。生产井段3429.37～3460.0m，厚30.63m。投产时裸眼顶深已低于观2井油水界面347.99m。据潜山面构造图分析，隆起高度约40m左右。

该井1996年11月投产，初期日产油56.4t，断续低含水。投产后有5个月的稳产期。底水锥进见水后含水从1997年3月的2.7%至11月升至65.0%，平均月上升7.8%，日产油量月递减4.8%。进入高含水阶段后含水上升速度明显减缓，1997年11月至1998年12月（堵水前）历时13个月含水从65%升至78%，平均月上升1%。

该井进入高含水后曾进行过三次化学堵水均获得一定效果。1998年12月第一次堵水，有效期5个月，增油3025t；2000年1月第二次堵水，有效期4个月，增油542t；2001年8月第三次堵水，有效期2个月，增油231t。历次堵水资料见表11。

表11　任453井历次堵水效果对比

堵水日期	对比阶段	工作制度			日产液 t	日产油 t	含水率 %	动液面 m	有效期增油量
		泵径 mm	冲程/冲次	泵深 m					
1998.12	堵前 1998.12	56	5.0m/4 次	1238.47	55.6	12.9	78.0	433	5 个月 3025t
	堵后 1999.1	70	5.0m/4 次	1188.22	92.3	49.8	46.4	349	
2000.1	堵前 1999.12	70	5.0m/6 次	1138.22	120.0	9.2	92.3	531	4 个月 542t
	堵后 2000.1	70	5.0m/6 次	1213.24	114.6	21.6	81.2	447	
2001.8	堵前 2001.7	70	5.0m/6 次	1238.35	123.5	5.0	95.9	457	2 个月 231t
	堵后 2001.8	70	5.0m/6 次	1243.14	118.7	8.5	92.8	544	

该井2008年6月已累计产油43605t。产液量、含水率变化如图14所示。

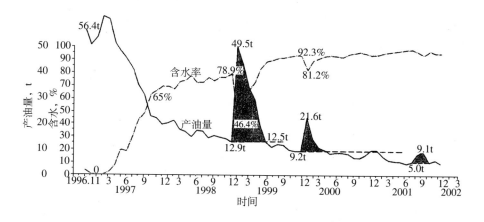

图14　任453井产油量、含水率变化曲线

例二，任201井。该井位于任七山头东部边缘局部隆起上的生产井。生产井段3480.94～3500.0m，厚19.04m。潜山顶深3479m，低于当时观2井油水界面388.03m。

该井1991年1月投产即进入高含水初期，日产油20t，含水率62.6%。共生产10个月于 1991 年 10 月高含水停产，累计产油 3195t。该井关井后曾采用间开方式生产仍能采出少量原油。间开期生产情况见表 12。

表 12　任 201 井间开期生产情况

日期	生产时间 h	日产液 t	日产油 t	含水率 %
1992.1	24	36.0	31.0	13.9
1992.2	24	42.0	36.0	14.3
1992.5	203	59.6	21.8	57.8
1992.7	93	56.6	24.9	40.7
1994.3	76	51.8	30.3	41.5

　　1997 年又在任 201 向西方向的高部位测钻了任斜 201 井，生产井段 3476～3492m（斜深）厚 16.0m，潜山顶深 3474m（垂深 3448m），比原任 201 井高 31m。1997 年 12 月 26 日投产，1998 年 1 月，日产油 5.8t，含水 89.2%。至 2006 年 2 月含水升至 99.4%，产油量降至 0.3t，水淹关井。累计产油 3706t。这两口井生产情况变化如图 15 所示。

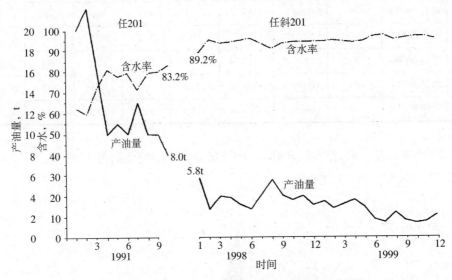

图 15　任 201、任斜 201 产油量、含水率变化曲线

2. 第二种类型：潜山边部局部高断块剩余油分布

1）地质基础

潜山边缘稀井网区由于断层的作用形成局部高断块区。在油藏形成过程中被砂泥岩层覆盖。油藏开发过程中无井生产，因而形成低界面死油区。地质模式如图 16 所示。

2）生产动态特点

（1）具有一定范围和高度的高断块区

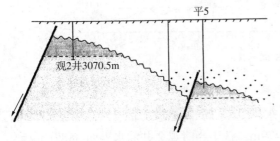

图 16　潜山边部局部高断块剩余油分布地质模式

高部位油井，有一定的高产稳产期。隆起幅度小的高断块区投产即见水。

（2）油井底水锥进见水后，含水上升速度快。

（3）在中低含水期控制产液量对减缓含水上升速度作用不明显。

（4）堵水和提液均有一定效果。

3）挖潜治理措施

（1）通过三维地震精细解释继续寻找局部隆起的高断块，它对提高采收率意义很大。

（2）油井见水后采用化学堵水封堵水锥是控制含水上升速度的有效途径。

（3）分布范围小，隆起高度小的高断块区不宜补钻调整井。

4）典型井分析

例一，任平5井。这是目前在任七山头北部边缘无井区发现的低界面高断块油井。原始裸眼井段3260.04～3466m，水平段长201.96m。在水平段中由于钻遇断层，因此出现雾迷山组油层与龙山组地层交互现象，主产层为雾迷山组油层。

该井完钻后发现水平段的龙山组泥岩垮塌。目前生产井段3264.04～3292.53m，厚32.49m。该井酸化后于2008年4月投产，初期日产油51.2t，含水率2.8%，动液面132m，稳产期11个月。2009年2月含水开始快速上升，至2009年8月含水升至43.8%，平均月上升6.55%，产油量减至22.6t。该井今年4月调参，日产液从57.04t降至39.32t，调参降液后对控制含水上升无明显作用。投产后逐月生产情况见表13、图17。

表13　任平5井生产情况

日期	工作制度			日产液	日产油	含水率	动液面
	泵径，mm	冲程/冲次	泵深，m	t	t	%	m
2008.4	56	4.8m/4次	1200.84	50.7	43.1	15	171
2008.5	56	4.8m/4次	1200.84	52.7	51.2	2.8	132
2008.6	56	4.8m/4次	1200.84	57	55.7	2.2	114
2008.7	56	4.8m/4次	1200.84	57.43	56.04	2.4	98
2008.8	56	4.8m/4次	1200.84	56.96	55.63	2.33	104
2008.9	56	4.8m/4次	1200.84	57.28	55.98	2.27	104
2008.10	56	4.8m/4次	1200.84	57.32	55.47	3.29	107
2008.11	56	4.8m/4次	1200.84	57.31	56.06	2.18	104
2008.12	56	4.8m/4次	1200.84	57.25	56.02	2.15	122
2009.1	56	4.8m/4次	1200.84	57.33	56.25	1.88	107
2009.2	56	4.8m/4次	1200.84	57.48	54.87	4.54	98
2009.3	56	4.8m/4次	1200.84	57.04	47.2	17.3	196
2009.4	56	4.8m/3次	1200.84	42.47	33.6	20.89	199
2009.5	56	4.8m/3次	1200.84	39.32	30.2	23.22	230
2009.6	56	4.8m/3次	1200.84	39.8	28.1	29.28	216
2009.7	56	4.8m/3次	1200.84	39.9	25.4	36.3	226
2009.8	56	4.8m/3次	1200.84	40.2	22.6	43.8	216

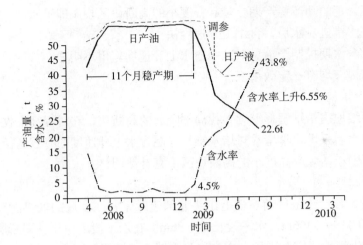

图 17　任平 5 井产量、含水率变化曲线

例二，任 467 井。该井揭开雾二油组，生产井段 3206.9~3262m，厚 55.1m。裸眼段顶、底深度已低于观 2 井油水界面 126.2~181.3m。潜山顶深低于任 447 井 69.0m。1997 年 7 月投产，日产油 41.1t，含水率 4.9%。而此时任 447 井的含水率已高达 93.0%。该井低部位剩余油是由于任 467 井北西向倾没的正断层形成的低幅局部隆起所致。如图 18 所示。

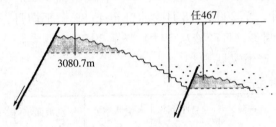

图 18　任 467 井低部位剩余油分布地质模式

该井投产后含水上升很快，至 1997 年 11 月日产油降至 6.3t，含水率升至 83.8%，平均月上升 19.7%。生产情况见表 14。

表 14　任 467 井生产情况

日期	工作制度			生产情况			
	冲程/冲次	泵径 mm	泵深 m	日产液 t	日产油 t	含水率 %	动液面 m
1997.7	4.8m/4 次	56	1306.95	43.2	41.1	4.9	198
1997.8	4.8m/4 次	56	1306.95	40.2	30.2	24.8	220
1997.9	4.8m/4 次	56	1306.95	41.0	23.0	44.0	346
1997.10	4.8m/4 次	56	1306.95	37.3	10.6	71.6	262
1997.11	4.8m/4 次	56	1306.95	39.2	6.3	83.8	359

该井曾进行过两次堵水和一次提液。1999 年 12 月有机堵水，堵后初期日产油从 17.0t 增至 23.8t，有效期很短。2002 年 2 月第二次有机堵水，堵后初期日产从 9.2t 增至 13.7t，含水率从 87.8% 降至 82.9%，有效三个月，增油 171t。堵水效果差的原因主要是堵剂质量差。2004 年 9 月换大泵提液，日产液从 85t 提高到 167.7t，日产油从 10.7t 增至 14.8t，动液面从 474m 降至 711m 有效 2 年 4 个月。

3. 第三种类型：低油水界面断块剩余油分布

1）地质基础

这类断块断层对底水运动具有一定的阻隔作用。断层阻隔的原因还不清楚，初步分析认为可能是断面上的断层泥或断层角砾形成的低渗透所致。这类断块的面积相对较大。如任十一山头的任209井断块、任210断块、任66断块均属此种类型。低油水界面断块位置如图19所示，剩余油分布地质模式见图20、图21。

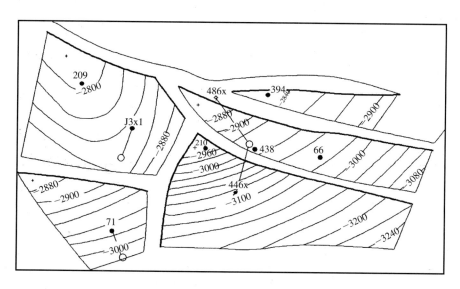

图19 低油水界面断块位置示意图

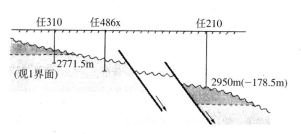

图20 任210井断块剩余油分布地质模式

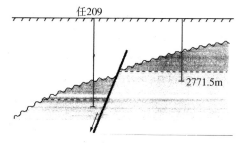

图21 任209井断块剩余油分布地质模式

2）生产动态特征

（1）油井见水后含水上升速度比较缓慢。

（2）堵水、提液、注灰抬高井底等措施都能获得较好的效果。

（3）产油量在较低水平有比较长的稳产期。

3）挖潜治理措施

（1）这类断块目前油井数很少，可在断块的最高部位补钻个别调整井。如任71井断块的高部位；任66断块任438井的高部位等。

（2）部位高、揭开厚度大的油井，采用无机堵剂堵水、留灰面抬高井底的方法，降低油井含水率和产水量，稳定和增加油井产油量。

（3）部位高、堵水效果较好的油井提液能够发挥油井的生产潜力。

（4）潜山顶部具有低渗透潜力层的油井（如任210井），待油层全部水淹后按低渗透风化壳的治理方法进行治理。

4）典型井分析

例一，任209井。该井是任十一山头南部低油水界面断块高部位的生产井。原生产井段2798.04～2942.2m，厚144.16m，揭开雾一、雾二段油层。1981年11月投产，φ8mm油嘴，日产油266t，含水1.47%。

该井1983年4月注水泥抬高井底，灰面深度2850.71m，注水泥前φ8mm油嘴日产液177t，日产油88t，含水50.3%。注水泥后同油嘴生产，日产油193t，含水痕。注水泥前后生产情况对比见表15。

表15　任209井措施前后生产情况对比

日期	对比阶段	油嘴 mm	日产液 t	日产油 t	含水率 %	备注
1983.1	注水泥前	8	177.0	88	50.3	
1983.3	注水泥后	8	193.0	193	0	灰面2850.71m
1983.10	注水泥后	8	188.0	188	0	
1983.12	注水泥后	8	176	169	3.9	重复见水
1984.12	注水泥后	8	139	111	20.2	
1985.12	注水泥后	8	130	90	30.8	

该井提液生产效果也较好。提液前1987年2月日产液111t，日产油72t，含水35.4%。1987年4月改电泵提液后日产液350t，日产油208t，有效期4年4个月，提液前后生产情况对比见表16。

表16　任209井提液前后生产情况对比

日期	对比阶段	工作制度	日产液 t	日产油 t	含水率 %	备注
1987.2	提液前	套管8mm	111.0	72.0	35.4	
1987.4	提液后	电泵	350.0	208.0	40.0	连喷带抽
1987.12	提液后	电泵	305.0	125.0	59.0	
1988.12	提液后	电泵	328.0	110.0	66.6	
1989.12	提液后	电泵	344.0	105.0	69.6	
1990.12	提液后	电泵	365.0	97.0	73.3	
1991.7	提液后	电泵	368	85.0	76.8	

该井1988年4月高含水期提液同样获得较好的效果，有效期长达4年之久，提液前后生产对比见表17。

虽然任观1井油水界面早已淹过潜山顶，但该井从2002年6月至2009年5月长达近7年时间，产油量、含水率基本稳定。逐年生产情况见表18。

例二，任66井。该井是任十一山头南部另一个低油水界面断块腰部的生产井。原生产井段2980.22～3080.0m，厚99.78m。1978年9月投产，日产油289t，1980年1月见底水。见水后的显著特点是含水上升速度慢。根据生产过程中相同工作制度含水变化对比，在中含水期平均月上升 2.43% ~ 0.81%，在高含水期平均月上升 0 ~ 0.32%。各对比阶段含水上升情况见表 19。

表 17　任 209 井高含水期提液效果

日期	对比阶段	工作制度	日产液 t	日产油 t	含水率 %	动液面 m
1998.3	提液前	管式泵	147.8	29.8	79.8	579
1998.4	提液后	电泵	228.9	50.1	78.1	797
1998.9	提液后	电泵	210.3	42.8	79.6	682
1998.12	提液后	电泵	175.1	34.0	80.6	711
1999.12	提液后	电泵	181.6	37.6	79.3	668
2000.12	提液后	电泵	203.2	34.6	83.0	657
2002.3	提液后	电泵	256.7	31.9	87.6	755

表 18　任观 1 井逐年生产情况

日期	日产液 t	日产油 t	含水率 %	动液面 m
2002.6	236.5	26.3	88.9	754
2002.12	234.2	28.6	87.8	764
2003.12	238.8	24.7	89.7	828
2004.12	207.6	20.1	90.3	751
2005.12	207.9	21.5	89.7	725
2006.12	221.6	22.5	89.8	758
2007.12	252.1	24.1	90.4	720
2008.12	270.51	29.61	89.05	706
2009.5	264.37	27.20	89.64	677

表 19　任 66 井各对比阶段含水上升情况

日期	生产方式	含水变化 %	阶段含水上升值 %	历时 月	平均月上升 %	备注
1980.4 ~ 1981.9	套管 10mm	1.7 ↗ 45.6	43.9	18	2.43	
1981.9 ~ 1983.9	套管 10mm	34.1 ↗ 62.5	28.4	24	1.20	1981.9 堵水
1984.3 ~ 1985.4	套管 10mm	39.9 ↗ 59.4	19.5	13	1.50	1984.3 堵水
1985.5 ~ 1987.7	套管 10mm	47.4 ↗ 68.5	21.1	26	0.81	1985.5 堵水
1988.8 ~ 1990.5	电泵	32.6 ↗ 57.4	24.8	21	1.18	1988.8 改电泵
1990.7 ~ 1993.3	电泵	73.5 ↗ 67.4	—	32	—	

日期	生产方式	含水变化 %	阶段含水上升值 %	历时 月	平均月上升 %	备注
1993.4～1994.3	抽油	66.2↗67.5	1.3	11	0.10	
1994.4～1997.11	电泵	68.9↗82.6	13.7	43	0.32	
1998.9～2007.2	抽油	85.9↗92.1	6.2	101	0.06	
2007.3～2009.5	电泵	91.3↗91.3	0	26	0	

注：该断块1995年8月之前只有任66一口油井生产。

该井曾进行多次化学堵水，均有不同程度的降水增油效果。见表20。

表20　任66井堵水效果

日期	对比阶段	工作制度（油嘴） mm	日产液 t	日产油 t	含水 %
1981.9	堵水前	10	310	169	45.6
1981.9	堵水后	10	378	249	34.1
1982.9	堵水前	10	304	157	48.2
1982.9	堵水后	10	352	267	24.2
1984.2	堵水前	10	228	92	59.6
1984.3	堵水后	10	271	163	39.9
1985.5	堵水前	10	323	92	71.5
1985.5	堵水后	10	259	136	47.4

1995年又在该低界面断块任66井的高部位补钻了任438调整井。1995年8月投产，日产油高达91.9t，含水率只有12.2%，证明该断块高部位是有潜力的。因此建议在任438井高部位还可再钻一口调整井。

例三，任210井。该井是任十一山头南部又一低界面断块高部位的生产井，生产井段2952.57～3083.0m，厚130.43m，这是目前油藏生产井段最长的井之一。1979年9月投产，日产油199t，含水痕。1980年11月见水。油井见水后含水上升速度比较慢，同工作制度阶段对比，在中含水期平均月上升1.93%～1.47%，高含水期平均月上升0～1.5%。各阶段对比见表21。

表21　任210井各阶段含水情况

日期	生产方式	含水变化 %	阶段含水上升值 %	历时 月	平均月上升 %
1980.12～1982.11	11mm	1.1↗45.6	44.5	23	1.93
1982.11～1985.4	11mm	26.6↗57.8	30.9	29	1.06
1986.8～1987.4	抽油	57.3↗69.1	11.8	8	1.47
1987.5～1988.2	电泵	58.7↗66.3	7.6	9	0.84
1988.8～1989.1	电泵	70.8↗78.3	7.5	5	1.50

日期	生产方式	含水变化 %	阶段含水上升值 %	历时 月	平均月上升 %
1989.10 ~ 1990.12	抽油	70.9 ↘ 68.6	−2.0	14	0
1991.1 ~ 1991.12	抽油	62.3 ↗ 66.2	3.9	11	0.35
1992.5 ~ 1994.4	抽油	73.3 ↘ 70.7	−2.6	23	0
1994.6 ~ 2009.5	电泵	73.6 ↗ 93.52	19.92	179	0.11

该井 1982 年 11 月至 1991 年 1 月曾进行 4 次化学堵水均有一定效果，对控制含水上升有一定作用。该断块目前只有任 210 一口生产井，而且生产井段长，含水很高，产水量大，产油量较低。因此应采用无机堵剂堵水（留灰面）抬高井底深度，发挥上段油层的生产潜力，待油井全部水淹后再挖掘风化壳的生产潜力。这口井是目前油藏最有潜力的油井，可以培养成一口高产油井。目前观察井油水界面已淹过潜山顶 178.5m。

（五）潜山边缘低部位无井区剩余油分布

近几年来不断地在潜山边部无井区找到了一定产量的油井。2007 年在任六山头东部边缘低部位无井区找到了任平 4 井；2008 年又在任九山头东部边缘低部位无井区发现了任495 井。以上资料证明在油藏东部边缘低部位无井区存在一定的剩余油分布。

1. 地质基础

这类潜力形成的原因目前还不太清楚，有待进一步研究。初步分析认为可能是油层在平面上和纵向上缝洞发育程度变化很大，受低渗透缝洞阻隔形成局部地区底水波及程度低而存在剩余油分布。地质模式见图 22、图 23。

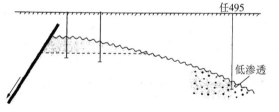

图 22　潜山边缘低部位稀井网剩余油分布地质模式

2. 生产动态特征

（1）油井投产时生产井段已低于当时观察井油水界面很多。

（2）油井投产初期含水率一般较低。

（3）油井投产后底水迅速波及，含水上升很快。

（4）堵水和提液均有一定效果。

3. 挖潜治理措施

（1）继续寻找油藏边缘低部位剩余油分布区。

（2）已发现的任平 4 井进行堵水。

（3）任 495 井采用暂堵酸化提高产能。

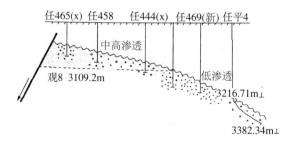

图 23　潜山边缘稀井网剩余油分布地质模式

4. 典型井分析

例一，任 495 井。该井是任九山头东部低部位无井区的一口调整井。揭开层位雾三、雾四油组，进山深度 3280.25m（垂深），完钻井深 3396.48m（垂深），揭开厚度 123m。该井与任 258 井、任 259 井的进山深度对比，低 172.25 ～ 169.25m，其中任 258 井已于 1999 年 12 月水淹关井；任 259 井含水已高达 95.7%。该井属潜山边缘低部位波及程度低的低渗透油井。于 2008 年 11 月投产，逐月生产情况见表 22。

表 22　任 495 井生产情况

日期	工作制度			生产情况			
	冲程/冲次	泵径 mm	泵深 m	日产液 t	日产油 t	含水 %	动液面 m
2008.11	4.8m/2 次	38	2259.15	11.63	7.34	36.89	1862
2008.12	4.8m/2 次	38	2259.15	7.54	4.27	43.37	1534
2009.2	4.8m/2 次	38	2257.96	7.47	3.04	59.3	2138
2009.5	4.8m/2 次	38	2257.96	6.8	3.70	44.33	1836
2009.7	4.8m/2 次	38	2257.96	6.1	3.40	44.97	1993
2009.8	4.8m/2 次	38	2257.96	6.0	2.9	51.08	1984

目前该井供液能力很差应安排酸化。

例二，任平 4 井。该井是任六山头东部边缘无井区的水平井。生产井段 3271.91 ～ 3786m（均为斜深），水平段长 514.09m，油层缝洞比较发育。该井 2007 年 6 月电泵投产，至 2009 年 8 月已生产两年多，产油量稳定在 14 ～ 15t，含水率稳定在 93% ～ 94%。初步分析认为投产即高含水的原因主要是该井的水平段是沿潜山顶部向低部位延伸，井底深度过低（井底垂深 3382.34m）所致。生产动态判断，水平段的上部可能为油层，下部可能是水层。因此建议将水平段下部封堵。该井可动剩余油形成的原因可能与任 469 井一带低渗透阻隔有关。该井投产后的生产情况见表 23。

表 23　任平 4 井生产情况

日期	工作制度	日产液 t	日产油 t	含水率 %	动液面 m
2007.6	200m³ 电泵 1851.41m	228.9	19.5	91.5	685
2007.10	200m³ 电泵 1851.41m	231.3	14.6	93.7	777
2007.12	200m³ 电泵 1851.41m	231.3	14.3	93.8	782
2008.3	200m³ 电泵 1851.41m	231.4	14.0	93.9	725
2008.12	200m³ 电泵 1851.41m	249.7	16.8	93.25	580
2009.3	200m³ 电泵 1851.41m	250.21	15.31	93.9	578
2009.5	200m³ 电泵 1851.41m	250.3	14.6	94.2	603
2009.8	200m³ 电泵 1851.41m	250.3	14.4	94.25	565

二、低渗透风化壳挖潜措施现场试验分析

潜山顶面低渗透风化壳是油藏开发晚期 10 种剩余油分布模式中，井数最多，分布范围最广，最具潜力的地质模式。任 348 井低渗透风化壳的治理是这类模式中第一口现场试验井，其地质基础、生产动态、堵剂性能、施工参数、措施效果等初步分析如下。

（一）地质基础和生产动态

任 348 井是任七山头的生产井，揭开雾七组下部地层。原生产井段 3057.95 ～ 3114.0m 厚 56.05m。电测和动态资料都反映出全井油层渗透率低的特点。本次措施前生产井段 3057.95 ～ 3091.18m，厚 33.23m。

该井投产前试油时因产能低曾进行过三次酸化。1983 年 12 月投产，ϕ 10mm 油嘴日产油 75t，不含水。投产后因产能下降快，1984 年又进行三次酸化；1985 年进行两次堵酸；1987 年注水泥抬高井底；1993 年有机堵水一次。以上这些措施都曾获得过一定的效果。该井由于多次酸化沟通了周围渗透率较高的出水裂缝，造成油井见水和含水上升。

根据 2008 年 10 月测试的产液剖面资料，主产层全部位于目前井底附近，上部油层无产液能力。据录井资料，潜山顶面 3055 ～ 3059m 厚 4.0m 为油斑白云岩（其中油层套管水泥封隔 2.95m），荧光级别 7 级，含油岩屑 4 ～ 11 颗，综合解释为油层。地质和生产动态都说明该井潜山顶面低渗透风化壳具有一定的生产潜力。

（二）堵剂的性质和配方

本次施工为了有效地封堵裸眼段下部的水淹层段，选用的堵剂是 F08-1 超微细高强度耐酸堵剂，这种堵剂在华北油田开发中还是首次现场应用。该种堵剂有两个最显著的特点：

1. 固体物质的细度达到超微细程度

堵剂中耐酸固体物质的细度为 800 ～ 900 目。根据华北油田钻井工艺研究院使用美国进口的粒度分析仪测试结果，98% 颗粒的粒径小于 20μm。测试资料如图 24 所示。

超微细的固体物质，能够比较顺利地进入缝宽 40μm 以上的水淹裂缝而形成物理堵塞。

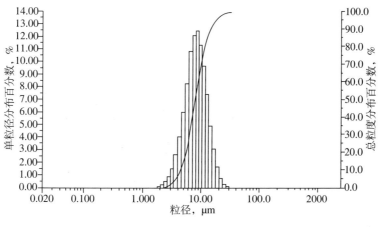

图 24　粒度分布图

2. 堵剂具有较好的耐酸性

根据室内实验资料，配制好的堵剂放入恒温箱中，在120℃的条件下静置三天后取出固化的堵剂样品进行耐酸性测试，盐酸浓度20%，酸溶蚀率小于20%，基本达到了耐酸的目的。

堵剂采用清水配制，为防止施工过程中堵剂失水和过早稠化。因此配方中加入了悬浮剂和缓凝剂。按不同比例配制的堵剂在实验室进行了多次室验并选出最佳配方，见表24。

表 24　堵剂配方

材料名称项目	清水	固体材料			
		耐酸材料	悬浮剂	缓凝剂	小计
占总质量百分比，%	72	22.65	5.00	0.35	28.00

根据室内优选的配方，经华北油田采油工艺研究院监测结果，堵剂完全符合质量标准。现场施工证明堵剂泵送效果好，安全性好。

（三）主要施工参数

（1）本次施工堵剂配制浓度28%～30%，共挤入超微细耐酸物质21.49t。挤堵起始压力4.0MPa，最终压力14.0MPa，爬坡压力10.0MPa。堵前油层吸水能力4.0MPa，吸水0.36m³/min；堵后吸水10.0MPa，0.138m³/min；酸后吸水8.0MPa，0.21m³/min（此值偏高）。

（2）堵水后第一次实探灰面3067.04m，补孔后实探灰面3065.82m。

（3）按设计补孔后，用20%浓度20m³盐酸酸化，挤酸最高压力14.0MPa，稳定压力13.0MPa。

（四）堵水效果分析

该井堵水前2009年8月，φ70mm泵，深度803.81m，冲程5.0m，冲次6次/min，日产液95.8t，日产油2.7t，含水率97.12%，动液面516m。堵水后换为φ56mm泵，深度1500m，冲程、冲次不变，初期平均日产液58.13t，日产油29.22t，含水48.9%，动液面1115m，井口取样化验无游离水。本次综合措施增油降水效果明显。由于开井时间尚短其效果有待进一步观察。

（五）几点初步认识

（1）任348井综合措施效果证明，在油藏水淹十分严重的情况下，潜山顶部低渗透风化壳确实存在波及程度低的可动剩余油并具有一定的生产能力。

（2）任348井潜山顶部低渗透风化壳的深度位于任观8井目前油水界面附近，油层的水浸程度已经很高。

（3）研究设计的施工工艺程序（全井堵水、留灰面、补孔、酸化）是合理的。堵剂中耐酸固体物质细度的选择，挤堵压力的控制，酸量的确定等都是正确的。

（4）使用F08-1超微细高强度耐酸无机堵剂是措施成功的重要因素之一。

三、任平 5 井区断裂构造、地层分布及储量计算

1. 任平 5 井区断裂系统

任平 5 井区的断裂系统是由北东走向断层和北西走向断层组成的。发育较晚的北东走向断层切割发育较早的北西走向断层。任平 5 井西部的任 30 井断层为二台阶断层，北东走向，断面北西倾，断距 350～400m，在任平 5 井区断面宽 200m。任 213 井—任平 5—任 55 井发育一条北东走向北西掉的次级断层，断距 50～100m，断面宽 50m。在任平 5 井存在一条北西走向南掉的小断层，任平 5 井北部存在 2 条北西走向小断层，断距 50m，延伸长度 300～600m，这些断层把任平 5 井区切割形成 5 个断块。任平 5 井位于断块的高部位，如图 25 所示。

2. 任平 5 井区构造形态

由于断层的切割，任平 5 井进山部位位于任 30 断层和任平 5 井断层之间的断阶高点上，高点埋深 3240m，层面向北东向倾没，圈闭面积 0.25km²。任平 5 井底位于任平 5 井断层的上断棱（图 25）。

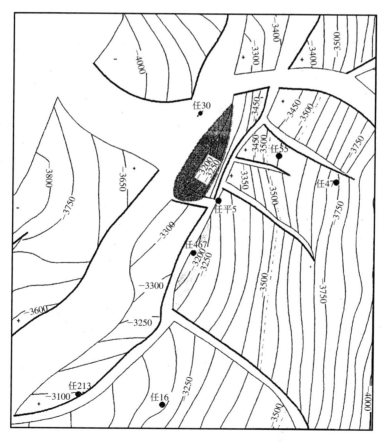

图 25　任平 5 井区断裂构造示意图

3. 任平 5 井区地层分布

根据任平 5 井、任 467 井、任 55 井、任 47 井地层对比分析，在任平 5 井及其以北的任 55 井—任 47 井区，分布有残留的青白口系龙山组地层和寒武系府君山组地层，南部的

任 467 井进山即为雾迷山组地层，青白口系和寒武系地层剥蚀殆尽。

任平 5 井裸眼井段 3260.04 ～ 3466m，水平段长 201.96m，揭开地层层序见表 25。

任平 5 井进山后两次钻遇雾迷山组地层，两次钻遇青白口系龙山组地层。地层重复出现是由于任平 5 井的北东走向西掉断层造成的。

表 25　任平 5 井潜山底层层序及岩性表

深度，m	厚度，m	层位	岩性及油气显示	综合解释
3244 ～ 3297.5	53.5	雾迷山组	灰白色荧光硅质白云岩,荧光 7 ～ 9 级,具含油岩屑	差油层
3297.5 ～ 3340.0	42.5	龙山组	紫红色泥岩夹薄层灰绿色泥岩	—
3340 ～ 3432.0	92.0	雾迷山组	3340 ～3375.5m 荧光白云岩,荧光7～9 级,具含油岩屑	差油层
3432 ～ 3466	34.0	龙山组	灰白色石英砂岩	—

4. 任平 5 井区储量估算

根据任平 5 井深、浅三侧向电阻率曲线分析，断块的油水界面大约在 3314m（垂深），该处为正、负幅度的交叉点。含油高度 95m。

任平 5 井区的地质资料综合研究后初步确定，含油面积 0.25km²；油层厚度 36.0m（按Ⅱ级裂缝斜厚计算）。借用雾迷山组油藏储量计算的其他参数：有效孔隙度 6%；含油饱和度 70%；原油密度 0.88；换算系数 0.92。计算结果该井区地质储量大约为 30.6028×10^4t，按 30% 采收率计算，可采储量大约为 9.1808×10^4t。

四、今后开发建议

（1）今后油藏开发的重点是：稳定油藏产量；改善油藏晚期开发效果和提高油藏最终采收率。

（2）按照目前研究的剩余油分布地质模式及挖潜措施，全面开展各类模式挖潜治理的现场试验工作，不断总结经验，提高措施成功率。

（3）在安排措施工作量和措施选井时应考虑拿油和试验并举的方针。认识比较清楚的地质模式和把握性比较大的油井应先安排；认识不十分清楚的地质模式，应选择有代表性的油井开展现场试验。所有措施井既有成功的希望，也有失败的可能，辩证法告诉我们"任何事物欲将取之，必先予之"。

（4）目前研究的剩余油分布地质模式是指剩余油分布相对比较集中的地区。实际生产中还有大量的产油量很低，产水量很高的油井不在这些模式中。因此建议在有条件的情况下开展一些试验工作，先在有一定剩余含油厚度、缝洞比较发育的油井，使用有一定细度的普通无机堵剂堵水，达到大量降水、适量增油的目的。

（5）污水回注困难，可将油水界面已淹过潜山的特高含水、特低油量井暂时关闭或控制产量。

碳酸盐岩油藏石灰乳封堵大孔道技术

郄齐家　　刘仁达　　苏士学

(1989 年 9 月)

　　任丘油田雾迷山油藏为裂缝性块状底水油藏，由于其缝洞发育、连通好，纵向和横向上非均质性强，导致底水沿大裂缝上窜。至 1987 年 9 月底全油藏水淹体积达 93.36%，综合含水达 75.3%，全油藏平均剩余含油厚度 81.52m，大部分油井进入了高含水开采阶段。大缝洞的剩余油饱和度已接近或基本上等于水驱残余油饱和度，而中小缝洞的含油饱和度还比较高。这就要求强堵大缝洞，而后大压差生产挖掘小缝洞的潜力。由于有机堵剂耐压差小，使得有机堵剂堵水的效果越来越差，相对成本越来越高。于是，我们研制了以无机材料组成的 YD10-HB 堵水剂及其工艺。

　　目前国内外尚无行之有效的方法封堵石灰岩油井出水的大缝洞，以控制含水上升。苏联多采用各种水泥类，美国多采用聚合物添加骨架材料的方法。我国的胜利和大港油田也应用了水泥浆堵水。而能堵能解又能封堵大缝洞并具有低渗透砂岩性质的堵水剂和工艺尚未见报道。我们研制的 YD10-HB 堵水剂及其工艺技术，能有效地封堵出水高渗透大缝洞，能建立起大压差，解放小缝洞的潜力，起到了调整裂缝间产液剖面的作用，取得了较好的效果。为华北油田碳酸盐岩油藏的中后期开发，稳产挖潜，提供了重要的措施手段。

一、堵水剂

（一）研制机理

　　根据任丘石灰岩油田中后期开发的要求，所要研制的堵剂必须具备强度高、堵大缝洞、耐大压差、堵而不死、能堵能解、材料易得、造价便宜等特点，这就需要采用无机颗粒状材料。为做到能堵能解，选用了石灰做主体材料。为降低滤失性，提高悬浮性，防止堵剂在高角度裂缝中下沉流走，且能在地层水存在下固化，选用了石灰、水泥、石棉和蛭石体系。

　　我们知道，石灰粉的水化十分迅速，生成的 $Ca(OH)_2$ 在水溶液中以带水分子扩散层的胶体粒子存在。在地层的缝洞中由于重力作用逐渐沉降而互相靠近，形成石灰浆的凝聚结构。由于体系中加入了 TZ-1 和水硬性胶凝材料水泥，使 $Ca(OH)_2$ 颗粒表面吸附了许多 $2CaO \cdot SiO_2$，$3CaO \cdot SiO_2$，$4CaO \cdot Al_2O_3 \cdot Fe_2O_3$ 和 $2CaO \cdot Fe_2O_3$ 熟料矿物粒子，这些熟料矿物颗粒表面又吸附了一层带自由水分子的缓凝剂分子。使这些熟料矿物在地层条件下发生缓慢的水化作用，生成胶结力很强和组分不固定的水化硅酸钙、水化铝酸钙、水化铁酸钙。这些胶结物把石灰浆的凝聚结构加固，形成具有一定强度的凝固体，使之耐泵抽，适应大压差生产。因为体系中的 Ca（OH）₂ 占主导地位，所以易于被酸解，使之能堵能解。

油田水淹井取心资料证明，宽度大于 100μm 的裂缝已基本水淹，100～50μm 的裂缝油水同出，小于 50μm 的裂缝全为油，因此，要封堵的是 100μm 以上的大裂缝。据此，采用如下裂缝宽度与颗粒最小直径关系式：

$$h=15.3d-410$$

式中　h——裂缝宽度，μm；

　　　d——固体最小颗粒直径，μm。

假定注入裂缝孔道悬浮物颗粒直径必须小于孔道直径的 1/2，凡大于 1/2 者皆不能注入。我们选用 150～38.5μm 的石灰作主体材料，并加入部分 450～76μm 的蛭石和石棉。油井水泥颗粒一般在 60～30μm，所以，该堵剂主要封堵的是 100μm 以上的大裂缝。

（二）堵剂组成与性能

YD10-HB 堵剂由 150～38.5μm 石灰、120℃油井水泥、450～76μm 的石棉和蛭石、石油工业部标一级或二级膨润土、水溶性 TZ-1 和水组成。特性主要有：

（1）稠化时间和初凝时间长。在 125℃ 和 40～50MPa 下的动态稠化时间大于 8h；130℃、常压静态下的初凝时间大于 12h，便于施工。

（2）堵而不死，具有低渗透砂岩特性。堵剂在地层条件下凝固后，孔隙度 35.6%～50.6%，渗透率为 0.001～0.015D。

（3）强度高。岩心的抗压强度 5.3～6.08MPa，适应大压差生产。

（4）主要封堵大缝洞。堵剂主要进入 100μm 以上的大裂缝。

（5）可泵性好。堵剂在室温下的黏度 0.015～0.02Pa·s，相对密度 1.2～1.35，便于泵送。

（6）易解堵。堵剂易于被低浓度（15%）和小酸量（2～10m³）盐酸酸解，不影响以后的三次采油。

（7）适应温度范围广。可适于 70～150℃ 或更高一些的地层。

（8）造价低。原料易得，价格便宜，平构施工一井次原材料费为 0.6～0.7 万元，便于推广应用。

（三）堵剂性能现场考察试验

由于该项技术没有直接的经验可借鉴，也没有直接进行动态模拟试验的仪器手段，所以，室内进行了堵剂性能试验后，于 1988 年 6 月 20 日至 8 月 4 日在任 11、任 208、任 15 井进行了堵剂性能验证及工艺初步探索试验，结果见表 1。

表 1　堵剂性能现场考察试验

井号	对比阶段	时间	工作制度	日产液 t	日产油 t	日产水 m³	含水 %	动液面 m	生产压差 MPa	采液指数 t/(d·MPa)	采油指数 t/(d·MPa)	采水指数 t/(d·MPa)	备注
任 11	堵前	1988.6	无嘴自喷	310	25	285	92.1	井口	0	31.85	—	—	连续施工 7.5h
	堵后	1988.6	φ70mm×787.2m 2.62m/12 次	179	124	55	30.7	283.5	5.16	—	22.06	9.79	

井号	对比阶段	时间	工作制度	日产液 t	日产油 t	日产水 m³	含水 %	动液面 m	生产压差 MPa	采液指数 t/(d·MPa)	采油指数 t/(d·MPa)	采水指数 t/(d·MPa)	备注
任208	堵前	1988.6	无嘴自喷	254	39	215	84.8	井口	0	—	—	—	连续施工6h 停挤堵剂到返洗中间停40min
	堵后	1988.7	φ70mm×787.5m 2.62m/12次	193	59	134	67.5	78.9	1.70	113.5	34.7	78.8	
任15	堵前	1988.7	10mm250m³电泵	375	19	356	95	89.3	1.02	367.65	18.62	349	
	堵后	1988.8	φ72mm×797.2m 3m/12次	174	24	150	86.4	70	1.19	146.2	20.2	126.1	

任11井渗透性高，高角度裂缝十分发育；过去采用聚合物多次化堵效果均差，进入中高含水期后采用聚合物大剂量化堵三次，皆无效。而采用 YD10-HB 堵剂堵后取得了较好的效果，主要是封住了较大的出水裂缝，使井周的渗透性降低，加大了生产压差，解放了中小缝洞的潜力。任208、任15井也取得了稳产降水效果。证明该堵剂能进入到地层的裂缝中去，也证明能够封堵大缝洞，并具有较高的强度。任11井连续施工达 7.5h，208井连续施工 6h，停挤堵剂后到返洗中间停 40min，仍能顺利进行返洗；证明堵剂的稠化时间较长，其性能可靠，能满足施工要求。通过性能考察试验也探索出了该堵剂的初步施工工艺。

二、现场工艺

由于 YD10-HB 堵剂为颗粒状悬浮液，没有直接的施工工艺可借鉴，通过 35 井次的现场试验、验证、分析、总结出了适合 YD10-HB 无机堵剂的堵水工艺技术。

（一）堵剂配制

在静止状态下，因为堵剂的颗粒会产生下沉堆集，所以堵剂的配制是在带机械搅拌器的专用配制池内进行的。配制时先将需要量的水加入池内，启动搅拌器，在搅拌情况下先加入添加剂 TZ-1，使之溶解，然后加入膨润土和石棉粉，充分发挥 TZ-1 的降失水和对膨润土粒子的分散作用和部分溶解石棉的增黏作用，以提高基浆的黏度。然后加入需要量的蛭石、石灰和油井水泥，搅拌均匀后测相对密度达 1.2 ~ 1.35 便可注入。

（二）施工工艺

1. 挤堵方式

采用排量在 0.2m³/min 左右的全井笼统挤堵工艺，挤堵前必须灌满油套环形空间，保证液面在井口，挤堵必须连续，中间不能停顿。这是由于 YD10-HB 堵剂原材料为固体颗粒，密度大于水，尽管 TZ-1 有增黏和降失水作用，膨润土和石棉有增黏作用，但在重力作用下静止时必然产生沉降。为提高堵剂的注入半径并防止堵剂堆集于井筒，必须做到连续施工。挤完顶替液后，需要进行下深返洗和上提油管，只能采用笼统挤堵的方式。

2. 堵水管柱

采用不带喇叭口的光油管柱，油管下深至套管鞋以上 5 ~ 8m，井口只坐悬挂器和可卡

封 $2\frac{1}{2}$in 油管的半封封井器。这样保证了施工安全可靠，在高压返洗时油管悬挂器不发生油、套管串通，且便于观察。又使得返洗、下深返洗时改接地面管汇方便、快速、缩短施工时间。防止了堵剂在井筒静止存留时间过长，产生压实造成下深返洗困难。为防止油管下过套管鞋，产生事故，施工前实探人工井底，而后将油管提至套管鞋以上 5 ～ 8m，确保施工安全可靠。

3. 套压确定堵剂注入量

由于缺乏油井的缝洞网络数据，如裂缝孔隙度，特别是大裂缝的孔隙度，各种宽度裂缝的百分比，裂缝连通情况，及延深深度等数据，所以，堵剂的用量很难用数学公式来计算。目前根据油井的静动态资料和经验估算堵剂量。

通过多次的试验、分析，研究总结出了采用套压上升值来确定堵剂的实际挤入量。由于堵剂进入地层时套压等于零的井，当出现套压显示并升高到 2 ～ 3MPa 时停挤堵剂，改挤顶替液。堵剂进地层时套压不等于零的井，当套压升高 2.5 ～ 3.5MPa 时停挤堵剂，改挤顶替液。挤顶替液时，套压升到 8 ～ 10MPa 停挤，进行返洗。

4. 用连续下深返洗来确保固定的生产井段

由于目前我国生产的石灰目数难以确保都大于 100 目，还由于有些油井的裂缝宽度与堵剂材料颗粒度配伍性差，因而造成了堵剂颗粒不可避免地在井筒沉降堆积。为确保地质要求的固定生产井段通过试验，探索出了采用半封封井器卡封油管，上端加水笼带的油管连续下深返洗技术。能很容易地清除井筒中存留的堵剂，确保了需要的生产井段。操作简单，施工安全，提高了堵水的成功率。下深返洗后，候凝 2 天，确保堵剂完全凝固。

5. 采用堵后吸水指数来确定措施类型

试验过程中，通过研究分析发现，当堵后吸水指数大于 0.01m³/（min·MPa）时，采用通常的管式泵，进行常规的堵抽措施，都能进行正常生产。当堵后吸水指数小于 0.01m³/（min·MPa）时，需要采用低浓度（15%）小酸量（3 ～ 10m³）酸化，或者采用小泵径的深抽技术，才能达到正常生产。

现场施工工艺是根据 YD10-HB 堵剂的特性，经过多次的现场试验、分析总结出来的，操作简便，安全可靠。

三、效果分析

该项技术在任丘油田碳酸盐岩油藏中后期开发中，发挥了显著的增油降水作用。自 1988 年 6 月至 1989 年 9 月，现场试验 35 井次，可对比的有 31 井次，有效 24 井次占 77.4%。至 1989 年 8 月底，已累计增油 5.3645×10^4t，平均单井次增油 2438t，累计降水 31.0566×10^4m³，平均单井次降水 14789m³，平均有效 112 天，最长 308 天。该项技术在任丘油田雾迷山油藏中后期开发中，主要作用有：

（一）能有效地封堵出水的大缝洞，建立大压差

1. 堵剂主要进入大裂缝

由堵剂性能已知，YD10-HB 堵剂主要进入 100μm 以上的大裂缝。裂缝孔隙度计算公式为：

$$\phi_f = K_f / (5.55 \times 10^{-4} \times b^2)$$

式中　　ϕ_f——裂缝孔隙度，%；

　　　　K_f——裂缝渗透率，D；

　　　　b——裂缝宽度，μm。

根据该公式计算，YD10-HB 堵剂的注入半径 26～71m，对井周大裂缝的封堵程度比较高。

2. 能建立起大压差

从井下取出 YD10-HB 堵剂固化后的岩样，其空气渗透率仅有 0.001～0.015D，具有低渗透的性质，它能大幅度降低大缝洞的渗透率。如任 323、任 384、任 350 井生产资料统计，堵前含水高达 84.1%～94.4%，采液指数达 716～1911t/（d·MPa）。堵后含水率只有 1.4%～28.3%，采液指数 1.92～2.91t/（d·MPa）。所以，堵后采用抽油方式开采可达到很大的生产压差，如任 323、任 350、任 338、任 384 四口自喷井，堵后抽油开采，生产压差高达 12.53～17.2MPa，平均为 14.5MPa。

（二）堵后大压差生产能够较好地发挥中小裂缝的生产潜力

堵水前后的生产资料证明，堵水后油井的生产已从大裂缝转向中小裂缝，而中小裂缝的低含水原油确实能通过大压差被采出。如任 323、任 384、任 350 井堵水前单井日产油 10～11t，含水率 84.10%～94.4%，采液指数 716～1911t/（d·MPa）。堵水后生产压差达 12.53MPa，日产油 33～37t，含水率只有 1.4%～28.3%，采液指数 1.92～2.91t/（d·MPa）。

（三）能够提高注水效率改善水驱效果

采用 YD10-HB 堵水的油井，注水效率降低的状况得到明显控制。据 1989 年 8 月 21 日堵水井统计（包括无效井），堵前日产油 475t，日产水 4042m³，每采 1t 油的耗水量为 8.5m³。堵水后初期同井数对比，日产油增至 1000t，日产水降至 1683m³，每采 1t 油的耗水量降至 1.68m³。大大降低了注入水沿大裂缝的推进，提高了注入水的利用率。从堵水井的水驱曲线，进一步证明水驱效果是好的，它能够提高低渗透缝洞的波及程度，有利于提高水驱采收率。

（四）在水淹井上获得了初步成效

1989 年 3 月 31 日至 8 月 31 日在油水界面已淹过潜山顶面的任 338、任 34、任 380 井上进行了试验，获得了初步成效。单井生产情况见表 2。

表 2　单井生产情况

井号	时间	对比阶段	工作制度	日产油 t	日产水 m³	含水率 %	剩余含油厚度 m	备注
任 388	1989.3	堵前	油 8mm/套 10mm	12	183	93.7	−3.97	
	1989.5 1989.8	堵后 酸后	ϕ 44mm、3m/8 次 ϕ 70mm、2.6m/12 次	8 19	4 160	33.3 89.6		

井号	时间	对比阶段	工作制度	日产油 t	日产水 m³	含水率 %	剩余含油厚度 m	备注
任34	1987.10	堵前	无嘴自喷	2	94	98	−0.67	有效103天，增油506t
	1989.4	堵后	φ70mm、3m/9次	10	128	92.8	−22.97	
任380	1989.8	堵前	油10mm/套10mm	10	185	95	−22.27	
	1989.9	堵后	φ70mm、2.6m/8次	49	74	60.12	−22.27	

证明油水界面淹过潜山顶面以后，中小裂缝中仍具有较高的含油饱和度，采用该项技术，能采出中小缝洞的部分油。充分证明该项技术是调整的裂缝间产液剖面、而不是油井纵向上的产液剖面。

四、结论和建议

（1）实践证明，YD10–HB堵剂具有低渗透砂岩性质、强度高，可泵性好、能堵能解、适于封堵石灰岩油井 $100 \mu m$ 以上的大裂缝。

（2）实践证明，与YD10–HB堵剂相配套的工艺，具有操作简便、安全可靠，能确保工程要求的生产井段，堵水成功率高。

（3）实践证明，该项技术适用于有一定剩余含油厚度的碳酸盐油藏高角度裂缝发育和水平裂缝发育的高含水油井以及部分水淹井堵水。能有效地封堵大缝洞，调整裂缝间产液剖面。能够提高注水效率，改善水驱效果。为碳酸盐岩油藏中后期开发增油挖潜提供了重要的综合治理手段。该项技术在国内碳酸盐岩堵水工作中处于领先地位。

（4）建议在华北龙虎庄、晋古₂潜山、雁翎等石灰岩油藏高含水井上进行试验应用，扩大其应用范围。

（5）该项技术目前配液劳动强度大，今后施工要采用机械化（已有具体方案）。

参考文献

[1]《胶凝材料学》编写组．胶凝材料学 [M]．北京：中国建筑工业出版社，1980.

F08-1超微细高强度耐酸无机堵剂研制❶

刘仁达

(2009 年 12 月)

一、堵剂研制的背景

任丘古潜山油田经过多年的综合治理后，油田进入特高含水水洗油的晚期开采阶段，措施增油难度极大，为能寻找新的适应当前地质条件的开采挖潜技术，刘仁达理顺了他多年来的治理思路。总结分析研究了目前油田开发潜力的所在，与任丘地方化工公司协作共同研制。在地方化工公司科技人员任秋贤、沈群东和郑锁柱等的紧密配合下，经反复的试验、论证后，终于研制成功 F08-1 超微细高强度耐酸无机堵剂。该堵剂 2010 年 7 月得到中国石油天然气集团公司产品质量认可证书（附图）。

该公司原研制的 W964 无机堵剂早在 1988 年就开始在任丘油田裂缝性石灰岩油藏使用。该堵剂当时主要用于封堵缝宽 100μm 以上的水淹大裂缝，发挥中裂缝的生产潜力。W964 堵剂中的无机物质粒径一般在 200 ~ 300 目，不耐酸。在当时地质条件下该堵剂用于封堵水淹大裂缝曾获得过较好的降水增油效果。但是到了油藏开发晚期，油藏的水淹程度越来越严重，缝宽 50 ~ 100μm 的中裂缝也逐渐水淹，油井的生产潜力主要存在于缝宽 50μm 以下的中小裂缝中。这类裂缝由于渗透率低、产量低，需要酸化改造才能发挥其作用。因此原有的无机堵剂由于粒径大和不耐酸，它已经不适应油田晚期开发的需要。在这种情况下刘仁达同任秋贤、沈群东和郑锁柱等，于 2008 年底开始着手研制新型的无机堵剂（F08-1）。

这种新型堵剂，无机物质的粒径达到 800 ~ 900 目，即 80% 以上的粒径小于 20μm。它能够有效封堵缝宽 50μm 以上的大中水淹裂缝并同时具有很好的耐酸性，能够通过堵水和酸化充分发挥中小裂缝的生产潜力，这就是 F08-1 超微细高强度耐酸无机堵剂研制的油田背景。

二、F08-1 堵剂堵水的机理

F08-1 堵剂中的超微细材料（A 组分），在油层条件下发生水化作用，形成高碱性水化物凝胶。堵剂中的另一种超微细材料（B 组分）中的火性矿物与 A 组分中的氢氧化物和高碱性水化物发生二次反应，使 A 组分形成的水化物质量提高，数量增多，强度增大。B 组分的活性物质和耐酸物质充填到 A 组分凝胶网络中，在高温高压下形成固化结构，达到强

---

❶ 参加人：任秋贤、沈群东、郑锁柱。

度高、耐酸性好的目的。这种固化后的物质充填在油层裂缝网络中达到堵水的目的。

三、堵剂的特点、配方及主要性能

（一）堵剂特点

这种堵剂具有两个最主要的特点：

（1）固体物质的细度达到超微细程度，堵剂中耐酸物质的粒径达到 800 ~ 900 目。根据华北油田钻井工艺研究院使用美国进口的粒度分析仪测试结果，绝大部分物质的粒径小于 20μm。测试资料见图 1。

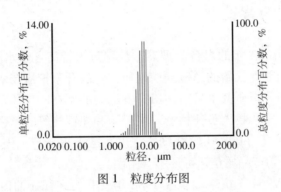

图 1　粒度分布图

超微细物质粒径小能够顺利地进入缝宽 40μm 以上的水淹裂缝，达到堵水的目的。

（2）堵剂具有较好的耐酸性，根据实验室资料，配制好的堵剂放入恒温箱中，在 120℃ 的条件下静置三天后取出固化的堵剂样品进行耐酸性试验，盐酸浓度 20%，酸溶蚀率小于 20%，基本达到耐酸的目的。

（二）堵剂配制

堵剂采用清水配制，为防止施工过程中堵剂失水和过早稠化。因此配方中加入了防失水悬浮剂和缓凝剂。按不同比例配制的耐酸堵剂在实验室进行了多次反复试验。耐酸材料是由 A 组分和 B 组分按一定比例配制而成。

根据室内优选的配方，经华北石油采油工艺研究院检测结果，堵剂的各项指标符合质量标准。

（三）堵剂主要性能

堵剂的主要性能指标如下：

（1）按 20% ~ 30% 浓度配制好的堵剂具有很好的流动性和稳定性比重。相对密度 1.1 ~ 1.25，漏斗黏度 30 ~ 40s，分水率小于 10%。

（2）无机颗粒的粒径达到 800 ~ 900 目。

（3）终凝时间大于 6h，能确保施工安全。

（4）经凝时间三天，在油层温度、压力下堵剂能够板结和固化。

（5）堵剂终凝后，用浓度 15% ~ 20% 盐酸浸泡两小时溶蚀率低，一般小于 20%。

四、堵剂现场应用效果

F08-1 超微细高强度耐酸无机堵剂试验，在任 348 井的应用是华北油田第一口试验井，亦是任丘裂缝性油田晚期开发用于低渗透风化壳治理的第一口试验井。该井于 2009 年 8 月施工，共挤入超微细耐酸物质 21.49t，堵剂压力 4 ~ 14MPa，堵后用浓度 20% 盐酸 20m³ 酸化，措施后日产油从 2.7t 增至 29.23t，含水率从 97.12% 降到 48.9%，获很好的降水增油效果。2009 年 12 月在任 227 井开展试验，初期日增油 40t 以上。堵剂试验成功，封堵和耐酸性能均达到预期目的。

中国石油天然气集团公司产品质量
认 可 证 书

中油质（油化）认字 008-2010- I 号

任丘市华北石油丰达石油工程技术有限公司

经考核，你厂生产的以下 1 种产品，符合中国石油天然气集团公司产品质量认可条件，特发此证。

企业地址：河北省任丘市华北石油阳光大街7栋7-6号
法定代表人：陈良平
企业类型：有限责任
有效期至：2013年7月

发证时间：2010年7月

质量认可产品名称

序号	产品名称代号	产品名称	执行标准	商标
1	F08-1超微细高强度耐酸无机堵剂		Q/RFD 01-2009	

注：本质量认可证书不免除生产厂对产品应承担的质量责任

附图　认可证书

有机堵剂在华北油田砂岩油藏和石灰岩油藏中的应用

刘仁达

（1993 年 9 月）

一、有机堵剂在砂岩油藏中的应用

（一）砂岩油藏油井堵水的地质选井

众所周知，油井堵水的成败主要取决于三个基本因素：堵剂的性能，地质选井，及施工工艺技术。在堵剂性能和工艺技术都较好的条件下，地质选井将是堵水成败的关键。现将华北砂岩油藏油井堵水实践并在总结正反两方面经验的基础上，怎样进行油井堵水的地质选井选层初步总结如下：

（1）油井堵水前要有分层产液剖面资料。要搞清分层的产液量、产油量、产水量、含水率，这是作为地质选井选层的主要依据。

（2）历次找卡水前后的生产动态资料或卡抽前后的生产动态资料，帮助确定主要出水层段和主要产油层段。

（3）根据电测资料和注采动态反映，能够比较有把握地判断主要出水层。

（4）主产层和接替层要明显。主产层的产液比例较大，含水较高，是堵水的主要对象；接替层要具有一定的产液比例，含水相对较低，它是增油降水的主要对象。油井有无接替层和接替层的潜力能否得到发挥是油井堵水成败的最重要的因素。

（5）油井的主要出水层在其相对应的注水井亦为主要吸水层时，应同时对该层段在油井进行堵水，在注水井进行调剖，这样可以获得更好的堵水效果。

（6）油井只射开单一厚油层，而该层又为注入水推进见水时，该井不宜选作堵水井。因为有机堵剂在目前工艺条件下，在同层内无明显的选择性，它既堵水也会堵油。

（7）油井射开油层中出现多层高含水时选井要特别注意。若在堵水井段中具有两个高含水层或在接替层段中具有高含水层。以上两种情况在一次堵水后生产压差增大的条件下，仍主要是发挥未被封堵的高含水层的生产能力，其堵水效果均不好。

（二）砂岩油藏油井堵水工艺技术应注意的几个问题

（1）油井射开油层层数比较少，层间间距比较小，层间渗透性差异比较大的条件下，可使用光油管堵水，堵水管柱下至油层射孔井段顶界以上 10m。

（2）油井射开油层层数比较多，层间渗透性的差异相对较小，出水层段与产油层段之间间距较大（一般 5m 以上），为防止堵水过程堵剂对油层的伤害，应下封隔器分隔产油层

— 235 —

段，封堵出水层段。

（3）砂岩油藏油井堵水的启动压力较高，一般在 10 ～ 12MPa，在被堵层连通较好的条件下，挤堵过程无明显的爬坡压力，若在挤堵中出现爬坡压力大幅度上升，应停止挤堵，以防伤害其他油层。

（4）在具有多油层的堵水井段中，堵剂主要进入渗透性最高的含水层，堵剂用量 120 ～ 150m³，封堵平均半径 5 ～ 10m。

（5）油井的主要产水层被封堵后，油井的动液面下降较多，为了保持油井堵水后能够正常生产，需加深泵挂深度。

（三）砂岩油藏油井堵水实例剖析

例 1　南马庄油田马 2 断块马 305 井。

该井射开油层情况见表 1。

表 1　南马庄油田马 2 断块马 305 井射开油层情况

解释层号	射孔井段 m	射开厚度 m	有效厚度 m
9	1877.2 ～ 1880.6	3.4	3.0
10	1892.8 ～ 1897.0	4.2	5.2
11、12	1908.0 ～ 1912.0	4.0	4.8
14	1929.2 ～ 1938.6	8.4	7.6

根据射开油层连通单元分析，14 号层距边水最近，可能为边水推进见水。又根据卡水资料证实，14 号层为主要产水层，9 ～ 12 号层具接替条件。1992 年 3 月下单封隔器至 1920.41m，对下部 14 号层进行有机堵水，挤入堵剂 120m³，起始压力 9.0MPa。结束压力 11.2MPa，爬坡压力 2.2MPa。堵水前后效果对比见表 2。

表 2　马 305 井堵水效果对比

对比阶段	日期	工作制度	日产液 t	日产油 t	日产水 t	含水 %	动液面 m
堵前	1992.2	φ 70mm × 597.79m 4.8m/4 次	83.8	5.9	77.9	93.0	228
堵后	1992.3	φ 56mm × 997.17m 4.8m/4 次	59.1	19.4	40.5	67.7	790

该井本次堵水至 1993 年 2 月已有效 12 个月，累计增油 1238t。2 月以后在尚未全部失效的情况下又进行复堵试验。

例 2　南马庄油田马 2 断块马 11 井。

该井射开油层情况见表 3。

该井无产液剖面资料，据卡水资料证实，16 号和 17 号层为主要产水层，电性显示渗透性最好，是主要堵水层段；6 ～ 13 号层为接替层；各层段差异较大。因此对该井采用全井堵水，挤入堵剂 156m³，起始压力 11.0MPa，结束压力 12.0MPa，爬坡压力 1.0MPa。同时还对与该井连通的马 201 注水井同层段（吸水 57.7%）进行调剖。堵水前后效果对比见表 4。

表 3 马 11 井射开油层情况

解释层号	射孔井段 m	射开厚度 m	有效厚度 m
6	1954.0 ~ 1956.0	2.0	1.4
10	1978.6 ~ 1982.2	3.6	2.6
12	1986.8 ~ 1989.6	2.8	2.2
13	1993.0 ~ 1997.6	4.6	3.8
16	2011.2 ~ 2015.8	4.6	4.0
17	2018.2 ~ 2021.0	2.8	3.6

表 4 马 11 井堵水效果对比

对比阶段	日期	工作制度	日产液 t	日产油 t	日产水 t	含水 %	动液面 m
堵前	1992.6	ϕ 83mm × 759.13m 3.0m/9 次	152.2	17.3	134.9	88.7	330
堵后	1992.7	ϕ 83mm × 749.71m 3.0m/9 次	155.4	37.2	118.2	76.0	679

该井至 1993 年 8 月已有效 14 个月，累计增油 3014t，目前日产油量 21.9t 仍继续有效。

例 3 南马庄油田马 2 断块马 308 井。

该井射开油层情况见表 5。

表 5 马 308 井射开油层情况

解释层号	射孔井段 m	射开厚度 m	有效厚度 m
14	1857.6 ~ 1861.8	4.2	3.6
15	1869.0 ~ 1872.0	3.0	2.0
17	1881.4 ~ 1882.4	1.0	0.6
18	1884.2 ~ 1888.2	4.0	2.6
20	1898.0 ~ 1899.0 1900.0 ~ 1902.0	1.0 2.0	2.2

该井堵水前 1992 年 8 月产液剖面资料见表 6。

表 6 马 308 井堵水前产液剖面资料

层号	日产液 t	日产油 t	日产水 t	含水率 %	产液比例 %
14	9.2	4.4	4.8	52.2	17.2
15	5.1	3.7	1.4	27.5	9.5

层号	日产液 t	日产油 t	日产水 t	含水率 %	产液比例 %
17、18	27.0	6.4	20.6	76.3	50.5
20	12.2	7.6	4.6	37.7	22.8

从该井产液剖面资料并结合电测曲线可以清楚地看出，18 号层为主产层、主要出水层；14，15 和 20 号层含水相对较低，具有较大的油层厚度和较高的产液比例，是较好的接替层。由于射开各小层的产液比例相差悬殊，主产层集中在个别油层，因此采用全井堵水，使堵剂自然选择去封堵 18 号层，以便发挥其他油层的接替作用。该井 1993 年 1 月进行堵水，挤入堵剂 132m³，起始压力 9.0MPa，结束压力 11.0MPa，爬坡压力 2.0MPa。堵水前后效果对比见表 7。

表 7 马 308 井堵水效果对比

对比阶段	日期	工作制度	日产液 t	日产油 t	日产水 t	含水率 %	动液面 m
堵前	1992.12	ϕ 56mm × 1200.36m 3.0m/8 次	15.9	4.1	11.8	74.3	1173
堵后	1993.2	ϕ 44mm × 1802.19m 3.0m/8 次	26.9	11.7	15.2	56.5	1531

该井本次堵水已累计增油 565t，继续有效。1993 年 9 月测试的产液剖面证实 18 号层被封堵，产液比例从 50.5% 降至 8.0%。

例 4 南马庄油田文 31 断块文 31-4 井。

该井射开油层情况见表 8。

表 8 文 31-4 井射开油层情况

解释层号	射孔井段 m	射开厚度 m	有效厚度 m
8	2365.0 ～ 2372.5	5.0	2.2
9	2374.3 ～ 2377.8	3.5	1.6
12	2400.4 ～ 2405.0	4.6	2.0
13	2414.1 ～ 2418.2	4.1	2.2

该井堵水前 1992 年 8 月产液剖面资料见表 9。

表 9 文 31-4 井堵水前产液剖面资料

层号	日产液 t	日产油 t	日产水 t	含水率 %	产液比例 %
8	10.8	1.5	9.3	86.1	15.7
9	37.0	0.2	36.8	99.5	53.7
12	13.4	5.6	7.8	58.2	19.4
13	7.7	7.5	0.2	2.6	11.2

从产液剖面资料看出，9号层为主产层亦为主要出水层，12号和13号层是主要接替层。该井于1992年9月下单封隔器至井深2388m，对9号层进行堵水，挤入堵剂80m³，起始压力11.0MPa，结束压力12.0MPa。堵水前后效果对比见表10。

表10　文31-4井堵水效果对比

对比阶段	日期	工作制度	日产液 t	日产油 t	日产水 t	含水率 %	动液面 m
堵水前	1992.9	ϕ56mm×995.62m 5.0m/6次	84.9	13.4	71.5	84.2	730
堵水后	1992.10	ϕ56mm×1504.03m 5.0m/6次	81.3	22.2	59.1	72.7	1246

该井本次堵水有效5个月，增油612t。

例5　刘李庄油田雁50断块雁50-3井。

该井只射开单一厚油层12号层生产，射孔井段2582.1～2599.0m，射开厚度16.9m，解释一类油层厚度9.8m。受雁50-6注水井注入水推进见水。为试验厚油层层内堵水，于1990年8月对该井进行有机堵水，挤入堵剂56m³，起始压力14.0MPa，结束压力18.0MPa，爬坡压力4.0MPa。堵水前后生产情况见表11。

表11　雁50-3井堵水效果对比

对比阶段	日期	工作制度	日产液 t	日产油 t	日产水 t	含水率 %	动液面 m
堵前	1990.7	ϕ57mm×1283.27m 2.59m/12次	69.0	16.0	53	76.5	782
堵后	1990.9	ϕ57mm×1407.37m 2.59m/12次	20.3	3.3	17	83.5	1336
堵后	1990.11	ϕ57mm×1369.88m 2.59m/12次	20.0	2.0	18	90.0	—

从上表清楚地看出，单一厚油层注入水推进见水，采用层内堵水，它既堵水也堵油，效果很差。

例6　南马庄油田文31断块文31-2井。

该井射开油层情况见表12。

表12　文31-2井射开油层情况

层号	射孔井段 m	射开厚度 m	有效厚度 m
10	2370.2～2380.0	9.8	1.0
11	2381.3～2385.2	3.9	1.2
12	2386.8～2388.6	1.8	1.4
13	2400.3～2403.0	2.7	1.6
14	2404.1～2406.6	2.5	2.6
15	2407.7～2413.0	5.3	3.4
16	2414.6～2417.0	2.4	1.2

堵水前 1992 年 3 月测试的产液剖面见表 13。

表 13　文 31-2 井堵水前产液剖面资料

层号	日产液量 t	产液比例 %
10，11，12	44.0	74.4
13，14，15，16	12.3	25.6

根据电测曲线、产液剖面、持水率曲线等资料进行综合分析，认为 11 ~ 12 号层为主要出水层，13 ~ 16 号层为接替层。1992 年 8 月下单封隔器至井深 2392.02m，对上段 10 ~ 12 号层进行堵水，挤入堵剂 109m³，起始压力 9.0MPa，结束压力 11.0MPa，爬坡压力 2.0MPa。堵水前后生产情况见表 14。

表 14　文 13-2 井堵水效果对比

对比阶段	日期	工作制度	日产液 t	日产油 t	日产水 t	含水率 %	动液面 m
堵水前	1992.7	ϕ 44mm × 999.37m 5.0m/6 次	52.8	12.5	40.3	76.4	827
堵水后	1992.9	ϕ 56mm × 1477.7m 5.0m/6 次	70.3	11.8	58.5	83.2	1354

本次堵水后产油量略有下降，含水率上升，堵水基本无效。初步分析认为，上部主要产水层被封堵后，下部接替层中存在有含水较高的油层，堵后在大压差下使其高含水层的能力得到发挥导致堵水无效。这一判断被 1993 年 9 月测试的产液剖面所证实。

二、有机堵剂在石灰岩油藏中的应用

（一）石灰岩油藏高含水后期油井堵水的地质选井

以任丘油田雾迷山组油藏为代表的裂缝性石灰岩潜山油藏，目前已进入高含水后期开发阶段。其主要开采特点是：采出程度高，综合含水高，水淹体积大，剩余可采储量少；单井产油量低，产水量大，水油比高；油水界面以上裂缝系统内油水分布复杂，高渗透大缝洞水淹严重，低渗透微细裂缝含油较好；油井在自然开采条件下不同渗透性缝洞干扰明显，低渗透缝洞的生产潜力未能得到很好发挥。

由于油井剩余含油厚度越来越小，卡水措施的适应性很差。因此，堵水已成为这一阶段控水稳油的主要措施，其选井难度很大，情况十分复杂。经初步分析总结，石灰岩油藏高含水后期油井堵水的基本原则是，要有效地封堵水淹大缝洞，充分发挥低渗透微细裂缝的接替作用，在保持液量的条件下实现大压差生产，以达到增油降水之目的。其具体的地质选井条件如下：

（1）根据油井的静态资料、生产动态资料及历次措施效果进行综合分析的基础上进行选井。

（2）油井不论部位高低，但必须有一定的剩余含油厚度（包括低界面区），目前油水界面以下的水淹井不宜选井。

（3）油井钻开的裸眼厚度要较大（大于 30m），裸眼厚度很小（小于 10m）的油井一般不宜选井。但含油高度较大，水锥高度大，高角度裂缝发育的小厚度裸眼井亦可进行堵水。

（4）缝洞比较发育，渗透性较高，具有较好吸水能力（压力 10MPa，每分钟吸水量大于 0.2m³）的油井可选为堵水井。缝洞不发育的低渗透油井一般不宜选作堵水井。

（5）钻开的裸眼井段中具有多段裂缝段，而且各裂缝段的缝洞发育程度有一定的差异，它们之间又被致密层分隔。具这种地质条件的油井，是有机堵水的最佳选择井。

（6）已进行过无机堵水的油井，堵水后由于吸水能力低曾进行过酸化，若酸化压力较低（<8.0MPa），可选用有机堵剂进行复堵；若酸化压力较高（>8.0MPa），则不宜进行有机复堵。

（7）经过多次高浓度大酸量酸化而造成油井提前见水和含水迅速上升至高含水的低渗透缝洞井，可采用有机堵剂封堵被酸化而沟通的出水裂缝，增大生产压差，重新发挥低渗透微细裂缝的生产潜力。

（8）有机堵水后造成动液面低，供液能力差的油井，要及时下 100m³ 的电泵深抽提液以获得明显的增油降水效果。

（二）石灰岩油藏油井堵水工艺技术应注意的几个问题

（1）油井裸眼厚度和剩余含油厚度较小的条件下，不宜采用封隔器分段堵水。光油管堵水管柱的下入深度为套管鞋深度以上 10m。

（2）堵水管柱应作为专项使用，要保证油管质量，严防油管漏失。

（3）挤堵结束从油管顶替清水时，其顶替量要适当，既要将堵剂顶出油管，又不能因顶量过大造成堵剂推出井底较远而影响堵水效果。

（4）挤堵顶替结束候凝三天后，必须加深油管冲洗裸眼段至井底，采用反循环洗井，将裸眼段中残余的堵剂洗净。

（5）挤堵施工过程中，爬坡压力不是评价堵水效果的本质因素。在堵水有效井和无效井中，既有有爬坡压力的，也有无爬坡压力的。但是在施工过程中要控制挤堵压力，最高挤堵压力不能超过 15.0MPa，挤堵压力过高，堵后会出现严重供液不足，影响油井正常生产。

（6）堵剂胶联后必须测吸水指数，为堵后确定下泵参数提供依据。测吸水指数时要测试在低压、中压和高压下的吸水量，每个测点必须稳定 5min 以上。

（三）石灰岩油藏高含水后期油井堵水实例剖析

例 1　任丘雾迷山组油藏任 213 井。

该井裸眼井段 3108.29 ～ 3231.91m，裸眼厚度 123.62m，属低界面区油井。裂缝段发育情况见表 15。

表 15　任 213 井裂缝段发育情况

缝洞段分类	井段 m	厚度 m	裂缝发育程度
第一段裂缝段	3124.0 ～ 3148.4	24.4	次主产裂缝段
第一段致密段	3148.4 ～ 3180.0	31.6	
第二段裂缝段	3180.0 ～ 3193.0	13.0	主产裂缝段
第二段致密段	3193.0 ～ 3231.91	38.91	

从该井综合测井曲线分析，第二裂缝段为主要出水段，是堵水的主要对象；第一裂缝段部位较高是主要的接替层段。该井于1993年3月进行有机堵水，挤入堵剂150m³，起始压力为零，最终压力为6.0MPa。堵水前后效果对比见表16。

表16 任213井堵水效果对比

对比阶段	日期	工作制度	日产液 t	日产油 t	日产水 t	含水 %	动液面 m
堵水前	1993.2	250m³ 电泵 967.48m	363	35	328	90.5	392
堵水后	1993.4	250m³ 电泵 590.82m	262	139	123	46.9	394

至1993年8月本次堵水已有效5个月，已累计增油11858t，累计降水30923m³，是近几年来堵水效果最好的石灰岩油井。

例2 任丘雾迷山组油藏任11井。

该井位于任十一山头的高部位，目前裸眼厚度7.18m，剩余含油厚度还高达206.63m，属高角度裂缝发育的油井。本次堵水前曾进行过三次无机堵水，致使裸眼厚度大幅度减小。为了试验在小厚度内进行裂缝系统的调整，该井于1992年12月进行有机堵水，挤入堵剂150m³，起始压力为零，最终压力2.0MPa，爬坡压力低。堵水效果见表17。

表17 任11井堵水效果对比

对比阶段	日期	工作制度	日产液 t	日产油 t	日产水 t	含水 %	动液面 m
堵水前	1992.11	ϕ 70mm × 698.87m 2.6m/9 次	114.0	16	98	85.7	井口
堵水后	1992.12	ϕ 83mm × 697.23m 2.6m/9 次	159	59	100	63.0	井口

该井堵水后换大泵提液增油效果明显，至1993年8月已累计增油2815t。

例3 任丘雾迷山组油藏任335井。

该井位于任七山头南块，属缝洞较发育区块。钻开雾四组上部油层，裸眼井段3092.95 ~ 3130.0m，裸眼厚37.05m。该井1991年12月无机堵水时灰面升至3109.71m，将其裸眼段下部的主要出水段封堵，顶部16.76m裸眼段产能较低，含水亦较低。1992年2月又对其顶部油层进行酸化。此次酸化沟通了下部含水裂缝段因而效果较差。为了封堵被酸开的含水裂缝，发挥潜山顶部低渗透缝洞的潜力，于1993年3月对该井进行有机堵水，挤入堵剂144m³，起始压力1.0MPa，最终压力6.5MPa，爬坡压力5.5MPa。堵水效果见表18。

表18 任335井堵水效果对比

对比阶段	日期	工作制度	日产液 t	日产油 t	日产水 t	含水 %	动液面 m
堵水前	1993.2	ϕ 83mm × 803.03m 4.8m/6 次	171	11	160	93.8	80
堵水后	1993.3	ϕ 83mm × 899.13m 4.8m/6 次	162	51	111	68.5	571

至 1993 年 8 月本次堵水已有效 8 个月，已累计增油 4260t，累计降水 6251m³，目前仍继续有效。

例 4 任丘雾迷山组油藏任 348 井。

该井钻开雾七组下部油层，目前裸眼井段 3057.95 ~ 3096.18m，裸眼厚度 33.23m。根据钻井资料和综合测井资料分析，缝洞不发育属低渗透缝洞井。该井 1983 年 12 月投产前由于产能低曾进行过三次高浓度大酸量酸化，投产后因产能较低又曾进行过三次酸化两次堵酸。多次酸化的结果导致该井提前见水和含水呈台阶式上升至高含水。虽然本井为低渗透缝洞井，但由于多次高压酸化，沟通了底部出水裂缝，造成该井特高含水低产油的现状，为了封堵被酸开的出水裂缝，于 1993 年 8 月进行有机堵水，挤入堵剂 118m³，起始压力为零，最终压力 16.5MPa，爬坡压力很高，堵后效果较好，见表 19。

表 19 任 348 井堵水效果对比

对比阶段	日期	工作制度	日产液 t	日产油 t	日产水 t	含水率 %	动液面 m
堵水前	1993.8	ϕ 83mm × 551.31m 2.6m/8 次	153	8.0	145	94.8	158
堵水后	1993.8	ϕ 70mm × 1001.95m 2.6m/8 次	93	19	74	79.5	620

例 5 任丘雾迷山组油藏任 387 井。

该井 1992 年曾进行过无机堵水，目前裸眼厚度只有 10.86m，剩余含油厚度 34.58m。1993 年 4 月用有机堵剂进行复堵，挤入堵剂 90m³，起始压力 3.0MPa，最终压力 19.5MPa，爬坡压力高达 16.5MPa。堵后日产液量从 133t 降至 55t，日产油从 14t 升至 19t，含水从 89.7% 降至 66.2%，生产压差从 0.01MPa 增至 9.37MPa，初期获得了一定的增油效果和明显的降水效果。堵后虽然实现了大压差但产液量下降很多，增油的有效期很短，只有两个月。为了实现在保持较高产液量下的大压差生产，于 1993 年 8 月下入 100m³ 电泵深抽，效果显著，日产液从 41t 增至 103t，日产油从 13t 增至 29t，含水 69.1% ~ 71.8%。各阶段生产情况见表 20。

表 20 任 387 井措施效果

对比阶段	日期	工作制度	日产液 t	日产油 t	日产水 t	含水率 %	动液面 m	生产压差 MPa
堵前	1993.3	ϕ 83mm × 803.12m 2.6m/8 次	133	14	119	89.7	76	0.01
堵后	1993.4	ϕ 57mm × 1497.57m 2.6m/8 次	55	19	36	66.2	1007	9.39
堵后	1993.7	ϕ 57mm × 1497.57m 2.6m/8 次	41	13	28	69.1	1227	10.74
下电泵后	1993.8	100m³ 电泵 1609.54m	103	29	74	71.8	1486	12.91

例 6 任丘雾迷山组油藏任 395 井。

该井位于任七山头北块，钻开雾二至雾三组油层，裸眼井段 3015.5 ~ 3075.0m，裸眼厚 59.5m，剩余含油厚度 82.72m。据综合测井曲线分析，3015.5 ~ 3052m 厚 36.5m 为低渗透致密含油层；3052 ～ 3075m 厚 23.0m 为本井的主产层。该井于 1993 年 7 月用有机堵剂进行复堵，挤入堵剂 150m³，起始 4.0MPa，最终压力 16.5MPa，爬坡压力 12.5MPa。本次堵水下部主产层在高压挤堵下被封堵，而顶部的低渗透致密层（接替层）生产能力未能发挥，因而本次堵水效果不好。堵水前后生产对比见表 21。

表 21　任 395 井堵水效果对比

对比阶段	日期	工作制度	日产液 t	日产油 t	日产水 t	含水率 %	动液面 m
堵水前	1993.7	φ 83mm × 777.86m 2.6m/8 次	150.3	15.7	134.6	90.0	275
堵水后	1993.8	φ 83mm × 798.97m 2.6m/8 次	86.0	9.5	76.5	89.0	793

从本次堵水资料看出：在封堵主要产水层后，有无接替层和接替层的能力能否得到发挥是堵水成败的关键。

例 7　任丘雾迷山组油藏任 324 井。

该井位于任七山头北块，钻开层位雾四油组，裸眼井段 2945.46 ～ 3000.0m，裸眼厚度 55.54m。从综合电测资料和生产动态表明该井为连通很差的低渗透缝洞井。该井 1992 年 9 月进行有机堵水，挤入量 48m³，起始压力为零，最终压力为 17.0MPa，爬坡压力很高。堵后效果很差，说明低渗透井采用高压挤堵后会含污染含油缝洞。堵水前后生产对比见表 22。

表 22　任 324 井堵水效果对比

对比阶段	日期	工作制度	日产液 t	日产油 t	日产水 t	含水率 %	动液面 m
堵水前	1992.8	φ 83mm × 405.8m 2.6m/8 次	147.6	7.6	140.0	94.8	198
堵水后	1992.9	φ 70mm × 1001.27m 2.6m/8 次	86.9	5.3	81.6	93.9	944

F908 堵水效果分析报告

刘仁达

(1993 年 12 月)

一、F908 使用时油田的开采状况

F908 是 1992 年 7 月开始在华北南马庄油田马 2 断块砂岩油藏应用，1993 年 3 月又相继在任丘油田雾迷山组裂缝性潜山油藏使用。这两种不同类型油藏使用 F908 进行油井堵水试验时油藏的基本状况是：

（一）裂缝性潜山油藏

这类油藏已进入开发后期，采出程度高达 93.84%，综合含水高达 85.6%，水淹程度高达 90% 以上。油藏内部主要裂缝系统已基本水淹，油井含水高，产油量低，产水量大。油井已进行过多次挖潜措施，特别是多数油井采用过无机堵水，更增大了堵水难度，裸眼厚度已经很小，治理效果越来越差。

（二）孔隙性砂岩油藏

这类油藏已进入中高含水期，油井含水较高，产油量较低。射开油层层数较少但出水层位较多，层间矛盾突出，接替条件差。

总而言之，一年多来 F908 在华北油田进行现场堵水试验的油藏已经不是开发前期，而是开发的中后期，油井堵水的地质条件很复杂，难度很大。这对 F908 堵剂来说，能否适应油田开发进入复杂阶段后的挖潜治理，能否在很困难的条件下获得增油降水或稳油控水的好效果，确实是个严峻的考验。为了搞好 F908 的现场试验并全面评价该堵剂的适应性，我们选择了各类地质条件的油井进行试验。

二、F908 堵水的主要机理

（一）砂岩油藏油井堵水的机理

砂岩油藏油井堵水主要是在含水较高的油井进行。不论全井堵水或分段堵水，都必须使 F908 堵剂主要进入渗透性最高，出水最严重的高含水油层的孔隙介质中，并在油层温度 80℃ 下进行胶联，形成具有一定范围的物理堵塞，降低其渗透率，从而达到增大油井的生产压差，发挥其他无水油层或低含水油层的生产能力，增加产油量，降低产水量。

（二）裂缝性潜山油藏油井堵水的机理

裂缝性潜山油藏油井堵水主要是在全井挤堵的条件下，使 F908 堵剂利用自然选择进入渗透性高的水淹大缝洞，并在油层温度 120℃ 的条件下胶联形成桥接堵塞，阻止大缝洞中的底水上升，增大油井生产压差，发挥其他含油裂缝和微细裂缝的生产潜力实现增油降水的目的。

不论是砂岩油藏或石灰岩油藏，油井堵水的关键是：堵剂能否进入主要产水层或主要产水裂缝；堵剂能否在油层温度下进行胶联形成物理堵塞；堵水后能否增大生产压差。

三、F908 堵水选井的地质条件

众所周知，油井堵水的成败取决于三个基本因素：堵剂的性能，地质选井，及施工工艺。在堵剂性能和工艺技术都较好的条件下，地质选井将是油井堵水成败的关键。使用 F908 进行油井堵水的地质选井初步总结如下：

（一）砂岩油藏油井堵水的地质选井

（1）油井堵水前要有分层产液剖面资料。要搞清分层的产液量、产油量、产水量、含水率，这是作为地质选井选层的主要依据。

（2）要有历次找卡水前后的生产动态资料或卡抽前后的生产动态资料，以便帮助确定主要出水层段和主要产油层段。

（3）根据电测资料和注采动态反映，能够比较有把握地判断主要出水层。

（4）主产层和接替层要明显。主产层的产液比例较大，含水较高，是堵水的主要对象；接替层要具有一定的产液比例，含水相对较低，它是增油降水的主要对象。油井有无接替层和接替层的潜力能否得到发挥是油井堵水成败的最重要的因素。

（5）油井的主要出水层在其相对应的注水井亦为主要吸水层时，应同时对该层段在油井进行堵水，在注水井进行调剖，这样可以获得更好的堵水效果。

（6）油井只射开单一厚油层，而该层又为注入水推进见水时，该井不宜选作堵水井。

（7）油井射开油层中出现多层高含水时选井要特别注意。若在堵水井段中具有两个高含水层或在接替层段中具有高含水层。以上两种情况在一次堵水后生产压差增大的条件下，仍主要是发挥未被封堵的高含水层的生产能力，其堵水效果均不好。

（二）石灰岩油藏高含水后期油井堵水的地质选井

（1）根据油井的静态资料、生产动态资料及历次措施效果进行综合分析的基础上进行选井。

（2）油井不论部位高低；但必须有一定的剩余含油厚度（包括低界面区）、目前油水界面以下的水淹井不宜选井。

（3）油井钻开的裸眼厚度要较大（大于 30m），裸眼厚度很小（小于 10m）的油井一般不宜选井。但含油高度较大，水锥高度大，高角度裂缝发育的小厚度裸眼井亦可进行堵水。

（4）缝洞比较发育，渗透性较高，具有较好吸水能力（压力 10MPa，每分钟吸水量大于 0.2m³）的油井可选为堵水井。缝洞不发育的低渗透油井一般不宜选作堵水井。

（5）钻开的裸眼井段中具有多段裂缝段，而且各裂缝段的缝洞发育程度有一定的差异，它们之间又被致密层分隔。具有这种地质条件的油井，是 F908 堵水的最佳选择井。

（6）已进行过无机堵水的油井，堵水后由于吸水能力低曾进行过酸化，若酸化压力较低（< 8.0MPa），可选用 F908 进行复堵；若酸化压力较高（> 8.0MPa），则不宜进行复堵。

（7）经过多次高浓度大酸量酸化而造成油井提前见水和含水迅速上升至高含水的低渗透缝洞井，可采用 F908 封堵被酸化而沟通的出水裂缝，增大生产压差，重新发挥低渗透微细裂缝的生产潜力。

（8）F908 堵水后造成动液面低，供液能力差的油井，要及时下 100m³ 的电泵深抽提液以获得明显的增油降水效果。

四、F908 堵水效果分析

该堵剂自 1992 年 7 月至 1993 年 11 月在华北油田砂岩油藏和石灰岩油藏进行试验，共堵水 25 口井，有效 21 口井，有效率 84%，累计增油 23262t，有效井平均单井次增油 1108t。各类油藏堵水效果分析如下：

（一）砂岩油藏堵水效果

砂岩油藏共进行堵水试验 6 口井，有效 5 口井，有效率 83.3%。至 1993 年 11 月已累计增油 6157t，有效井平均单井次增油 1231t，平均有效期 234 天，最长达 450 天。据 5 口有效井统计，堵水前后对比，日产液从 327.5t 增至 430.7t，日产油从 48t 增至 98t，日增油 50t，单井日产油从 9.6t 增至 19.6t，单井日增油 10t，综合含水从 85.3% 降至 77.2%。典型堵水井举例如下：

例一，马 11 井。该井共射开 6 个油层，据卡水资料证实：16 号和 17 号层为主要产水层，电性显示渗透性最好，是主要堵水层段；6 ～ 13 号层为接替层。各层段差异较大，因此采用全井堵水。共挤入 F908 堵剂 156m³，挤堵起始压力 11MPa，结束压力 12MPa，爬坡压力 1MPa。在油井堵水的同时还对与该井连通的马 201 注水井同层段（吸水 57.7%）进行调剖，使马 11 井获得了显著的堵水效果。堵水前后生产资料对比，日产液保持在 152.2 ～ 155.4t，日产油从 17.3t 增至 37.2t，含水率从 88.7% 降至 76.0%，动液面从 330m 降至 679m。本次堵水有效期 450 天，累计增油 3014t。

例二，马 308 井。该井共射开 5 个油层，堵水前 1992 年 8 月测得产液剖面资料见表 1。

表 1 马 308 井堵水前产液剖面资料

层号	日产液 t	日产油 t	日产水 t	含水率 %	产液比例 %
14	9.2	4.4	4.8	52.2	17.2
15	5.1	3.7	1.4	27.5	9.5
17，18	27.0	6.4	20.6	76.3	50.5
20	12.2	7.6	4.6	37.7	22.8

根据产液剖面并结合电测曲线可以清楚地看出：18号层为主产层亦是主要出水层，14号，15号和20号层含水相对较低，具有较大的油层厚度和较高的产液比例，是较好的接替层。由于射开各小层的产液比例相差悬殊，主产层集中在个别油层，因此采用全井堵水，使堵剂自然选择封堵18号层，以便发挥其他油层的接替作用。该井于1993年1月进行堵水，挤入F908堵剂132m³，挤堵起始压力9MPa，结束压力11MPa，爬坡压力2MPa。堵水前后生产资料对比：日产液从15.9t升至26.9t，日产油从4.1t增至11.7t，含水率从74.3%降至56.5%，动液面从1173m降至1448m。1993年9月测试的产液剖面证实，18号层被封堵，产液比例从堵水前的50.5%降至堵水后的8.0%。本次堵水至1993年11月底已有效180天，累计增油952t，目前仍继续有效。

（二）裂缝性潜山油藏的堵水效果

在裂缝性潜山油藏中F908主要应用于任丘油田雾迷山组油藏。1993年3月至11月共在19口高含水井进行堵水试验，有效井16口，有效率84.2%，最长的有效期已达240天，目前仍继续有效。至1993年11月底已累计增油17105t，有效井平均单井次增油1069t。据堵水有效的16口井统计，堵水前后生产资料对比，日产油从278t增至476t，日增油198t，日产水从2135m³减至1515m³，日减水620m³，单井日产油从17.4t增至29.8t，单井日增油12.4t，综合含水从88.5%降至76.1%。典型堵水井举例如下。

例一，任386井。该井曾在1992年4月进行过无机堵剂堵酸措施且已失效。1993年3月使用F908进行重复堵水试验，共挤入堵剂148m³，起始压力零，最终压力为3.0MPa。堵水前后生产资料对比，日产油从23t增至47t，含水率从81.3%降至67.2%。至11月底已有效240天，已累计增油2198t，目前仍继续有效。

例二，任369井。该井于1993年5月使用F908堵剂进行堵水，总挤入量90m³，挤堵起始压力3.5MPa，结束压力14.0MPa，爬坡压力10.5MPa。堵前大泵抽油生产，日产液160t，日产油19t，日产水141m³，含水率88.1%，动液面175m。堵后换为小泵深抽，日产液68t，日产油增至46t，日产水减至22t，含水率降至32.6%，动液面降至1369m。至1993年11月底已有效210天，累计增油2609t，目前仍继续有效。

华北油田砂岩油藏和石灰岩油藏的高含水油井使用F908堵水后，从生产对比资料可以清楚地看出，该堵剂对主要产水层的封堵强度大，效果好。堵后油井的产水量减少，产油量明显增加，生产压差增大。堵水后能够较好的发挥其他油层的生产潜力，获得增油降水的好效果。

五、F908堵水的经济效益和社会效益

从1992年7月至1993年11月在华北油田使用F908共堵水25口，总用量为100.5t，平均单井用量4.02t，每吨单价为1.76万元，堵剂费用共176.88万元。每口堵水井的施工费用为6.7万元，其中检泵2.1万元；起下堵水管柱1.8万元；挤堵施工2.8万元。25口堵水井总施工费用为167.5万元。堵剂费用和施工费用共计344.38万元。

F908堵水井至1993年11月总增油量为23262t，按华北石油管理局计划内原油销售价830元/t计算，创销售收入1930.7460万元，投入产出比为1：5.6。扣除采油成本876.9774万元（每吨377元），获经济效益1053.7686万元。F908堵水效果对比见表2。

表2 F908堵水效果对比表（至1993年11月）

油藏类型	井号	施工日期	总挤入量 m³	堵剂浓度 %	挤堵压力 MPa 起始	挤堵压力 MPa 最终	对比阶段	日期	工作制度	日产液 t	日产油 t	日产水 t	含水率 %	动液面 m	有效期 d	累计增油 t	备注
砂岩油藏	马11	1992.7.9	156	0.75~1.2	11.0	12.0	堵前	1992.6	φ83mm×759.13m 3.0m/9次	152.2	17.3	134.9	88.7	330	450	3014	
							堵后	1992.7	φ83mm×747.71m 3.0m/9次	155.4	37.2	118.2	76.0	679			
	马204	1993.3.6	144	0.75~1.2	10.0	13.0	堵前	1993.2	φ44mm×1310.1m 4.8m/6次	15.5	2.0	13.5	81.0	205	240 (未完)	1240	继续有效
							堵后	1993.5	φ57mm×1488.61m 4.8m/6次	41.0	9.3	31.7	77.4	1352			
	马308	1993.1.5	132	0.75~1.2	9.0	11.0	堵前	1992.12	φ56mm×1200.36m 3.0m/8次	15.9	4.1	11.8	74.3	1173	180 (未完)	952	继续有效
							堵后	1993.2	φ44mm×1802.19m 3.0m/8次	26.9	11.7	15.2	56.5	1448			
	马305	1993.2.25	174	0.75~1.2	10.0	13.0	堵前	1993.2	φ56mm×987.2m 4.8m/4次	59.0	11.2	47.8	81.0	462	150 (未完)	339	继续有效
							堵后	1993.3	φ70mm×1093.95m 4.8m/4次	80.4	17.6	62.8	78.0	794			
	文31-4	1992.9.23	80	0.75~1.0	11.0	12.0	堵前	1992.9	φ56mm×995.62m 5.0m/6次	84.9	13.4	71.5	84.2	730	150	612	
							堵后	1992.10	φ56mm×1504.03m 5.0m/6次	81.3	22.2	59.1	72.7	1246			
	文31-2	1992.8.17	109	0.75~1.2	9.0	11.0	堵前	1992.7	φ44mm×999.37m 5.0m/6次	52.8	12.5	40.3	76.4	827	0	0	
							堵后	1992.10	φ56mm×1477.7m 5.0m/6次	63.6	12.4	56.2	81.9	1444			

续表

油藏类型	井号	施工日期	总挤入量 m³	堵剂浓度 %	挤堵压力 MPa 起始	最终	对比阶段	日期	工作制度	日产液 t	日产油 t	日产水 t	含水率 %	动液面 m	有效期 d	累计增油 t	备注
石灰岩油藏	任386	1993.3.30	148	0.75~1.2	0	3.0	堵前	1993.3	φ83mm×697.0m 2.6m/8次	122.0	23.0	99.0	81.3	80	240(未完)	2438	无机堵水失效后复堵
							堵后	1993.4	φ83mm×677.81m 2.6m/8次	145.0	47.0	97.0	67.2	152			
	任387	1993.4.2	90	0.75~1.2	3.0	19.5	堵前	1993.3	φ83mm×803.12m 2.6m/8次	133.0	14.0	119.0	89.7	76	210(未完)	1102	无机堵水失效后复堵
							堵后	1993.4	φ57mm×1497.57m 2.6m/8次	55.0	19.0	36.0	66.2	1007			
	任380	1993.4.11	60	0.75~1.0	6.0	21.0	堵前	1993.3	φ70mm×503.65m 2.6m/8次	122.0	15.0	107.0	87.6	70	240(未完)	2041	无机堵水失效后复堵
							堵后	1993.4	φ70mm×1000.69m 2.6m/8次	102.0	27.0	75.0	73.3	900			
	任369	1993.5.8	90	0.75~1.0	3.5	14.0	堵前	1993.5	φ83mm×786.63m 4.8m/4次	160.0	19.0	141.0	88.1	175	210(未完)	2609	
							堵后	1993.5	φ57mm×1593.58m 4.8m/6次	68.0	46.0	22.0	32.6	1369			
	任223	1993.4.24	150	0.75~1.2	0	15.0	堵前	1993.4	φ83mm×501.31m 2.6m/8次	148.0	24.0	124.0	83.7	273	120(未完)	851	无机堵水失效后复堵
							堵后	1993.5	100m³电泵 1502.8m	93.0	49.0	44.0	47.0	843			
	任45	1993.5.25	90	0.75~1.0	1.5	19.5	堵前	1993.5	φ83mm×597.54m 2.2m/8次	109.8	8.0	101.0	92.5	77	180(未完)	976	无机堵水失效后复堵
							堵后	1993.6	φ70mm×997.0m 2.2m/8次	61.0	13.0	48.0	78.9	950			

油藏类型	井号	施工日期	总挤入量 m³	堵剂浓度 %	挤堵压力 MPa 起始	挤堵压力 MPa 最终	对比阶段	日期	工作制度	日产液 t	日产油 t	日产水 t	含水率 %	动液面 m	有效期 d	累计增油 t	备注
	任345	1993.6.4	138	0.75~1.2	0	0	堵前	1993.5	φ56mm×1627.63m 5.0m/3次	28.0	12.0	16.0	56.3	975	180 (未完)	3242	无机堵水失效后先酸化后复堵
							堵后	1993.6	φ83mm×598.9m 5.0m/5次	173.0	35.0	130.0	79.8	386			
	任340	1993.5.16	144	0.75~1.2	0	6.0	堵前	1993.5	250m³ 电泵 928.4m	369.0	21.0	348.0	94.4	118	180 (未完)	580	
							堵后	1993.5	250m³ 电泵 914.58m	284.0	34.0	250.0	88.0	646			
石灰岩油藏	任202	1993.6.15	168	0.75~1.2	4.0	10.0	堵前	1993.6	φ83mm×656.19m 2.6m/9次	89.0	6.0	83.0	92.8	286	180 (未完)	632	无机堵水失效后复堵
							堵后	1993.6	φ83mm×695.76m 2.6m/9次	126.0	14.0	112.0	89.1	685			
	任35	1993.4.15	150	0.75~1.2	0	2.0	堵前	1993.4	φ70mm×505.35m 2.6m/8次	101.0	4.0	97.0	96.0	井口	240 (未完)	673	无机堵水失效后复堵
							堵后	1993.4	φ83mm×497.03m 2.6m/8次	132.0	14.0	118.0	89.4	124			
	任330	1993.9.18	150	0.75~1.0	0	15.5	堵前	1993.9	φ110mm×599.36m 2.6m/8次	262.0	24.0	238.0	91.0	127	60 (未完)	611	无机堵水失效后复堵
							堵后	1993.9	φ70mm×1048.78m 2.6m/8次	111.0	37.0	74.0	66.7	713			
	任366	1993.8.28	54	0.75~1.0	0	18.5	堵前	1993.8	φ83mm×693.68m 4.8m/4次	168.0	16.0	152.0	90.6	212	90 (未完)	426	有机堵水失效后复堵
							堵后	1993.10	φ83mm×751.14m 4.8m/4次	157.0	23.0	134.0	85.2	429			

油藏类型	井号	施工日期	总挤入量 m³	堵剂浓度 %	挤堵压力 MPa 起始	最终	对比阶段	日期	工作制度	日产液 t	日产油 t	日产水 t	含水率 %	动液面 m	有效期 d	累计增油 t	备注
石灰岩油藏	任4	1993.7.29	90	0.75～1.0	7.0	18.0	堵前	1993.7	250m³电泵1064.84m	194.0	24.0	170.0	87.6	井口	稳油控水	有效	无机堵水失效后复堵
							堵后	1993.8	250m³电泵910.8m	99.0	24.0	75.0	76.7	302			
	任317	1993.8.18	52	0.75～1.0	8.0	21.0	堵前	1993.7	φ83mm×796.45m 2.6m/8次	102.0	16.0	86.0	84.3	225	90天	120	低渗透缝洞井
							堵后	1993.9	φ83mm×798.17m 2.6m/8次	112.0	25.0	87.0	77.8	582			
	任347	1993.3.20	144	0.75～1.2	0	0	堵前	1993.2	φ83mm×605.11m 3.0m/8次	187.0	35.0	152.0	81.3	61	240	370 (控水稳油)	无机堵水失效后复堵
							堵后	1993.4	φ83mm×597.63m 3.0m/8次	163.0	38.0	126.0	77.0	59			
	任243	1993.5.20	54	0.75	9.0	15.0	堵前	1993.5	φ110mm×702.1m 3.0m/6次	119.0	17.0	102.0	85.0	492	120天	434	有机堵水失效后复堵
							堵后	1993.7	100m³电泵1345.58m	110.0	31.0	79.0	71.8	828			
	任342	1993.3.21	148	0.75～1.2	0	5.0	堵前	1993.3	φ70mm×999.55m 2.6m/8次	101.0	44.0	57.0	56.7	36	0	0	无机堵水失效后复堵
							堵后	1993.4	φ83mm×793.85m 2.6m/8次	142.0	43.0	99.0	69.6	397			
	任368	1993.7.20	150	0.75～1.2	4.0	8.0	堵前	1993.7	φ70mm×697.6m 4.8m/6次	135.0	23.0	112.0	83.0	396	0	0	
							堵后	1993.8	φ70mm×1002.81m 4.8m/6次	140.0	19.0	121.0	86.5	608			
	任395	1993.7.21	150	0.75～1.2	4.0	16.5	堵前	1993.7	φ83mm×777.86m 2.6m/8次	151.0	16.0	135.0	90.0	275	0	0	无机堵水失效后复堵
							堵后	1993.8	φ83mm×798.97m 2.6m/8次	87.0	10.0	77.0	89.0	793			

F908 首次在华北油田堵水成功，这为油藏后期治理挖潜开辟了新的道路，对控水稳油和提高油田开发效果起到重要作用。该堵剂和一整套堵水地质选井及施工技术目前已推广到胜利油田，并在 2 口油井进行了现场试验，均获得明显的增油降水效果。

油田动态分析纲要❶

刘仁达

（2010 年 6 月）

"油田动态分析纲要"的核心是理论与实践、基本功和逻辑思维问题。报告自始至终贯穿着两条主线：通过动态讲思维，通过思维讲动态，思维是贯穿报告的第一条主线；通过动态讲基本功，通过基本功讲动态，基本功是贯穿报告的另一条主线。

油田动态分析是油田开发的重点工作之一。它的主要任务是：（1）分析研究油田投入开发后地下油水运动发生了哪些变化，其变化规律是什么。（2）研究各开采阶段剩余油的分布规律，并采取有效措施实现油田高产和稳产。（3）采取各种措施提高油田阶段采收率和最终采收率。

油田动态分析是一项涉及面较广，综合性较强的地质工作。

为什么说"涉及面较广"呢？因为它涉及油藏地质、油藏工程、工艺技术，又涉及生产管理、科研成果，还涉及辩证法和逻辑思维等。

为什么说"综合性较强"呢？因为它是把各类静态资料、生产资料、开发数据、工艺资料等经过整理加工，去伪存真，由表及里地进行综合分析，从而找出地下油水运动的基本规律。

深入开展油田动态分析，只有单一的动态知识是很不够的，很难达到分析深透的目的。要成为一个动态分析高手是有相当大的难度。"樱桃好吃树难栽，不下苦功花不开"。必须有扎实的基本功，要做到"一专多能"；要有正确的思维方法和工作方法；要有综合分析能力和专题研究能力；并且要有很强的语言表达能力和写作能力。

一、要有扎实的基本功，要做到"一专多能"，比较精通油田动态，懂油田地质研究，懂油田工艺技术等

基本功是事业成功的基石（要广义理解事业），是攀登科学高峰的起步，也是最容易被人忽视的工作。石油工业部部长康世恩曾经讲过："真本领硬功夫要在日常工作中勤学苦练，不是等，是练。"

地质动态人员的基本功主要包括哪些内容呢？地质资料真伪的鉴定；动态分析的地质基础；单井动态分析；怎样看电测曲线。

（一）地质资料真伪的鉴定（是动态人员最起码的基本功，天天都要与资料打交道）

任何事物都有真有假，有真必有假（假有两层含义：一是故意作假、弄虚作假有很少；

---

❶韩连彰 2011 年 4 月整理。

二是不能反映客观实际情况的资料，不真实的资料），他们是辩证的统一。去伪存真是地质资料鉴别的核心，也是动态分析是否正确的关键。而调查研究就是去伪存真的重要手段。当油井的生产资料发生异常时必须亲自到现场调查研究。现以原油含水率、油井动液面、油井产液量变化为例说明如何鉴定地质资料的真伪：

1. 原油含水率

含水率突然升高或突然降低或长期不升等现象必须及时到现场查看：

（1）取样的位置是否正确；

（2）取样的方法是否正确；

（3）化验室的化验等。

例如，我们在日常工作中发现任丘油田计三站油井站上取样的含水率长期较低，任367井口 88.2%，站上 55.3%。到底是什么原因呢？

到现场一看恍然大悟，一切清楚了，是取样位置不正确（站上是管线顶部取样）造成的。后来发现这个站油井的含水率又突然升高，到现场一看是这个站又把取样位置改在管线的底部（仍不正确）。取样位置应在管线的中部。

2. 油井动液面

在不改变油井工作制度和未进行措施的条件下，动液面波动很大，应及时到井场调查。抽油井到高含水阶段波动大是正常的。

（1）测试方法是否正常。测试动液面时不能大量放套管气，若先放套管气再测试则动液面偏高。

（2）动液面资料的解释是否正确。

①一般情况下，动液面曲线波峰的显示是：井口波峰→音标波峰→液面波峰。曲线的形态如图1所示。

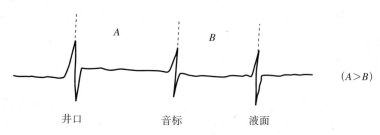

图1　动液面曲线形态（一）

②音标过低，油井供液充足，动液面淹没音标，动液面曲线的显示是：井口波峰→液面波峰→液面重复反射波峰。曲线的形态如图2所示。

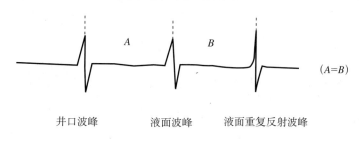

图2　动液面曲线形态（二）

此种情况，无音标反射，计算不出音速，动液面的计算只能借用音速。

③音标位置浅，动液面低，动液面曲线波峰显示是：井口波峰→音标波峰→音标重复→液面波峰。曲线形态如图 3 所示。

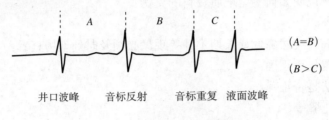

图 3　动液面曲线形态（三）

3. 油井产液量

在油井未改变工作制度和未进行措施的条件下出现产液量波动较大时，应及时到现场调查，调查的主要内容是：

（1）量油的时间是否按规定执行。如任丘油田流量计量油，规定的时间是连续计量 2h 后再折算日产。有的井站只连续计量 10min 进行折算日产就太不准确。

（2）开始量油时分离器的液位控制是否合理。

（3）量油结束时分离器的液位要与开始计量时基本一致。

（4）油水界面资料问题，录井资料的使用。

（二）动态分析的地质基础

地质资料是动态分析的地质基础和依据。只有占有大量的资料，系统的资料，动态分析才能比较深入，比较符合实际。动态分析要建立哪些地质资料呢？根据自己多年的工作经验，主要建立 4 套基本地质资料：单井月度综合数据；单井电测曲线；简易的单井采油曲线；区块和油藏开发的综合数据。

1. 单井月度综合数据（单井选值）

它的主要用途是：

（1）帮助我们了解油井每月的生产变化，它是单井分析不可缺少的重要资料。

（2）可以清楚反映出各类措施增油降水的效果。因此单井月度数据计算的要求是：油井措施前后，调整工作制度前后必须分开计算。

2. 单井电测曲线

要画出每口油井的电测曲线，在电测图上要求标出以下内容：

（1）油井分层界线；

（2）钻头程序、套管程序、录井主要油气显示；

（3）射孔井段、有效厚度；

（4）分层试油资料和历次产液面资料。

在测井曲线上注明以上资料其主要作用是：

（1）可以借此学习油层对比方法；

（2）可以学习各类油层的解释方法；

（3）看图识字可以加深对油层的认识；

（4）能够把静态资料和动态资料结合在一起，便于单井分析。

3. **简易的单井采油曲线**

每月一点，只画产液量、产油量、含水率。并在曲线上注明历次措施的时间和内容，酸化措施要注明酸的类型、用量、浓度、瞬时压力的变化等。堵水措施要注明堵剂类型、名称、用量、起始压力、爬坡压力等。这条曲线的主要作用是：

（1）油井主要动态指标的变化一目了然，容易看出规律，使用方便。

（2）写动态报告或专题研究可直接作附图使用。

4. **区块和油藏的开发综合数据**

主要用于分析油藏开发的总形势（总趋势）。如果地质资料不完整、不系统，在动态分析工作或向领导汇报时就会手忙脚乱，十分紧张，动态分析很难达到较高的境界。地质资料是死的，人是活的，怎样把人和资料有机地联系起来实现"资人合一"就能达到较高的境界，天长日久这些资料就会印在自己的脑海里。形成一幅画像。

（三）单井动态分析

（1）单井分析，是分析一口井在开采过程中发生的变化，并找出发生这种变化的原因和解决的方法。

（2）单井动态分析是油田动态分析最小的单元，也是最重要的基础。单井动态分析—井组动态分析—区块动态分析—油藏动态分析。

（3）油田开发很多规律都首先从单井反映出来，它既有特殊性又有普遍性。因此认识油田地下变化规律必须从单井入手。

（4）单井分析是对动态人员基本功的锻炼和检验。单井分析要达到比较全面和基本准确，必须要有过硬的基本功。

（5）单井分析技术不是一朝一夕可以练成的，要有持久性，要成为动态分析高手，单井分析必需过关。

（6）单井分析是确定措施选井和措施内容的依据。单井分析不正确，措施就会定错，就会无效。单井分析需要以下资料：

①单井电测曲线；

②井组油层连通图；

③单井月度开发数据；

④单井采油曲线；

⑤历次产液剖面；

⑥历次措施情况和效果；

⑦油气水化验资料。

（7）怎样进行单井分析呢？首先要在搞清油层情况的基础上，根据生产变化资料、测试资料和工艺措施资料等，对该井目前出现的问题进行因果分析。

举例说明单井分析：

例一，马95-24井。该井是采油一厂马95断块的生产井。生产层位东三段和沙一段的油层，射开3号、7号、8号和9号4个油层，如图4所示。

该井2001年1月前，生产层位为沙一的7号、8号和9号层。通过产液剖面资料分

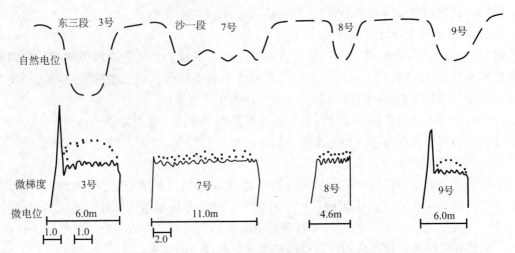

图 4   马 95-24 井射开层位

析，8 号和 9 号层不出液，7 号生产层已基本水淹。静态资料研究东三段的 3 号层为主要潜力层。2001 年 2 月补开 3 号层全井生产。日产油 23.4t，含水率 3.2%。补孔前后生产变化见表 1。

表 1   马 95-24 井补孔前后生产情况

对比阶段	日期	生产层位	日产液 t	日产油 t	含水率 %	动液面 m
补孔前	2001.1	7, 8, 9	12.0	1.1	90.8	1154
补孔后	2001.2	3, 7, 8, 9	24.2	23.4	3.2	880

此次补孔获得比较好的增油降水效果。该次历次产液剖面资料见表 2。

表 2   马 95-24 井补孔历次产液剖面资料

层位 \ 测试日期	1998 年 4 月	1998 年 11 月	2009 年 8 月
3	未射	未射	78.6%
7	100%	83.8%	21.4%
8	0	16.2%	0
9	0	0	0

2009 年又对该井进行分析，这时日产液 27t，日产油 1.0t，含水 96%，动液面 980m，分析认为：3 号和 7 号主力油层都基本水淹，还认为 3 号和 7 号层的顶部存在低渗透潜力。因此决定对该井采用全井堵水，3 号和 7 号层顶部补射孔的措施。

该井堵水后，全井生产无产液能力，主产层已被堵剂堵死。

第一次射孔：射开 3 号层顶部 1.0m（射在钙质尖上）仍不出液。

第二次射孔：射开 3 号层中部 1.0m，7 号层顶部 2.0m。射孔后日产液 16.5t，日产油 0.7t，含水率 96%，动液面 1400m。

本次措施以失败告终，失败的原因是：对生产潜力的判断错误，误认为厚油层的顶部必然存在剩余油分布。当然对厚油层来说，如果属正旋回沉积，厚油层的渗透性变化是下部高、顶部低，在这种条件存在剩余可动油的可能性是较大的。例如，大港羊儿庄油田7-22井。开采明III_5油层，为厚层块状底水油藏。

该层砂层厚25.0m，其中油层12.1m，水层12.9m，为典型的正旋回沉积。该井堵水后12.0MPa，不吸水，然后对顶部低渗透射孔2.0m，堵水射孔前后生产变化见表3。

表3 大港羊儿庄油田7-22井措施效果对比

对比阶段	日产油，t	含水率，%	动液面，m
堵水前	2.5	97.9	井口
堵水射孔后	23.79	5.7	876

例二，雁50-20井。是采油一厂刘李庄油田雁107断块的生产井。生产层位沙四—孔店砾岩油层（厚度35.0m）；厚层状底水油藏。该油藏的主要地质特点是：钙质胶结、岩性致密，没有自然产能。

该井射孔、酸压投产，后因射孔底部，位置低，底水锥进见水并水淹。通过单井分析认为，该厚油层的顶部具有生产潜力，决定全井化学堵水，封堵底部水淹段，补孔油层顶部（补孔5.0m）潜力层生产。施工结果：油层底部出水段被堵死，油层顶部潜力层段射孔后无产液能力。因此本次措施未能获效。失败的主要原因是油层没有自然产能的特点被忽视。

例三，任398井。该井是任丘雾迷山组油藏任七山头的生产井。揭开雾七、雾八、雾九油组。1988年5月16日套管 ϕ10mm 全井投产，同日水淹井关井。这口新井投产即水淹，到底还有没有油呢？为了分析这个问题，我们对该井的测井曲线进行了深入研究。测井曲线显示，上部雾七油组可能水淹，下部雾九组含油还比较好。因此决定下卡水封隔器，对下部雾九油组采用油管 ϕ8mm 自喷生产，初期日产油124t，含水30.9%。6月21日开套管放喷，取样证实产水。实践证实，该井由于雾八组泥质白方岩集中段对底水运动的分隔作用，造成上水下油的复杂情况。并由此发现了油藏"内幕高"剩余油的富集规律。此规律在以后的开发实践中继续得到证实，后调整井中找到了任436、任463、任斜27、任斜225等高产井。

例四，任227井。该井是任丘雾迷山组油藏任七山头的生产井。揭开雾七油组。1982年4月投产，初期套管 ϕ10mm 日产油411t不含水。开采18年后至2009年11月日产油降至1.47t，含水高达98.59%。在开采过程中曾进行酸化、化堵等措施均无效。

在油藏开发晚期，为了挖潜油藏潜力，对该井进行了深入研究，分析认为，该井的主产层位于裸眼段中下部，已经水淹，裸眼段顶部3168～3179.2厚11.2m（其中套管封5.5m）录井显示为荧光白云岩，荧光8～9级，可能未被动用是潜力层。因此决定对该井采用堵水中下部水淹层生产层（留灰面），补开套管封住的油层，低浓酸小酸量酸化。措施结果效果很好。初期日产油50t，含水小于1%。

（四）怎样看电测曲线（微电极曲线、电阻率曲线、自然电位曲线、感应曲线）

一口油井的测井曲线，是这口油井地下油层特征的反映。油层深埋地下，我们既看不见也摸不着，只能通过测井系列的各条曲线来分辨油层和水层，高渗透层和低渗透层，主要裂缝段和次要裂缝段等，因此，学习看电测曲线是油田动态分析重要的基本功，也是认识地下油层的重要手段。

1. 砂岩油藏油井的测井曲线

砂岩油藏油井常用的测井曲线是 4 条：

（1）微电极曲线（包括微梯度和微电位），它的主要用途是：

①能够反映油层渗透率的高低及变化；

②能够反映油层有效厚度的大小；

③能够反映钙质层（图 5）。

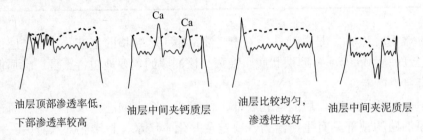

| 油层顶部渗透率低，下部渗透率较高 | 油层中间夹钙质层 | 油层比较均匀，渗透性较好 | 油层中间夹泥质层 |

图 5　砂岩油藏微电极曲线示意图

（2）电阻率曲线。它的主要用途是：

①确定油层和水层。油层电阻率高，水层电阻率低（图 6）。

②反映油层原油含油饱和度的高低。电阻高油层的含油饱和度较高，电阻率低，含油饱和度较低。

但值得注意的是，很多低渗透油田油井的电阻曲线出现低阻现象，这可能是由于油层含油性差，含水饱和度较高所致。例如，近几年刚投入开发的采油三厂的留107断块古近—新近系低渗透砂岩油藏投产的 27 口油井中有 5 口井投产即见水，有 14 口井无水期很短，初步分析认为，油井射开的层中存在个别水层和油帽子层所致。

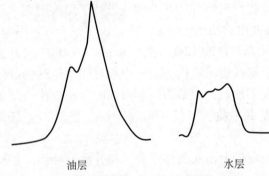

油层　　　　　　水层

图 6　油层与水层电阻率曲线示意图

渗透性的好坏（图 7）。

（3）自然电位曲线。它主要反映油层

（4）感应曲线。主要反映油层和水层。

2. 碳酸盐油藏油井测井曲线

油井的测井系列：主要是 5 条曲线，即深浅三侧向曲线；自然伽马曲线；中子伽马曲线；声波时差曲线；井径曲线。

3. 各类油层在电性上的反映

（1）缝洞发育段。主要曲线特征是：

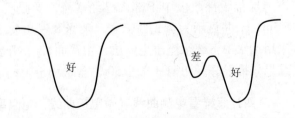

好　　　差　好

图 7　自然电位曲线示意图

三低一高，即电阻低、自然伽马低、中子伽马低，声波时差高。有时有明显的扩径现象。

（2）中低缝洞段。主要曲线特征是：自然伽马低，电阻中等并呈小锯齿出来，中子伽马中等，声波呈锯齿状。

（3）泥质白云岩。主要曲线特征是：自然伽马高、电阻低平、中子伽马低。

（4）致密层。主要曲线特征是：电阻高、中子伽马高、自然伽马低、井径比较规则。

二、要有正确的思维方法和工作方法

逻辑思维是动态分析最核心的问题。有不少从事油田动态分析工作的同志，由于没有正确的思维，因而工作忙乱，抓不住重点，其效果不好。

（一）动态分析的逻辑思维主要解决的问题和方法

首先是怎样才能做到概念准确，二是怎样进行事物的因果联系分析。

第一个问题是：怎样才能做到"概念准确"呢？下面我们举例说明。

例如，"任丘雾迷山组油藏剩余油分布"这句话的概念是不准确的，这里有两处不准确：（1）没有指明开发阶段。（2）是可动剩余油还是残余剩余油。这句话如果把它改为"任丘雾迷山油藏开发晚期可动剩余油分布"，那么它的概念就比较准确了。

例如，"任丘雾迷山组油藏潜山顶面构造图"这个图名不仅概念不准确而且还有概念错误。这个图的主要问题是：（1）因为这张图反应的是潜山面的形态变化，应该叫潜山面地形图。构造图应是同一层位的形态变化。（2）在这张图上同时反映断层的分布和地层界线。因此这张图的名称应叫"任丘雾迷山组油藏潜山面地形地质图"。

第二个问题是：怎样进行事物的因果联系分析。因为在动态分析工作中最常见的就是因果分析。当油井出现异常现象时，其引起的主要原因是什么呢？这是动态分析中迫切需要解决的主要问题。最常见的因果分析方法有三种："排查法"、"求同存异法"和"逻辑推理法"。

1. 排查法

就是首先找出引起事物发生变化的各种因素，然后对每一因素进行分析排查，最后找出其主要原因。

例一，2010年6月18日《走进科学》栏目讲了这样一件事：山东有一位姓郭的男同志得了一种怪病，经医院检查确诊为"脂肪代谢综合症"，又叫"马德隆综合症"。引起这种疾病的原因有三：

（1）家族病史——查三代均无此病；

（2）地方病——该地方没有发现这种病；

（3）个人不良生活习惯——此人每天都大量喝酒、抽烟。

因此确定了此病的病因。

例二，江汉王场油田潜三段油藏，在第一口面积注水试验井组内有一口油井注水后很快见水，造成出水的原因经分析有两种可能：

（1）注入水单层突进见水；

（2）边水推进见水（潜三段为边水油藏，该井位于油藏边部）。

为了证实该油井出水的原因，决定采取分层找水的方法进行排查，最后在该井距边水最近的射孔层找到出水层。经水性分析证实为边水推进见水。

例三，在某一注水井组内的一口油井发现产量上升，分析其原因。首先找出造成产量上升的诸因素然后再逐一进行分析排查。

（1）计量有无问题——到现场调查无问题；

（2）是否改变工作制度——没有；

（3）是否进行过工艺措施——没有；

（4）是否见到注水效果。

①主要油层连通情况——连通比较好；

②注水井的注水情况——注水正常；

③产量上升的同时，井压力（或动液面）同时上升。

最后确定该井产量上升的原因是见到注水效果。

例四，雁50-21井。补孔灰面原射孔段压裂投产后水淹，后在油层顶部补孔，补后出全部产水。用检查法分析原因有：

（1）灰面是否工作——作业证实正确；（排除）

（2）顶部油层未动用，出水的可能性很小；（排除）

（3）油层无自然产能——为什么这口井会有自然产能？（排除）

（4）管外是否窜槽——固井质量证实出水面同。（证实）

2. 求同存异法

当事物发生变化时，在其他条件都基本不变的情况下，其中某个条件出现变化，这个变化的条件就会导致差异，这就是该事物变化的原因。

假设某油井在生产过程中突然出现含水下降，产油量上升。在分析这口井时，若该井受三口注水井影响，其中两口注水井注水情况稳定，而另一口注水井近期进行了调剖措施，这口注水井在调剖前它的主要吸水层是油井的主产层和主要出水层。调剖后主要吸水层得到控制，其他层的吸水得到加强，这口注水井这一变化就是引起该油井出现含水下降，产油量上升的主要原因。

3. 逻辑推理法

遇到比较复杂的因果联系或对事物的认识还不太清楚的条件下，可以通过推理的方法进行因果判断。

例如，任丘雾迷山组油藏在开发过程中的动态反映出现了明显的分块差异性：有的断块油水界面抬升比较均匀，水锥高度很小（10～20m），稳产状况很好；而另一些断块水锥高度很大（153～267m），产量递减快，稳产状况差。这种分块差异现象造成的原因当时还不清楚，为了搞清其原因，我们采取了逻辑推理法进行分析判断。

地质情况不同，在开发中的动态反映亦不同。因此，推理1，动态出现的分块差异应该是地质上的差异造成的。对潜山油藏来说地质差异主要是油层缝洞发育情况的差异，而油层缝洞又与断裂构造和岩石性质密切相关。推理2，因此认为断裂构造和岩石性质是造成开发过程出现分块差异的主要原因。

在这种推理的前提下，我们又到广西、云南、贵州进行现代岩溶考察，又学习了"中国岩溶研究"、"地质力学及其在水文地质工程地质方面的应用"，并对油井钻井的漏失情况进行详细的统计（古岩溶）；以及开展不同岩性溶蚀特点的研究，证实这个推理判断是正确的。

结论：（1）断裂——张性正断层的下降盘（上）受张力作用强，裂缝发育，张性正断层的上升盘（下）受张力作用弱，裂缝不发育。（2）岩石性质——藻云岩易溶蚀、孔缝均发育均匀，硅质岩致密坚硬，高角度裂缝发育。

（二）提高逻辑思维能力

首先要从学习入手，坚持实践是检验真理的唯一标准，正确的思维要在日常工作中磨炼。

1. 要提高自己的思维能力首先从学习入手

根据自己的经验主要学习4本书：（1）矛盾论和实践论；（2）自然辩证法；（3）人的正确思维是从哪里来；（4）形式逻辑学。

在大庆油田工作期间，对学习"两论"和"辩证法"抓得很紧，每天都要学习，还要记学习笔记，领导还要检查。在动态分析工作中，经常要求用辩证法分析某个动态问题，这样做能够使自己的思维很快得到提高。

2. 必须坚持实践是检验真理的唯一标准

在油田动态分析过程中总结的认识，采取的措施是否正确必须回到生产实践中进行检验。

（1）技术上不同看法、不同观点是正常现象，不足为奇，过去有、现在有、将来还有。因为每个同志经历不同、资历不同，掌握资料多少不同，看问题的角度不同，思维的方法不同。千万不要把正常的技术争论演变为搞意识形态。

（2）要勇于实践，如果技术上有争议的问题，不去实践，它将永远是争议的问题。现实生活告诉我们，地质技术观点上的争议只能说服了掌权人，才能安排实施，因为个人的权力有限，或根本没有权。停留在口头上的争论永远说不清。

（3）在实践过程中一定要"实事求是"，不要带主观意识，要尊重事实。

（4）不论成败都要认真总结经验和教训，才能不断提高技术水平。

例一，任丘雾迷山组油藏，在开发中期根据系统整理的静态资料和动态资料相结合对比、分析研究制定的"分块治理方案"1983年开始试验，1984年至1988年初在油藏全面开展综合治理试验并不断总结，不断提高的基础上，从初期的分块单一治理发展到分块单井综合措施治理。连续5年实现了每年增油 50×10^4t 以上，为减缓华北油田产量递减作出了贡献，并为裂缝石灰岩油田的治理闯出了一条新路。实践证明"分块治理"是成功的。

例二，任丘油田开发中后期，油井含水上升很快，造成产量递减快，是油田开发的主要矛盾。如何控制含水上升速度，除单井堵水外，当时还没有更好的办法。在偶然的条件下发现，开始由于限电，暂时停注部分注水井，停注期间对见水井进行详细的统计，初步发现油井含水有稳定或下降趋势。在一次更大规模的停电后，经过仔细观察，发现油井含水下降更为明显，脑子里就出现控注降压的念头。又参考了国外有关资料从理论上进行分析研究，最终提出"控注降压和停注降压"重大技术措施，实施几年后证明效果很好。

《任丘雾迷山组油藏三低治理研究》、《华北油田（碳酸盐岩油藏）改善注水驱油机理和现场试验》都是通过油田动态深入分析研究出来的。

例三，任丘雾迷山油藏开发晚期，通过对可动剩余油的研究，发现潜山顶面低渗透风化壳存在一定的生产潜力并制定出挖掘这种潜力的工艺技术。为了证实这些认识是否正确，采油一厂在 2009 年 8 月在任 348 井开展现场试验，结果初期日增油 25t 以上，获得好效果。2009 年 12 月又在 227 井开展试验，初期增油 40t 以上，2010 年又在任 318 井、任 370 井继续开展试验，遭到失败。这说明我们总结的认识还有不全面的地方，还需要进一步深入研究。因此我们认识到，对任何事物的认识都不是一次性完成的。

3. 正确的思维要在日常工作中磨炼

在日常动态工作中特别注意观察事物及其变化，并带着工作中出现的问题有针对性地开展业务学习。下面举例说明之。

任丘雾迷山组油藏开发中期，在单井动态分析的基础上，发现油井的动态特点有明显的差异性和分块性。针对这些问题，到广西、云贵进行现代岩溶考查，另一方面学习《中国岩溶研究》（科学出版社，1979 年）一书。经研究发现控制这种变化的原因主要是断裂构造和岩石性质。因而研究出"分块治理"方案，实施结果效果很好。它的重要意义是：打破了石灰岩油田开发的均质论；创造出一套适应石灰岩地质特点的工艺技术，为减缓油藏产量递减作出了贡献。国外同类型油田就是简单的控制采油速度。

任丘雾迷山组油藏进入中后期开发后，油井含水上升快，造成产油量递减快，是油田开发的主要矛盾。如何控制含水上升速度，除单井堵水外，当时还没有更好的方法。在一次偶然的机会，由于限电暂时停注了部分注水井，在停注期间，对每口见水油井的含水进行了详细的统计，结果发现部分油井的含水有稳定或下降趋势。又有一次停电规模更大，停电时间更长，仔细统计发现油井含水下降更为明显。此时我们又进一步收集国外同类油田降压开采的资料并从理论上进行分析，提出了"控注降压"和"停注降氏"的重大措施，经石油工业部开发司批准实施结果效果很好。它打破了国内油田必须保持压力开发的传统做法，在国内属创新。

任丘雾迷山组油藏开发后期"二台阶"低界面剩余油发现，雾迷山组油藏是块状底水油藏，采用的是边缘底部注水开发。在油藏西部边缘有一口注水井——任 62 井，这口井注水多次发现停注后井口溢油，注水很多年了为什么还会溢油呢？这一特殊现象引起了地质人员的注意，决定对这口注水井进行试油，并于 1995 年 6 月转油井生产，初期日产油 19.3t，含水 0.6%。由此发现二台阶是低油水界面断块，其油水界面比主体油藏低 200 多米，后来在这个断块钻新井十多口，采油几十万吨，对接替油藏产量起到重要作用。

三、要有综合分析能力和专题研究能力

只有动态分析能力达到一定水平后，才能有较高的综合分析能力和专题研究能力，它是动态分析人员业务上的高级阶段。它要求知识面比较广，对某一专业有较深的理解和较丰富的工作经验，并对相关业务有一定的认识和了解。对地质动态人员的要求是：

（1）对油田动态分析要有扎实的基本功和多年的工作经验，对各类油田的开发规律有较深的认识。

（2）对油田地质研究方法有一定的了解并具有一定的操作能力。主要包括以下几点：

①会油层对比，小层对比，连通图、平面图的编制等。

②断层的确定，会对比断点，确定断距等。

③各类油层电性特征的识别。

④对沉积相的识别等。

华北地区的砂岩油田，多是小断块油藏，地质情况十分复杂，给动态分析带来很多难题。因此对动态人员的要求更会高一些。

华北地区小断块砂岩油田的主要地质特点是：

①它是一套低阻油层，因此油层和水层难以准确划分。

②油藏具有多油水系统，没有统一的油水界面。

③没有稳定的对比标志，任意性很大。

④断层多，断块面积小。

这些复杂的地质问题又会给油田开发带来哪些难题呢？

①确定射孔层位和补孔层位时，稍不小心就会射开水层或油帽子层。

②油井投产即见水或无水期很短，这给动态判断出水层位带来困难。

③由于油层连通关系不准确，给注水效果分析带来很大困难。

（3）对工艺技术有一定的了解。在进行油田动态综合分析时，必然会涉及各类工艺措施的效果，因此对工艺措施要有一定的了解。

①酸化措施：要了解酸化的工艺过程；酸性的选择；酸化效果分析。

②堵水措施：堵剂的选择；主要技术配方；现场工艺及资料录取；效果分析。

③压裂措施：现场施工工艺；破裂压力及加砂量；压开裂缝宽度及深度的计算；压裂效果分析。

四、要有很强的语言表达能力和写作能力

这一部分是油田动态分析最后要达到的目的。因为动态分析或专题研究成果需要用语言进行表达或用文字记录下来，供领导决策参考，供同行业务探讨和留档备查。

动态分析要不定期地向领导汇报油田地下的变化，还要召开技术座谈会进行学术交流等，这都需要写成业务报告。因此对语言表达和写作的要求是：（1）层次要清晰。（2）观点要明确。（3）概念要准确。（4）文字要简练。（5）措施要具体。

在向领导汇报油田地下变化时，首先要把思路理顺，在汇报的过程中要做到，能够让听汇报的人跟着你的思路走，去想问题，这样就能达到汇报的目的，起到汇报的效果。

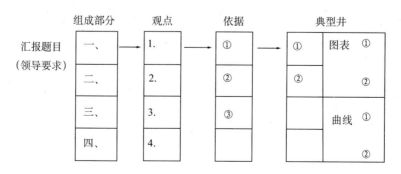

油田动态分析在
油田开发与治理中的应用

韩连彰[1]

一、油田动态分析

（一）油田动态分析的主要任务

（1）分析研究油田投入开发后地下油水运动发生的变化，变化的规律是什么，如何治理。

（2）研究各开采阶段剩余油的分布规律，并采取有效的开采措施，实现油田高产和稳产。

（3）研究油田不同开采阶段最适应于油田生产实际的治理方案，提高油田阶段采收率和最终采收率。

（二）油田动态分析的依据和对动态人员的要求

油田动态分析的科学依据是油田开发过程中的各类资料数据。地质静态资料、开发资料、生产资料、工艺资料等。油田动态分析人员通过对各类资料数据的系统整理，分析研究、去伪存真。由表及里地进行综合性研究，结合有关理论知识的论证，从而发掘出油田地下油水运动的基本规律和特征，制定出符合油田地下客观实际情况的治理方案。

要求动态分析人员的知识面要广，要有综合分析和判断的能力，有很好的辩证思维和逻辑思维，基本功要扎实，能做到一专多能，能深入到开发实践中去。所有的开发数据在脑海中能形成一个系统的程序，要细心，善于总结分析，才能有高的洞察力，才能及时发现问题，解决问题，提出行之有效的开发治理方案和开采技术。

二、油田动态分析在任丘古潜山碳酸盐岩油田开发治理中的应用

（一）任丘油田雾迷山组油藏的分块治理

1. 油田开发形势

任丘油田 1975 年 7 月发现，1976 年 4 月投入开发。当年开始人工注水。根据开发方案部署，采用三角形井网，顶部密、边部稀的布井原则及边缘底部注水保持压力开采。完

---

[1]韩连彰于 2011 年 11 月根据刘仁达的笔记和资料整理，刘勇参加整理。

井方法主要是先期裸眼完井。油井的钻开程度一般在 15%~25%。

油田开发初期，油井生产能力旺盛，产量稳定，井少，单井产量高，基本上是不含水自喷式开采。底水是油藏的天然能量。任丘油田是碳酸盐岩裂缝性块状底水油藏，是主力油藏，雾迷山组油藏是最大的潜山油藏。随着油田的持续开发，油田进入含水期开采，油水界面不断抬升，而且油井含水快速上升，产量出现了明显的递减，递减速度很快，继续加密井网的余地已经很小。1980—1982 年每年平均减产 $100 \times 10^4 t$ 以上。控制含水上升，控制原油产量递减速度，稳定原油产量是当务之急。针对油田开发中暴露的新问题，展开了油田开发治理分析研究和理论上的探讨。

当时采油一厂的原油产量占全局的 70% 以上，而任丘雾迷山组的产量占全厂的 80% 以上，雾迷山组油藏能不能稳产极为重要，极其关键。

2. 油田开发动态中的新问题

刘仁达在 1980 年编写《任丘油田动态分析研究》时，发现雾迷山组油藏在开发动态中反映出明显的"非均质性"的分块差异性，而且油藏内部的非均质性十分严重。

有的断块油水界面抬升比较均匀，水锥高度很小（10 ~ 20m），稳产状况很好；而另一些断块水锥高度很大（153~267m），产量递减快，稳产状况差。这种分块差异现象造成的原因当时还不清楚。为了搞清其原因，刘仁达就同从事地质静态和动态研究的吴万祥、敬永传等地质技术人员共同研讨。采用逻辑推理法进行分析判断。推理：

地质情况不同，地质特征不同，在油田开发中的反映亦不同。动态中出现的分块差异应该是地质上的差异造成的。对潜山油藏来说地质差异主要是油层缝洞发育情况的差异，而油层缝洞又与断裂构造和岩石性质密切相关。因此认为断裂构造和岩石性质是造成开发过程中出现分块差异的主要原因。

通过 1982 年底对广西、云南、贵州的现代岩溶进行实地考察，经过仔细观察，发现岩溶发育区在地貌上有明显的规律，而这种地貌规律又与断裂构造和岩石性质相关。就将这一规律应用在任丘油田对比上，结果找出了断裂构造、岩溶层组和岩石性质对古岩溶的控制作用。为进一步证实，在研究任丘油田的岩溶规律时，刘仁达又重点选学了《中国岩溶研究》和《工程地质与水文地质》这两本书，对岩溶分布规律从中得到启发。采用了地质静态与开发动态紧密结合的研究方法，对任丘油田的断裂构造、岩溶层组及开发以来的综合资料进行了系统的整理，深入细致的分析研究。经反复的分析研究和理论论证后，刘仁达得出对"任丘雾迷山组油藏实行分块治理"的结论。这样将打破石灰岩开发的"均质论"。任何新生事物的出现，技术上的不同观点和争辩是正常的，但对油田开发、油田产量稳产有利，是有理论和实践的科学依据的。因此，在 1983 年 7 月华北石油管理局技术座谈会上，刘仁达第一次大胆提出了"任丘油田雾迷山组油藏的分块治理"。方案论述是适应于任丘裂缝性块状底水油藏地质特征的首份开发治理方案。打破了潜山石灰岩开发的"均质论"，会上轰动、争议很大，但得到局、厂两级领导的重视和支持，并组织试验。首先在任353 井进行试验，通过措施日产油从 57t 上升到 250t，含水从 62.8% 降为零。接着试验几口井，均获成功，1983 年当年措施增油 $38 \times 10^4 t$。（详见本书《任丘油田雾迷山组油藏的分块治理》）。

1984 年初经局、部有关业务领导对方案进行全面审查，决定在任丘油田全面开展分块治理。当年全厂组织三次作业大会战，全年措施修井 364 井次，治理效果很好，当年措施

增油 55×10^4t 以上（详见本书《任丘油田雾迷山组油藏开发特征及分块治理》，该文是刘仁达"任丘古潜山油田（雾迷山组）开采技术"上报国家奖申报的技术文件之一）。

为了使认识能不断深化，在总结治理效果时发现，油井地质情况复杂，单一措施很难充分发挥治理效果。为此，提出分块综合治理。在此基础上又进一步针对每口油井的具体特点，在一次施工中采用两种以上的措施进行治理，即单井综合治理，效果很好。例如，任 17 井采用分段酸化、封隔器卡水、大泵抽油等综合措施后，该井日产油量从 37t 上升到 217t。

能否保证单井综合治理的效果，地质选井是关键。1985 年初刘仁达天天工作到深夜，春节三天假日关在家中干了三天，经过二十几天的日夜奋战，他终于拿出 170 多口的单井综合治理方案。为能拿到第一手措施施工资料，观察到施工中具体情况，他几乎天天上井，边施工、边总结、边改进，回家就是一身泥和油。在家不断的打电话落实施工后井上的变化。1985 年实施分块单井综合治理后，当年又组织三次作业大会战，129 口井进行作业措施，当年措施增油 56×10^4t（详见本书《任丘雾迷山组油藏单井综合治理及实施效果》）。

在对任丘油田综合治理方案实施、总结、实践中，刘仁达根据不同的地质条件，总结出任丘雾迷山组油藏各类治理模式 9 种，为任丘油田中后期治理的开采技术提供了方向。

任丘油田雾迷山组油藏的分块治理、分块综合治理、分块单井治理方案实施后，自 1983 年试验开始，到 1986 年 6 月，经过两年多现场应用，效果显著，共施工 404 井次，累计措施增油 209.4×10^4t，对全局产量稳产和减缓产量递减速度起到重大作用。

（二）《任丘油田中后期开发治理》论文，在国际第二次石油工程会议上发表

油田历年开发的各类综合资料数据，采油、测试曲线等都是分析研究的科学依据。开发油田，不能竭泽而渔。为了保持油田长期稳产，刘仁达亲手抄写 30 多本地质综合资料数据，绘制了雾迷山组油藏每口油井的采油曲线，描绘了每口井的测井曲线，建立了 160 多口井历年生产的综合卡片，作为他随时分析研究观察的依据，也是今后开发治理的依据。刘仁达的"油田动态分析"是采用地质静态与开发动态相结合的研究分析方法，根据油田地质特征，提出开发治理方案。根据方案的实施与工程、科技人员研究出新的开采技术。

刘仁达 1986 年 3 月，在北京召开的国际第二次石油工程会议上，发表了《任丘油田中后期开发治理》论文。论文中阐述了任丘碳酸盐岩裂缝性油田分块治理的理论与实践。得到国内外专家学者的好评。并在国际石油杂志中发表。该论文成为任丘油田中后期开发治理的重要措施依据。它对减缓油田产量递减速度、提高油田开发效果起到重要作用。

（三）任丘古潜山油田（雾迷山组）开采技术

1986 年在对前两年任丘雾迷山组油藏分块治理、分块综合治理和分块单井综合治理进行总结时，从资料中发现酸、卡、抽这套综合措施对高角度裂缝发育的油井治理效果不明显，这类油井低渗透缝洞的生产潜力未能得到发挥。针对这个问题，又提出了采用堵、酸、抽综合措施，以控制油井含水上升，发挥中，小裂缝的潜力。例如任 109 井，实施后日产油从 27t 上升到 110t，含水从 54.8% 降至 28.7%。1986 年实施各类综合措施增油 68×10^4t。

为能取得更好的综合治理效果，刘仁达采用地质静态和开发动态及工艺技术相结合的

分析研究方法，对油田断裂构造，岩溶层组及开采动态等资料进行了系统地综合分析研究，在此基础上，将碳酸盐岩裂缝性块状底水油藏，划分为8个开采区块。对不同区块、不同油井进行认真细致的分析研究，将其归纳为三种区块类型（高角度裂缝比较发育的白云岩型；缝洞发育比较均匀的白云岩型；缝洞发育很不均匀的间互状白云岩型）和9种治理模式，并根据不同区块地质特点和开发特征，因井制宜制定措施施工方案。制定了不同区块的治理原则。具体是：

（1）缝洞发育比较均匀的纯白云岩型区块，主要采用油水界面以上小高度卡水、以便提高见水油井的井底位置，躲开水锥，恢复油井无水生产。

（2）对高角度裂缝比较发育的纯白云岩型区块，主要采取对中高含水井化学堵水为主，封堵主要产水裂缝，降低井底压力，增大生产压差，发挥中小裂缝生产潜力；对裸眼厚度比较大的高含水井采用封隔器卡封主要出水段；对渗透性较差的低含水井停喷后下大泵生产，提高油井产油量。

（3）对缝洞发育极不均匀的间互状白云岩型区块，主要是发挥泥质白云岩集中段，对底水的分隔作用，提高卡封效果。

根据以上原则，在油田全面开展分块治理、分块综合治理、分块单井综合治理。大力开展卡、堵、酸、抽和大泵抽油提高排液量等综合治理措施。总结出一套适用于任丘油田中后期开发治理的实施技术。9种治理模式如图1～图9所示。

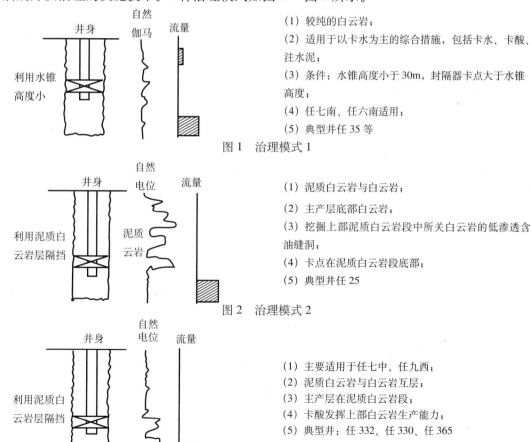

（1）较纯的白云岩；
（2）适用于以卡水为主的综合措施，包括卡水、卡酸、注水泥；
（3）条件：水锥高度小于30m，封隔器卡点大于水锥高度；
（4）任七南、任六南适用；
（5）典型井任35等

图1　治理模式1

（1）泥质白云岩与白云岩；
（2）主产层底部白云岩；
（3）挖掘上部泥质白云岩段中所关白云岩的低渗透含油缝洞；
（4）卡点在泥质白云岩段底部；
（5）典型井任25

图2　治理模式2

（1）主要适用于任七中、任九西；
（2）泥质白云岩与白云岩互层；
（3）主产层在泥质白云岩段；
（4）卡酸发挥上部白云岩生产能力；
（5）典型井：任332、任330、任365

图3　治理模式3

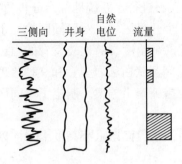

(1) 缝洞比较发育；
(2) 流量剖面底部主产层，上部具一定流量
(3) 适于堵水，调动上部油层生产潜力
(4) 典型井：任37、任66

图 4　治理模式 4

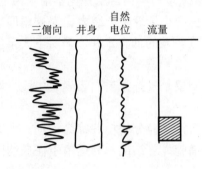

(1) 缝洞发展不均，低部好、上部差；
(2) 底部主产层，上部无流量；
(3) 适合堵酸抽、堵抽

图 5　治理模式 5

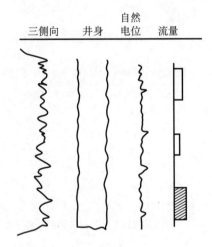

(1) 三侧向呈小锯齿，小孔洞发育；
(2) 流量剖面出油段较多，相对较均匀
(3) 适于堵抽、堵酸抽（电泵）

图 6　治理模式 6

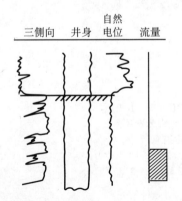

(1) 下部裂缝发育的白云岩为主产层，顶为低渗透风化壳；
(2) 全井生产含水很高（大于 90%），产油量很低；
(3) 封堵下部裂缝发育段，改造顶部低渗透风化壳，大泵抽油生产；
(4) 油水界面附近的低渗透风化壳；
(5) 典型井：任228、任354

图 7　治理模式 7

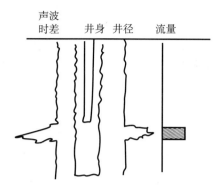

(1) 钻于大缝洞，声波时差急剧增大，井径明显扩大，钻井漏失严重；
(2) 流量剖面主产层在大裂缝处；
(3) 含油厚度大，产油很低，含水很高；
(4) 灰浆堵水后，大泵抽油（油管下至大缝处）；
(5) 典型井：任 311

图 8　治理模式 8

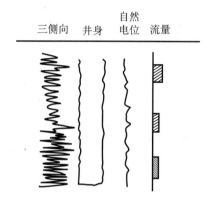

(1) 微裂缝发育，钻井基本无漏失；
(2) 出油较均匀；
(3) 见水后含水上升慢；
(4) 大压差抽油或电泵效果好；
(5) 典型井：任 213

图 9　治理模式 9

"任丘油田中后期开发治理及实施技术"经过现场应用，证明治理效果显著，对油田的稳产和减缓产量递减速度起到重大作用。自 1983 年试验开始到 1984 年全面开始实施后，至 1986 年 6 月累计措施增油 209.4×10⁴t，1986 年 6 月申报国家级科技项目，1986 年 8 月 16 日通过局级鉴定。刘仁达是任丘油田中后期开发治理方案的提出者，是综合治理实施方案的主要设计者及方案实施的组织者之一。1986 年底华北石油管理局将该项目以合作项目"任丘古潜山油田（雾迷山组）开采技术"申报国家科技进步奖。"任丘古潜山油田（雾迷山组）开采技术"，创出了石灰岩油田开发治理的新路，摆脱了简单的控制采油速度的方法。1987 年 7 月该项目获国家级科技进步二等奖。

该项开采技术，在任丘油田中后期开发治理中继续发挥作用，效果显著，1984 年至 1989 年每年措施增油都在 50×10⁴t 以上，自 1983 年试验开始至 1989 年底，累计措施增油 363×10⁴t 以上。

（四）任丘雾迷山组油藏"三低油井"治理研究

刘仁达根据油田 1987 年至 1989 年开发资料和数据中反映的新问题，同地质技术人员罗承建等进一步开展了"三低"油井的治理研究。这一成果是在打破裂缝性石灰岩油田"均质论"的观点后，发现存在于潜山内幕厚度 60 ～ 70m 的泥质白云岩集中段缝洞极不发育属非储层，它在没有大断层破坏的前提下，对开发过程中油水运动起到控制和分隔的作用，地质人员利用这一新认识，终于在目前油水界面以下找到了低含水高产油流。对以后挖潜补打调整井提供了依据。（后来补打调整井 12 口，累计增油 127.4×10⁴t）这一成果得到中国石油天然气总公司的多次表扬。1989 年 12 月 15 日"任丘雾迷山组油藏三低油井治理研究"获河北省科技进步二等奖。

（五）"内幕高"的发现

油田动态分析的依据，是油田开发中的各类数据。是对各类数据进行系统的整理，细心认真的分析研究，从中观察，找出不同点，查其根源所在，才能发现新规律。

例如任 398 井。该井是任丘雾迷山组油藏任七山头的生产井，揭开雾七、雾八、雾九油组。1988 年 5 月 16 日套管 ϕ10mm 全井投产，同日水淹并关井。这口新井投产即水淹，到底还有没有油呢！对于这种特殊现象，刘仁达同地质技术人员对该井的测井曲线进行深入的研究。测井曲线显示上部雾七油组可能水淹，下部雾九油组含油还比较好，因此决定下卡水分隔器，对下部雾九油组采用 ϕ8mm，自喷生产。初期日产油 124t，含水 30%。6 月 21 日开套管放喷，取样证实产水。实践证实该井由于雾八组泥质白云岩集中段对底水运动的分隔作用，造成上水下油的复杂情况。并由此发现了油藏"内幕高"剩余油的富集规律。

据此规律在以后的开发实践中继续得到证实，后来打的调整井：任 463、任 436、任斜 27、任斜 225 等高产油井。

又如任 227 井。任 227 井，是任丘迷雾山组油藏任七山头的生产井，揭开雾七油组。1982 年 4 月投产，初期套管 ϕ10mm，日产油 111t 不含水。开采 18 年后至 2009 年 11 月日产油降至 1.47t，含水高达 98.87%。在开采过程中进行酸化、化堵等措施均无效，在油藏开发晚期为了挖掘油层潜力，对该井进行深入研究分析后，认为该井的生产层位于裸眼段中下部，已经水淹，裸眼段顶部 3168～3179.2m，厚 11.2m，（其中套管封 5.5m）录井显示为荧光白云岩，荧光 8～9 级，可能未被动用是潜力层。因此，决定对该井采用堵中、下部分水淹生产层（留灰面），补开套管封住的油层。低浓度小酸量酸化，措施结果效果很好，初期日产油 40t 以上，含水小于 1%。

（六）任丘雾迷山组油藏目前开发特点及今后治理意见的编写

该报告是 1988 年 11 月刘仁达通过油田动态分析、生产实践和油田开发治理几年来的经验总结后编写的。阐明了油藏目前的开发特点。油井已全面见水，综合含水高达 81.4%，油藏水淹体积 93.5%。油藏的高产期已经结束，并逐步进入了低产阶段。

油井进入低产期后，油藏地下发生了很大的变化，但是采取综合治理措施仍具有一定的增油效果。采用深抽的方法可以进一步发挥低渗透缝洞的生产潜力，下大泵或电泵生产，提高产液量，增大生产压差，有利于发挥低渗透缝洞的生产潜力；适量酸化改造可以提高低渗透缝洞油井的生产能力；有效封堵高渗透水淹缝洞，建立大压差生产，能发挥高渗透缝洞油井中的低渗透含油缝洞的生产潜力。

今后的治理意见，坚持以三低油井为挖潜重点（即低渗透缝洞油井，高渗透井中的低渗透含油缝洞；低界面井和层段），按照 9 种治理模式，继续深入开展油藏的综合治理工作。

1990 年因任丘古潜山油田（雾迷山组油藏）开发指标先进，开发效果显著，被中国石油天然气总公司评为全国"高效开发油田"。

（七）控、停注降压开采重大技术措施的提出

任丘雾迷山组油藏进入中后期开发后，油井含水上升速度快，水淹面积大，含水高，采出程度高，除单井堵水外，当时还没有找到更好的方法。

在一次偶然的机会，由于限电暂时停注部分注水井，在停注期间，对每口见水油井进行统计，结果发现部分油井的含水有稳定和下降趋势，又有一次更大规模的停电，停电时间更长，仔细统计发现油井含水下降更为明显。此时，刘仁达和地质技术人员又进一步收集国外同类油田降压开采的资料，并从理论上分析研究。1991年初提出了"控、停注降压"和"停注降压"开采的重大技术措施。经石油工业部开发司批准实施，潜山油藏高含水后期，为了控制含水上升、减缓产量递减，提高油藏最终采收率，从1991年以来，在任丘雾迷山组油藏和莫东油藏全面实施了降压开采、封堵大孔道、选择性提液三大技术措施，取得了明显的控水稳油效果，确保了这两个油藏1992年产量的超额完成。当年超产 $6.7038 \times 10^4 t$，与"八五"规划配产 $80.3 \times 10^4 t$ 对比多采油 $22.0621 \times 10^4 t$，使油藏开发水平进一步提高。

降压开采技术打破了油田开发始终保持高压开采的传统做法，在国内同类型油田开发上尚属首创，通过一年多的实施，效果明显。（1）油藏月自然递减明显减缓；（2）油藏综合含水上升速度得到明显控制，全年少产水 $32.52 \times 10^4 m^3$；（3）发挥了边底水的天然能量；（4）提高了油藏驱油效率。封堵大孔道对控水稳油和提高中小裂缝的波及程度起到重要作用，年累计增油 $7.415 \times 10^4 t$，累计降水 $26.24 \times 10^4 m^3$，选择性提液技术打破了长期以来人们认为裂缝性石灰岩油藏提液生产会导致含水快速上升，产量迅速下降的禁区，去年利用电泵提液增油 $4.34 \times 10^4 t$。

任丘油田降压开采后，由于地层压力下降速度加快，引起了油藏自喷井的提前停喷，对这些高产自喷井及时采取堵、酸、抽或下电泵生产等综合措施，实现了生产井生产方式转换平稳过渡（喷转抽）。1992年获局科技进步一等奖。

对潜山油藏高含水后期降压开采及综合治理技术，1993年5月华北石油管理局首次给予有突出贡献科技人员重奖。主要贡献者：刘仁达等。

（八）《潜山油藏后期开发的潜力分布及挖潜方法》的编写

在任丘油田中后期开发治理中，刘仁达系统地总结了任丘雾迷山组油藏的分块治理、分块综合治理、分块单井综合治理和沿用的油田中后期开采技术；在任丘雾迷山组油藏三低油井的治理研究中发现了"内幕高"剩余油富集规律；并在1988年12月提出了今后的治理意见；同时开始研究古潜山改善注水的驱油机理；在动态数据的分析研究中，开展了控、停注降压开采的重大技术措施；在对地质特征，开发数据，生产工艺等项工作总结的基础上，1993年11月刘仁达编写了《潜山油藏后期开发潜力分布及挖潜方法》。论文中指出油藏目前开发的基本状况和油藏后期开发的基本特点。并提出了潜山油藏后期开发的油水分布及潜力分析。提出了潜山油藏后期挖潜的基本措施及工艺技术（详细内容见本书《潜山油藏后期开发的潜力分布及挖潜方法》）。

（九）任丘雾迷山组油藏"二台阶"低界面剩余油的发现

任丘雾迷山组油藏是裂缝性块状底水油藏，采用的是边缘底部注水开发。在油藏西部边缘有一口注水井——任 62 井，这口注水井多次发现停注后井口溢油，注水多年为什么还会溢油呢？这一特殊情况引起地质人员注意，决定对这口注水井进行试油，并于 1995 年 6 月转油生产。初期日产油 19.3t，含水 0.6%。由此发现，"二台阶"是低油水界面断块，其油水界面比主体油藏低 200 多米。

通过三维地震精细解释发现"二台阶"内由于内部小断层的作用，形成了一些断层侧向遮挡的构造高部位，具有一定的圈闭面积和幅度。根据地质构造活动期油气运移期的分析，判断"二台阶"断层在侧向上起一定的封堵油气的作用，断层根部的高部位应是一个油气富集带。因此，对任 62 注水井的上部雾七组补孔试油，改注水井为油井生产。后来在这个断块补钻新井 10 多口。如任 439 井，1995 年 7 月投产日产油 75.7t，含水 13.9%。"二台阶"的油水系统是相对独立的。"二台阶"储量动用程度低，具有一定生产潜力。所以后来补钻的调整井投产后产量高（初期产油都在 50t 以上），含水低，产量递减慢，含水上升速度较慢，稳产期较长。调整井累计产油 40×10^4t 以上。

（十）对后期开发治理的技术要求

在 1995 年刘仁达的工作笔记中记述着：

根据任丘雾迷山组油藏的地质模式，历年开发的综合数据和历年综合治理的经验总结及目前工艺技术状况等，总结出石灰岩油藏后期开发治理必须解决的三大技术问题：

（1）控、停注降压和周期性注水技术。探索利用油层弹性，低量驱油和改变渗流方向来减缓产量递减，减少注水量和产水量，提高注水波及程度。提高采收率。在该项试验中，主要解决动态检测技术，污水处理技术和机械采油技术。

（2）提高产液量技术。通过几年来综合治理的实践证明，裂缝性石灰岩油藏提高产液量来减缓产油量递减并非绝对禁区，初步认为，缝洞不发育油井，提高产液量是具有一定效果的。这对后期开发减缓产油量递减具有重要价值，在这项技术中主要解决地质选井技术，电泵和大泵大排量抽油技术。

（3）封堵水淹大孔道技术。当前油藏地下的地质模式是，在目前油水界面以上，主要裂缝已经基本水淹，而中、小裂缝仍含油较好，因此有效地封堵出水大裂缝，大压差发挥中、小含油裂缝生产潜力，将是该类油藏后期开发治理的主要技术。在这项技术中主要是完善胶乳有机堵水技术，完善无机水泥石灰乳复合堵剂堵水技术。发展有机无机复合堵剂堵水技术，发展无机泡沫堵水技术（即超微细高强度耐酸无机堵剂）。

（十一）对驱替机理的研究到改善注水驱油现场试验

油田开发是不能间断的，油田动态分析是环环相扣不能脱节。早在 1988 年 11 月刘仁达的记事本中写到"碳酸盐岩油藏中后期开发阶段的潜力分布及挖潜方向"，勘探开发研究院柏松章等，参加讨论。笔记中记述到：

1. 油田开发过程的阶段性

（1）产量上升阶段（油井不断投产，无水期开采）；

（2）高产稳产阶段（井网基本完善，无水期开采）；

（3）产量迅速下降阶段（裂缝性石灰岩油田见水后含水快速上升至80%以上）；

（4）低产缓慢递减阶段（含水上升到80%以后，含水上升速度减缓）。此阶段为高含水后期，水油比趋于稳定。油藏以很低的速度缓慢递减。延续时间长，阶段采出程度较低。

2. 中后期开发阶段的基本特点

（1）在水驱开发条件下，开采对象有裂缝向岩块系统的转化现象相当微弱。

裂缝系统的产量变化，基本上决定了整个油藏产量变化趋势，到了高含水后期，当裂缝系统的产量下降到很低水平时，岩块系统所占的产量比例才相对增大起来。油藏到高含水后期产量已经很低时仍缓慢递减的重要原因之一，就是裂缝系统向岩块系统转化微弱。预计到高含水后期裂缝系统的产量比例与岩块系统极近。

根据数值模拟结果：任丘油田裂缝系统的原始地质储量比例29.6%，岩块系统70.4%。原始可采储量，裂缝系统占82.1%，岩块系统占17.9%。岩块系统自吸排油速度快，采收率低16%～26%。原因：非储层比例大，孔喉比大，水湿程度弱，油水黏度比高。

岩块系统的产量变化呈指数规律变化。岩块系统的自吸排油过程在目前油水界面以下的过渡带进行。

（2）油水相对流动能力，随含水饱和度以相反的趋势变化，油井产能显著下降。

油田开发进入中含水期后，水相渗透率随含水饱和度增加而迅速上升，而油相渗透率则连续下降，反映在生产动态上是含水率急剧上升，产量大幅度下降直至90%。

（3）注入水利用系数不断降低，水驱效率越来越差。

注水利用系数＝（注水量－产水量）÷注水量。它是评价注入水驱油作用的定量指标，此系数为1时，全部注入水将有效地驱油，系数越大，利用程度越高。油田开发第一、第二阶段，注水利用系数很高，几乎所有注入水都能起到有效驱油作用。而进入中后期开发阶段后，注水利用系数逐步降低，驱油作用不断减弱。

根据生产资料统计，任丘裂缝性底水油田无水期的利用系数0.99，低含水期利用系数0.89，中含水期利用系数0.58，进入高含水期后利用系数降至0.20。原因分析：裂缝系统特别是大缝大洞的水洗程度高，注入水的波及程度增加幅度小，对中小缝洞的干扰，外湿量加大。

（4）在后期开发阶段，采出速度对开发效果的影响逐渐减弱。

碳酸盐岩油田采出速度对开发效果的影响是大的，无水期，注入水的波及系数随采出速度的增大而减小。进入后期开发以后，采出速度对波及系数的影响显著降低。

（5）地下水液体积不断扩大，剩余油的分布呈现不连续状态。

目前油水界面以下可以划分为两个带：过渡带体积12.2%，水淹带体积78.3%。水淹带内裂缝系统由于储渗条件好，产油能力高，水驱效率高，含水饱和度很高，剩余油饱和度大致等于水驱残余油饱和度。岩块系统则含油饱和度相应较高。

高含水饱和度的裂缝系统和含油饱和度比较大的岩块系统是交织共存，并把岩块系统分割开，使得剩余油的分布处于不连续状态。

①裂缝系统的剩余油变为水驱残余油，而处于不连续状态。

②岩块系统中的剩余油处于连续相状态。

3. 残余油饱和度的概念是联系一定的驱动方式和开采条件来说的

当采用一种新的驱动方式和更有利的开采条件时，原来驱动方式下的残余油饱和度可以部分的转化为剩余油饱和度而被动用起来。

不论采用什么驱动方式和开采条件，岩块系统小缝小洞的剩余油都必须通过裂缝通道才能开采出来。

4. 碳酸盐岩油藏的储集——渗流特征

初步确定：裂缝系统裂缝宽度的下限为10μm。裂缝等级的划分：

大裂缝——裂缝宽度大于100μm的裂缝；中裂缝——裂缝宽度介于10～100μm的裂缝；小裂缝——裂缝宽度介于1～10μm的裂缝；微裂缝——裂缝宽度小于1μm的裂缝。其中微裂缝与岩块基质的平均孔隙直径接近，应列基质范围。

5. 裂缝系统的渗流特征和驱替机理

裂缝系统的原始含油饱和度很高，液体在其中的流动条件符合达西定律，毛管力的作用可以忽略，流体相对渗透率的变化呈近似的对角直线关系，水驱过程接近活塞式推进，水驱效率高达95%以上，流体之间的驱替过程主要依靠驱动压差的作用进行，岩块高度或流体密度差比较大，并且控制合理驱替速度的条件下，重力也有重要作用，驱替速度对于波及系数和重力作用的发挥都有显著影响。因此，对裂缝系统必须合理控制采油速度及相应的注入速度。

裂缝系统不只是液体通道，而且同时也是重要的储集渗流空间，是一次、二次采油的主要对象，也是三次采油的重要对象。裂缝系统在这类油藏的整个开采过程始终起主导作用。

裂缝系统本身是很不均匀的，它是宽度变化大，渗透率相差悬殊的流管束所组成。在开发过程中不同宽度的裂缝所发挥的作用差别很大。（以上是刘仁达笔记的原文，数据部分作了省略。）

在对砂岩、石灰岩驱替机理的研究中，针对地下情况的现状和地质条件的特征，开始在古潜山石灰岩油田用控制采油速度及相应的注入速度试验，1994年研制出深井多层多功能分层工艺技术，实现了注水井一趟管柱同时完成分层酸化，分层测调剖，分层注水工艺措施，提高了注水合格率及工效，降低了成本。

1996年12月《华北油田（碳酸盐岩油藏）改善注水驱油效果现场试验》获河北省科技进步二等奖。

1996年12月《华北油田改善注水驱油机理与现场试验及1995年油田开发部署研究》获石油天然气工业科学技术进步一等奖。（1996年12月中国石油报对该项目的排名是：柏松章、刘仁达、杨服民等）。

（十二）任丘油田晚期开发治理研究与模式

刘仁达退休后，仍心系任丘古潜山碳酸盐岩油田的开发与治理，依然应用地质静态与开发动态、开采工艺相结合的方法，分析研究任丘油田晚期的开发与治理。2000年他通过对任370井单井资料的分析研究，采取封堵措施，将已关闭的一口死井救活，直至2011年仍在生产，见图10任370井采油曲线。2006年他已退休多年，但在他的笔记中记述着《裂缝性块状底水油藏的开发与治理》编写提纲。2008年刘仁达已患多种疾病，在走路都很吃力的情况下，完成了任丘古潜山碳酸盐岩油田晚期治理研究的两个专题。

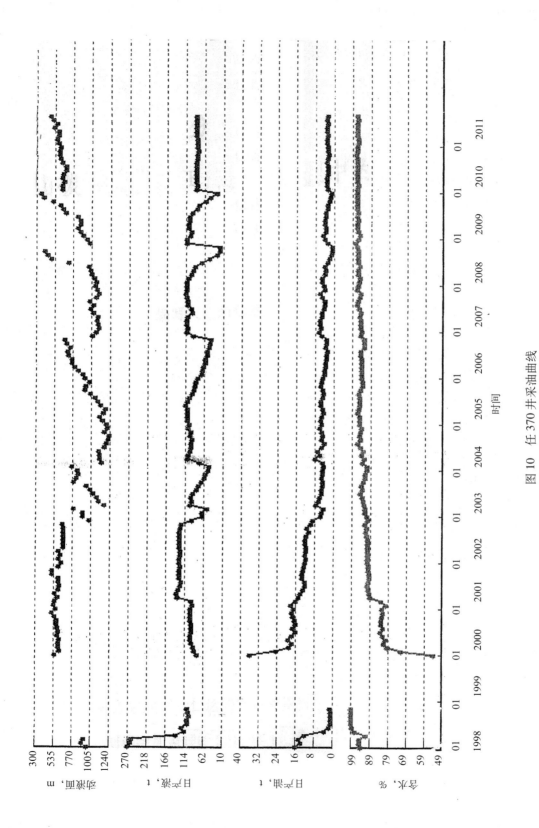

图 10　任 370 井采油曲线

2008 年 12 月完成了《任丘雾迷山组油藏开发晚期生产潜力研究》的编写（即剩余油评价研究）。

这项研究工作是以碳酸盐岩裂缝性块状底水油藏开发的基础理论做指导，生产实践为主要依据，采用地质静态、生产动态、工艺措施紧密结合的方法，深入研究油藏开发晚期剩余油的分布及挖潜的工艺措施。

油藏的潜力主要从两个方面着手研究：一方面研究油井的生产潜力在纵向上分布在哪里？采取哪些措施把这部分潜力挖掘出来。另一方面是研究油藏生产潜力在平面上分布的规律，找出在什么部位钻调整井能获得较好的效果。

不论油井在纵向上及平面上的生产潜力，通过大量静态、动态资料的综合研究，建立潜力分布的基本地质模式以指导挖潜工作的顺利开展。

2009 年 10 月又编写了《任丘雾迷山组油藏开发晚期剩余油分布地质模式及挖潜措施研究》。

任丘雾迷山组油藏虽已进入高含水开发晚期但产油量仍在继续递减。因此深入研究油藏可动剩余油的分布，挖掘油藏生产潜力，控制含水上升，稳定油藏产量，改善油藏晚期开发效果和提高油藏最终采收率是当前开发的主要任务。

根据对油藏地质静态和开发动态的综合研究，目前可动剩余油相对富集的地区主要分布在：潜山顶面低渗透风化壳，生产井段上部的低渗透层段，全井低渗透油井；潜山构造高部位和油层内幕高；低油水界面区块；油藏东部边缘稀井网区。

在研究油藏潜力分布的基础上，进一步总结出目前可动剩余油分布的基本地质模式并深入研究每类模式的地质基础，动态特点及挖潜措施。

今后油藏开发的重点是：进一步深入研究可动剩余油的分布规律，认真搞好不同剩余油分布模式的挖潜治理，总结经验，不断开拓，力争获得较好的治理效果和晚期的开发效果。

为了使后人能重视油田动态分析工作，2010 年 6 月倾其毕生积累的工作经验编写了《油田动态分析纲要》（即油田动态分析要点）。

（十三）对任丘潜山油藏晚期开发治理的建议

在刘仁达晚年即 2009 年 10 月之后到他生命的终点，在他的笔记中这样记述着：潜山油藏晚期开发的重点是稳定油藏产量，改善油藏晚期开发效果和提高最终采收率。

1. 目前现状

潜山油藏已处于晚期开发阶段，油藏采出程度很高（到 2009 年底，采出程度已达 99.08%，剩余可采储量不足 1%）；大裂缝水淹，小裂缝基本水淹；调整井效果很差，措施效果很差。那么，潜山油藏开发晚期剩余油到底分布在哪里？生产潜力在哪里呢？

如何稳定原油产量是当务之急，地质研究工作必须精雕细刻，油藏开发要搞好各种地质模式的试验工作。

2. 稳定潜山油藏产量

2010 年首先在内幕高钻任 398 调整井，确定内幕高有无生产潜力。再选出 10 口拿油的措施井稳定原油产量。

（1）在静动结合的分析研究中，初步确定潜山油藏开发晚期剩余油生产潜力可以从以下四个方面寻找：

①构造高部位，即潜山油藏的高部位或断棱的高部位（注意中高部位不是锥间含油）。

②低渗透层断，主要是潜山油藏顶面的低部位层断区，潜山面 10m 范围内（包括套管封隔的含油层）。

③低油水界面井区，局部高断块形成的低界面死油区，如：任平 1 井，任 467 井。

④油藏内幕高—厚度较大的泥质白云岩在上倾方向封隔的剩余油。如：任 398、任 436、任 463、任斜 225、任斜 27 等油井。

（2）油水界面以下水淹带还有无可动用剩余油（生产潜力）呢？从任检 7、任 387、任 228、任 9、任 364 五口井加深试油资料分析，基本上没有，为什么呢？

①水淹带的驱油机理是自吸排油（利用油层的亲水性，在毛细管压力作用下排油）。

②根据任 28 井岩心室内实验，半衰期 8.4 ~ 10.5 个月，而自吸排油完成时间 2.9 ~ 7.17a。

③水淹带内，水浸泡时间长达 15 ~ 30a。

（3）怎样进行措施井的选定呢？

①要注意地质特征：潜山顶面有低部位的油井；潜山高部位的油井。

②加强不同地质模式的单井分析研究，由生产动态变化中总结出不同阶段的措施效果及规律，拿油井和试验井并举。例如：

a. 适合堵水的油井：

任 455 井 1996 年 11 月投产后采用过酸化措施；

任 456 井 1996 年 11 月投产后采用过堵水换大泵；

任 332 井投产后没有堵过水；

任 331 井位于断棱高部位，三次提液效果较好，应堵水保持液量开采；

任 438 井位于任 11 井山头。

b. 只能作堵水试验的井，如：任 484 井，通过堵水确定类似层位的措施。

c. 其他措施井：

任 203 井建议酸化，提液生产；

任 492 井从生产情况中反映出：

随着动液面的上升生产压差减小，含水上升加快，产量递减加快；

该井反映中部位特点；

将产液量提至 100 ~ 150m³，动液面下降至 800m 左右，油量可达 10t，含水会下降；

任 473 井，根据生产资料，应采取提液措施，将动液面下降至 1000m 左右。

d. 不适合堵水的井，如：任 465 井，任 458 井。

（4）开发晚期的挖潜措施。

①主要措施是堵水和酸化，这里要指出的是有机堵剂已不适应晚期治理（强度低，不耐酸）。

②主要使用高强度超微细耐酸的堵剂，为什么呢？

a. 超微细。因为 50μm 以上的中缝和大缝已经水淹，必须堵住。

b. 耐酸。因为低部位缝洞需改造才能发挥效力。

③研制出的 F08-1 超微细高强度耐酸无机堵剂。要求：

a. 细度要达到 800 ~ 900 目，要求粒径 90% 小于 20μm；

b. 耐酸。固化后，在浓度 20% 盐酸中浸泡，酸溶溶蚀率小于 20%。

（5）施工工艺。

①低部位风化壳的油井：

全井使用 F08-1 超微细高强度耐酸无机堵剂堵水；

在风化壳低部位底面留灰面；

补开套管鞋封隔的油层；

低浓度、小酸量酸化。

②高部位、中高部位缝洞油井：

全井堵水（是否留灰面区别对待），使用 F08-1 堵剂；

全井低浓度小酸量酸化。

三、对油田开发治理开采技术的研究

（一）堵剂的研制及应用

任丘雾迷山组油藏是裂缝性块状底水油藏，由于其缝洞发育、连通好，纵向和横向上非均质性强，导致底水沿大裂缝上窜。到 1987 年 9 月底全油藏水淹体积达 93.36%，综合含水达 75.3%，全油藏平均剩余含油厚度 81.52m，大部分油井进入了高含水开采阶段。大缝洞的剩余油饱和度已接近或基本上等于水驱残余油饱和度，而中小缝洞的含油饱和度还比较高。这就要求强堵大缝洞，而后大压差生产挖掘小缝洞的潜力。由于有机堵剂耐压差小，使得有机堵剂堵水效果越差，相对成本越来越高。

油田油井水淹状况严重，封堵大裂缝、大孔道，封堵剂的用量加大，对堵剂的强度性能要求也越高。如何能提高综合治理效果，降低作业成本是开发治理中急需研究的新问题。

1. 碳酸盐岩油藏石灰乳封堵大孔道技术

1988 年采油一厂与采油工艺研究所合作，以无机材料进行研制，研究堵水剂及堵水工艺技术，最终获得成功，即 YD10-HB 堵水剂及其工艺技术（碳酸盐岩石灰乳封堵大孔道技术）。能有效地封堵出水高渗透大缝洞。能建立起大压差，解放小缝洞的潜力，起到了调整裂缝间产液剖面的作用，取得了较好的效果。为华北油田碳酸盐岩油藏的中后期开发、稳产挖潜，提供了重要的措施手段。1990 年 12 月该项技术获河北省科技进步二等奖。它已用于其他油田的治理。详见《碳酸盐岩油藏石灰乳封堵大孔道技术》原上报材料。

2. F08-1 超微细高强度耐酸无机堵剂研制

任丘古潜山油田经过多年的综合治理后，油田进入特高含水期，进入水洗油的晚期开采阶段，措施增油难度极大，为了寻找新的适应于当前地质条件的开采挖潜技术，刘仁达理顺了他多年来的治理思路，总结分析研究了目前油田开发潜力的所在。2008 年开始与任丘地方化工人员合作着手研究，2009 年通过逐项鉴定，并进行现场试验，终于研制成功 F08-1 超微细高强度耐酸无机堵剂，为油田的晚期治理开创了新路。

（二）对各类堵剂应用效果研究

为能在开发治理中能取得更好的效果，按照开采实际的需要，节约作业成本提高效果的目的，刘仁达对不同类型的堵剂都做了详细分析研究，并写出效果分析报告，达到合理应用各类堵剂。

（1）1993年9月刘仁达编写了《有机堵剂在华北油田砂岩油藏和石灰岩油藏中的应用》。

（2）1993年12月刘仁达编写了《F908堵水效果分析报告》。

（3）2001年1月15日刘仁达编写了《块状底水油藏特高含水期油井堵水地质工艺技术的初步认识》。